高等学校新工科计算机类专业系列教材

数据分析与可视化

主　编　闫　博
副主编　邢　巍　薛广有
　　　　杨　雪　韩建军
主　审　刘松霭

微课视频

西安电子科技大学出版社

内 容 简 介

本书主要介绍数据分析与可视化技术，书中通过大量实例，深入浅出地介绍了数据分析与可视化中常用的技术及使用方法。全书共7章，主要内容包括绪论、NumPy 数值计算、Pandas 数据分析、SciPy 科学计算、Matplotlib 数据可视化、ECharts 数据可视化、Pyecharts 数据可视化。

本书配套有微课视频，可扫描书中提供的二维码进行观看。本书还配套有电子课件、实例源文件、教学大纲等资源，可在西安电子科技大学出版社官网下载。

本书内容翔实，通俗易懂，可作为高等学校新工科数据科学与大数据等相关专业的教材，也可作为数据分析与可视化开发人员的参考书。

图书在版编目 (CIP) 数据

数据分析与可视化 / 闫博主编 . -- 西安 : 西安电子科技大学出版社 , 2025. 3. -- ISBN 978-7-5606-7588-6

Ⅰ. TP317.3

中国国家版本馆 CIP 数据核字第 2025KE2505 号

策　　划　吴祯娥
责任编辑　吴祯娥
出版发行　西安电子科技大学出版社 (西安市太白南路 2 号)
电　　话　(029) 88202421 88201467　　邮　　编　710071
网　　址　www.xduph.com　　电子邮箱　xdupfxb001@163.com
经　　销　新华书店
印刷单位　广东虎彩云印刷有限公司
版　　次　2025 年 3 月第 1 版　2025 年 3 月第 1 次印刷
开　　本　787 毫米 × 1092 毫米　1/16　印 张　18.75
字　　数　446 千字
定　　价　58.00 元

ISBN 978-7-5606-7588-6

XDUP 7889001-1

前言 Preface

“数据分析与可视化”是大数据时代高等学校新工科教育中数据科学与大数据等相关专业的核心课程之一。该课程中介绍的数据分析是指通过有目的地收集、整理、加工和分析数据，提炼出有价值的信息；数据可视化则是指借助图形化手段对数据进行可视化表达，以增强认知。通过数据分析，可以发现数据里面隐藏的信息，并以可视化的形式展示给用户，达到有效传达分析结果与快速沟通分析结果的目的。数据分析与数据可视化技术作为大数据时代的核心技术，是相关领域教师、学生及设计人员、开发人员和科研人员必须要掌握的技术。

本书由高校教师与北京华育兴业科技有限公司有关人员合作完成。本书注重将理论与实践相融合，并融入课程思政内容，是产教融合背景下高校应用型人才培养的一次探索与实践。

本书基于 Python 3.10.11，书中涉及的函数语法规则采用 Python 标准格式，示例如下:

Series.rename(index: Renamer | Hashable | None = None, *, axis: Axis | None = None, copy: bool | None = None, inplace: bool = False, level: Level | None = None, errors: IgnoreRaise = "ignore") -> Series | None

其中:“->”前为函数调用，“->”后为函数返回值；“:”前为形式参数名称，“:”后为可选参数值；“|”表示“或”；“=”后为默认参数值。

本书全面介绍了数据分析与可视化的基础知识与应用，读者先期需掌握 Python 的语法知识和编程技能，理解 JavaScript 语法规则。全书共 7 章，具体内容如下:

第 1 章为绪论，主要介绍数据分析与可视化的含义、数据分析与可视化常用工具、Python 数据分析与可视化常用类库等内容，展示了北京华育兴业科技有限公司为产教融合自主研发的教学实验系统。

第 2 章为 NumPy 数值计算，主要介绍数组对象 (ndarray) 的构造、属性、类型、切片和索引、迭代，以及常量、变换数组形态、通函数 (ufunc)、字符串函数、文件读写、统计与分析、矩阵等内容。

第 3 章为 Pandas 数据分析，主要介绍 Pandas 中的 Series、DataFrame 数据结构，以及索引、数据变更、数据运算、时间序列、数据读写、数据分组与聚合、透视表与交叉表、数据合并、数据清洗、数据标准化、数据转换等内容。

第 4 章为 SciPy 科学计算，主要介绍 SciPy 主命名空间、SciPy 常数和单位、SciPy 线性代数、SciPy 聚类分析、SciPy 插值、SciPy 数值优化、SciPy 统计函数等内容。

第 5 章为 Matplotlib 数据可视化，主要介绍 Matplotlib 安装与绘图流程、Pyplot 的 rc 参数、常用图形绘制、文本与颜色设置、词云图的生成，以及 Matplotlib 在 Django 项目中的应用等内容。

第 6 章为 ECharts 数据可视化，主要介绍 ECharts 安装、绘图流程、常见图表类型、配置项、常用图形绘制，以及 ECharts 在 Django 项目中的应用等内容。

第 7 章为 Pyecharts 数据可视化，主要介绍 Pyecharts 的特性及安装、绘图流程、常见图表类型、配置项、常用图形绘制，以及 Pyecharts 在 Django 项目中的应用等内容。

本书由闫博任主编，由邢巍、薛广有、杨雪及韩建军任副主编。其中，闫博负责拟定编写大纲和统稿工作，并编写了第 2 章、第 7 章，邢巍编写了第 1 章、第 4 章，杨雪编写了第 3 章，薛广有编写了第 5 章、第 6 章，韩建军提供了企业案例。刘松霭负责本书的审定工作。

尽管我们付出了最大的努力，但是书中难免存在不妥之处，恳请广大读者批评指正。

编　者

2024 年 8 月

目录 Contents

第1章 绪 论

数据分析与可视化

1.1 数据分析与可视化

随着数据量的不断增长和数据类型多样性的增加，在对海量复杂数据进行提取并分析，以此来发现其内在规律时，会产生很多新问题。而数据分析与可视化技术的产生，为数据科学领域开辟了新的前景和机会。数据分析与可视化技术作为数据科学领域中重要的技术，用于揭示数据中隐藏的模式、趋势和关系，并通过可视化手段将这些信息传达给用户。

1.1.1 数据分析

数据分析 (Data Analysis) 是把数据变成信息的工具，其主要目标是通过运用统计学、机器学习及模型建立等方法，对数据进行处理和分析，总结数据中的模式和趋势。数据挖掘 (Data Mining) 则是通过算法从大量的数据中挖掘出隐藏于其内部的信息的过程。数据挖掘技术包括聚类、分类、回归及关联规则等，在互联网时代，其中的一些技术也被称为机器学习。数据分析和数据挖掘都是基于搜集到的数据，通过使用数学、统计学、计算机等技术抽取出数据中的有用信息，为决策提供依据和指导方向的。

例如，运用统计分析法对房屋数据进行建模，可以帮助房产经纪人更清晰地了解写字楼的位置、房源分布情况等信息，并根据分析结果来确定销售策略、租金定价及资源调配等决策；采用聚类分析方法对土地的数据进行挖掘，根据气候、纬度、地理环境、土壤条件等数据信息进行分组，可以帮助相关从业者发现不同土地类型之间的共性和差异，更好地理解土地的特征和分类，指导土地管理和决策。

数据分析有狭义和广义之分。狭义数据分析是指对数据进行统计分析和推断，以便从数据中获取有关模式、关联、趋势、异常等信息，并作出相应的解释和预测。狭义数据分析通常包括描述性统计、推断统计、回归分析、时间序列分析等方法，旨在对已有数据进行数值和统计的分析。一般常说的数据分析，主要是指狭义数据分析。而广义数据分析则更加综合和广泛，涵盖了从数据收集、清理、整理、处理到模型构建、模型评估等多个阶段的工作。广义数据分析更加强调数据的预处理、特征工程、模型选择和优化等方面的内容，不局限于统计学和推断分析，也包括机器学习、数据挖掘、人工智能等相关技术和方法。也就是说，广义数据分析包括从数据到数据认知的过程。图 1-1 给出了广义数据分析主要包括的内容。

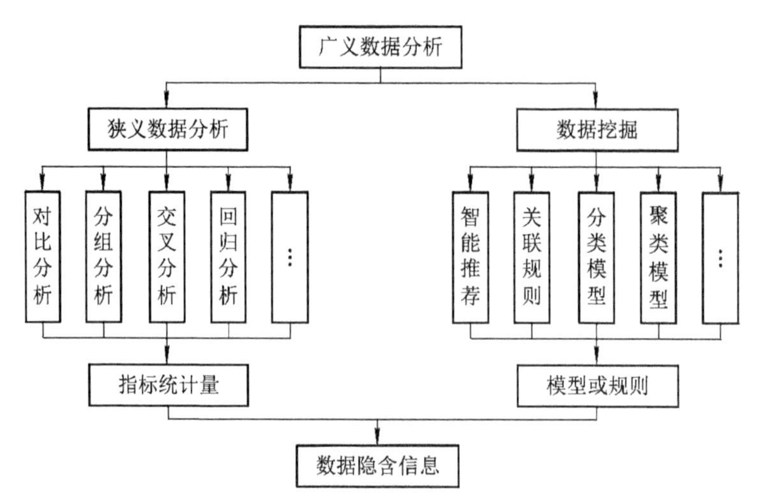

图 1-1　广义数据分析主要包括的内容

可以说，狭义数据分析是广义数据分析的一个子集，广义数据分析更加综合和全面。表 1-1 列出了狭义数据分析与广义数据分析的区别。

表 1-1　狭义数据分析与广义数据分析的区别

差异类型	狭义数据分析	广义数据分析
方法	统计学和推断分析	对已有数据进行分析
目标	获取有价值的信息	获取有价值的信息
基础	有可靠的数据支撑	有可靠的数据支撑
应用领域	统计学、经济学、社会科学等	适用于所有领域，包括商业、金融、医疗等
应用目的	从数据中获取一些已知的关系和规律	利用数据作出决策、优化业务或提供个性化的服务

1.1.2　数据可视化

数据分析的目的是从数据中获取价值，获取价值的方式并不是越复杂越好，反而是越简单才越容易被人接受。直观的图形更容易引起人们的共鸣，很多时候一个简单的图可使数据中包含的规律一览无余。

数据可视化 (Data Visualization) 是指使用图表、图形和其他视觉元素来展示数据，以便更好地理解和传达数据的含义。通过数据可视化，可以更直观地观察和分析数据，揭示数据间的相关性和趋势，并有效地传达数据的信息。应用数据可视化技术，不仅可以更快地帮助企业发现新的商机，而且通过创建数据信息图表还可以更高效、更深入地分析数据，挖掘数据中更深层次的信息，提升决策的质量。

数据可视化过程包括数据处理、视觉编码和可视化生成，如图 1-2 所示。数据处理包括数据采集、数据清洗、格式转换、筛选和聚合等操作；视觉编码包括对光学图像进行接收、提取信息、加工变换、模式识别、存储显示，以及调整图表的颜色、形状、大小等视觉属性；可视化生成是根据选择的视觉编码方式，将数据转化为相应的图表或图形。上述过程可以通过使用数据可视化工具或编程语言(如Python的Matplotlib)来实现，最终生成可视化图形或交互式图表。这个过程旨在通过图表和图形来展示数据，使人们更直观地理解和分析数据。

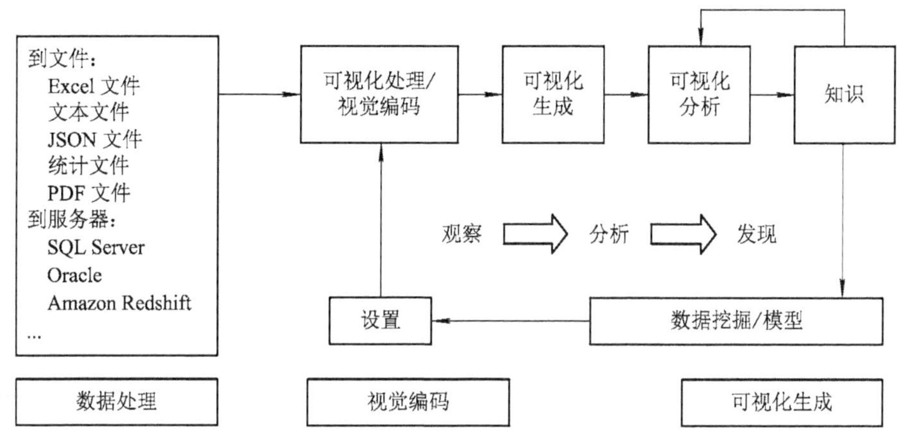

图1-2　数据可视化过程

例如，利用计算机技术就可以把数据或数据分析结果批量转换成不同形状和颜色的图表，通过图表表达有价值的信息，并建立数据和现实世界的联系。数据可视化是一个强大且有效的工具，它能够将数据转化为易于理解和传达的形式，帮助人们提高对数据的洞察力，为决策和行动提供支持。但需要注意，数据可视化要清理和准备好数据，遵循设计原则，选择适当的图表类型，并加入交互性元素，以最大程度地提高数据可视化的效果和价值。

1.2　数据分析与可视化常用工具

数据分析与可视化常用工具

目前数据分析与可视化常用工具众多，它们各具特色，用户可根据自己的需求和技能水平进行选择。下面对几款热门工具进行介绍。

1. Microsoft Excel

Microsoft Excel是由Microsoft公司开发的电子表格软件，它是Office套件中的一个重要组成部分，可以进行各种数据的处理、统计分析和辅助决策操作，被广泛应用于数据分析、数据处理与管理、图表制作等众多领域，为用户提供了高效、便捷的数据处理和分析工具。但对于数据清洗、数据转换、数据集成等高级数据处理需求，Excel的功能相对有限。对于复杂的数据处理需求，需要借助其他软件或编程语言来实现。

2. R语言

R语言是一个免费的、具有统计分析功能及强大作图功能的软件系统，是现在最受欢迎的数据分析和可视化平台之一。R语言的优点是容易编写，其帮助系统很优秀，对各种统计方法有比较细致的描述，输出结果丰富；缺点是软件本身处理较大数据的速度较慢。

但目前许多快速编程软件都有针对 R 语言的接口，而且还有一些针对 R 语言包装的软件，所以 R 语言处理速度慢也不会成为其发展及受欢迎的障碍。

3. Python 语言

被称为“胶水”语言的 Python 语言，是 1989 年由荷兰人 Guido van Rossum 发明的一种面向对象的解释型计算机编程语言。它是一种简单易学的编程类工具。用它编写的代码具有通用性、高效性、跨平台移植性及安全性等优点。Python 借助第三方的大数据处理框架可以很容易地开发出大数据平台，广泛应用于科学计算、自然语言处理、图形图像处理、Web 应用、游戏开发、云计算等方面，在全球范围内拥有众多开发者专业社群。本书使用的 Python 语言版本为 3.10.11。

4. SPSS

SPSS(统计学软件包集合) 是一款常用的统计分析软件，由 IBM 公司开发和发布。它提供了一系列强大的数据处理和统计分析工具，被广泛应用于社会科学、市场研究、医学、生物学以及其他领域。它可以帮助用户快速处理和分析数据，揭示数据背后的规律和见解，为决策提供科学依据。

5. 专业可视化分析工具

目前常用的专业可视化分析工具有 Tableau、Power BI、QlikView、D3.js 和 ECharts 等。这些工具都具有一定的学习曲线，都提供了丰富的可视化功能，可以根据用户需求进行数据的可视化分析和展示。

1.3 Python 数据分析与可视化常用类库

Python 有众多第三方库，可在其官方网站下载这些库文件。下面介绍 Python 官方网站中的主要工具库 (官方网站上也有这些工具库的使用说明)。

Python 数据分析与可视化常用类库

1. NumPy

NumPy(Numerical Python，数值 Python) 是 Python 开源的科学计算工具包，属于高级的数值编程工具。它主要包含四大核心功能，即强大的多维数组对象，复杂的函数功能，集成 C/C++ 和 FORTRAN 代码的工具，有用的线性代数、傅里叶变换和随机数功能。安装 NumPy 最简单的方法就是使用 pip 工具，其内容可参见 Python 官方网站，本书使用的版本为 1.26.4，在线安装命令为 pip install numpy==1.26.4。安装完成后，可以通过 import numpy as np 导入 NumPy 库。

2. Pandas

Pandas 是 Python 的一个数据分析包，其名字衍生自术语 Panel Data(面板数据) 和 Python Data Analysis(Python 数据分析)。Pandas 最初由 AQR Capital Management 于 2008 年 4 月开发，并于 2009 年底开源面市。Pandas 最初是被作为金融数据分析工具开发出来的，因此它为时间序列分析提供了很好的支持。Pandas 提供了两种数据结构，即 Series(一维数组结构)和 DataFrame(二维数组结构)。Pandas 可以从各种格式的文件(如 .csv、.json、.sql、.xls)中导入数据。它可以轻松地加载各种形式的数据，可随意对数据进行切片、切块、处理缺失元素、添加、重命名、聚合等操作。

安装 Pandas 库可参见其官方网站，本书使用的版本为 2.2.0，在线安装命令为 pip install pandas==2.2.0。安装完成后，可以通过 import pandas as pd 导入 Pandas 库。

3. SciPy

SciPy(Scientific Python，科学 Python)是基于 NumPy 开发的高级模块，它提供了许多数学算法和函数的实现，可便捷地解决科学计算中的一些标准问题，能为多种应用提供大量工具和算法，如基本函数、特殊函数、积分、优化、插值、傅里叶变换、信号处理、线性代数、稀疏特征值、稀疏图、数据结构、数理统计和多维图像处理等。

安装 SciPy 可参见其官方网站，本书使用的版本为 1.12.0，在线安装命令为 pip install scipy==1.12.0。安装完成后，可以通过 import scipy 导入 SciPy 库。

4. Matplotlib

Matplotlib(Matlab Plotting Library，Matlab 绘图库)是一个包含各种绘图模块的库，能根据数组创建高质量的图形，并交互式地显示它们。Matplotlib 中应用最广的是 matplotlib.pyplot 模块，该模块提供了一套和 MATLAB(Matrix Laboratory，矩阵实验室)类似的绘图 API，使得 Matplotlib 的机制更像 MATLAB。

安装 Matplotlib 可参见其官方网站，本书使用的版本为 3.8.3，在线安装命令为 pip install matplotlib==3.8.3。安装完成后，可以通过 import matplotlib.pyplot as plt 或者 import pylab as plt 导入可视化功能。

5. Pyecharts

Pyecharts(Python ECharts)是一个基于 ECharts(Enterprise Charts，商业级数据图表)开发的 Python 可视化库，它提供了一种简单方便的使用方式来创建各种类型的图表，包括折线图、柱状图、散点图等。其中，ECharts 是一个基于 JavaScript 的开源可视化图表库，本书使用的版本为 5.5.1。Pyecharts 用直观的 API 设计，只需几行代码就可生成一个功能强大的图表，使得图表的配置变得非常灵活并实现了可定制。同时它还拥有丰富的组件库，可以实现各种交互效果，包括数据筛选、图例切换、缩放、拖曳等。这使得 Pyecharts 成为一个非常好用的工具，既适合初学者用于快速绘图，也适合专业人员用于数据可视化和报表制作。

安装 Pyecharts 可参见其官方网站，本书使用的版本为 2.0.4，在线安装命令为 pip install pyecharts==2.0.4。

华育兴业教学实验系统

1.4　华育兴业教学实验系统

华育兴业教学实验系统是由北京华育兴业科技有限公司开发的，其整体内容涵盖了校企合作、实践课程资源、行业应用场景、计算与终端单元、实验室设计。该系统涵盖的本科大数据课程包括数据采集、数据清洗、数据可视化应用、数据分析与数据挖掘、大数据可视化技术等，包括在线课程学习、虚拟化实验平台、虚拟化实训平台、问题交流、在线考试等功能。下面介绍该系统的使用方法。

首先打开浏览器（推荐使用谷歌浏览器），输入平台地址后进入平台首页，如图 1-3 所示。

图 1-3　华育兴业教学实验系统首页

然后点击任意课程图标或点击右上角的登录按钮，跳转到登录页面，如图 1-4 所示。填写账号及密码即可登录。

图 1-4　华育兴业教学实验系统登录页面

最后在登录状态下点击教学实验系统首页课程图标进入指定课程的详情页面。

这里以“数据可视化应用”课程详情页面为例。左侧展示课程名称、课程章节及课程目标等信息，右侧展示班级信息和学习进度，如图 1-5 所示。

图 1-5 “数据可视化应用”课程详情页面

其中课程章节包括理论学习 (实验学习)、备课材料、教学资源、随堂练习等内容。注意实验学习带有 标识，无此标识则为理论学习。

理论学习形式包括 PPT 和视频两种。其中 PPT 可进行调整页面大小、全屏等操作。理论学习页面如图 1-6 所示。

图 1-6 理论学习页面

实验学习页面左侧为实验教学、实验笔记等功能区，右侧为虚拟机功能区，如图 1-7 所示。

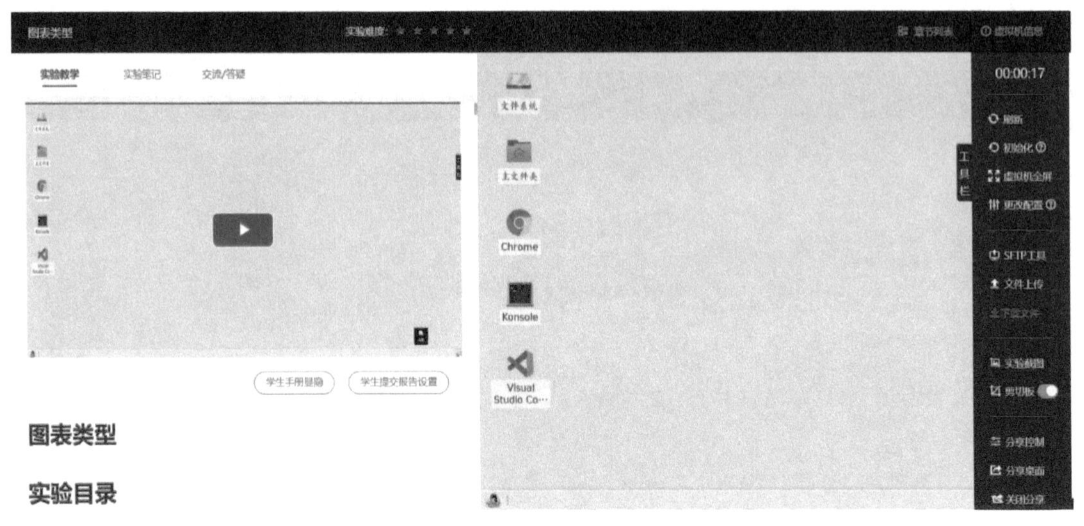

图 1-7　实验学习页面

随堂练习的答题情况处会展示各题型和题号，带有绿色标识的题号为已作答的题目。学生提交随堂练习后，页面将展示答题情况。若教师打开答案展示，则学生可在该页面看到自己的作答是否正确，未作答或答错的题目会展示正确答案。随堂练习页面如图 1-8 所示。

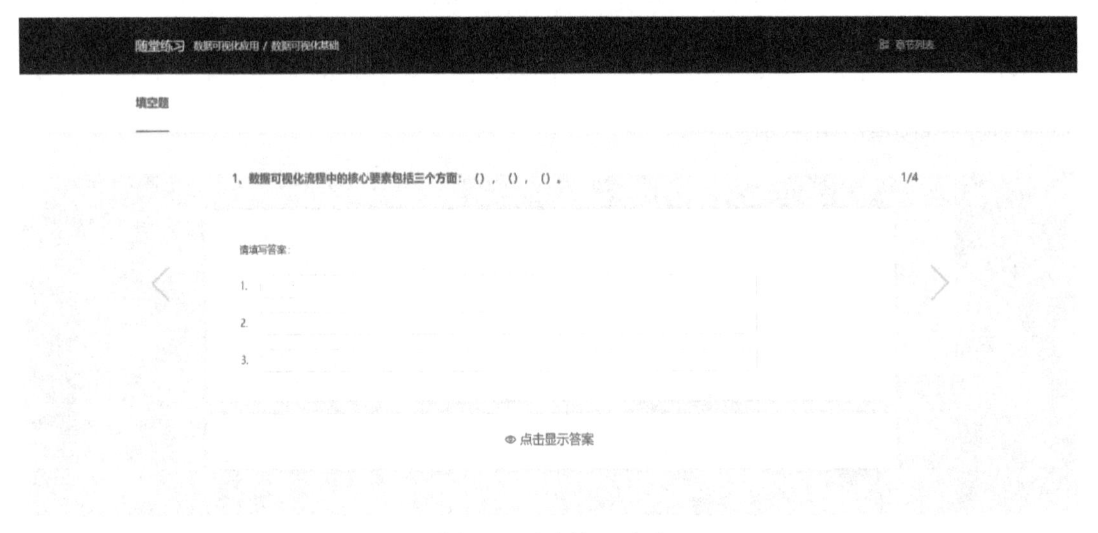

图 1-8　随堂练习页面

第2章 NumPy 数值计算

群物总杂，各列有数，总言其实。令每行为率。二物者再程，三物者三程，皆如物数程之。并列为行，故谓之方程。

——《九章算术·卷八》

矩阵论是现代数学的重要组成部分，是研究现代自然科学的重要工具。早在公元一世纪左右，我国古代著名数学专著《九章算术》便提到了以算筹对线性方程组的系数进行排列的情形，这可以看作是中国古代对矩阵概念的萌芽，时间远远早于英国数学家西尔维斯特在 1850 年提出的西尔维斯特矩阵方程。此外，《九章算术》中用矩阵解线性方程组的方法，也明显比高斯消去法的矩阵消去法更加成熟。

NumPy 作为高性能科学计算和数据分析的基础包，提供了高效的数组运算方法，可以处理包含大量数字的数据集，比如矩阵运算、向量运算、数组运算等。

本章任务目标包括：

(1) 理解 NumPy 数组对象 ndarray 的含义，应用 NumPy 中的方法创建 ndarray。

(2) 识别 ndarray 对象的数据类型，应用数据类型转换功能。

(3) 应用数组的切片、索引、迭代操作。

(4) 理解常用常量的含义。

(5) 通过分析数据集，应用变换数组形态、通函数、字符串函数、统计与分析等对数组进行数据处理。

(6) 通过区别数据集，使用不同文件读写方式读取和写入数据。

(7) 应用 NumPy 中的矩阵进行矩阵操作。

2.1 数组对象 (ndarray)

NumPy 的主要对象为多维数组，即 ndarray 对象，该对象具有矢量算术能力和复杂的广播能力，可以执行一些科学计算。不同于 Python 标准库，ndarray 对象拥有对高维数组的处理能力。

多维数组

2.1.1 多维数组

NumPy 提供了多维数组数据类型，即 ndarray(n-dimensional array object)。多维数组是一系列同类型数据的集合。ndarray(本章统一称为数组) 对象用于存放同类型元素的多维数组，其中的每个元素在内存中都有相同大小的存储区域。除基本类型(如整数、浮点数等)之外，数据类型对象还可以表示其他更复杂的数据结构。ndarray 的内部结构如图 2-1 所示。

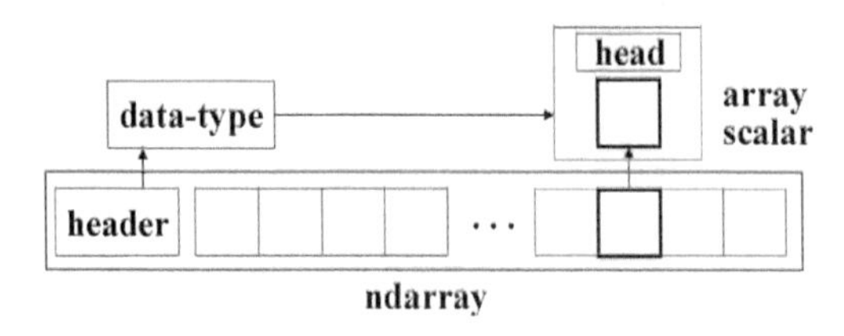

图 2-1 ndarray 内部结构

图 2-1 展示了 ndarray 中三个基本对象之间的关系。这三个基本对象分别是：

(1) ndarray 本身。

(2) data-type(dtype)。它是 ndarray 中大小固定的单个元素对应的数据类型对象。

(3) array scalar。它是访问 ndarray 单个元素时返回的数组标量，它也是一个 Python 对象。

ndarray 是具有相同类型和大小的项目的(通常是固定大小的)多维容器。其大小和数组中项目的数量是由 ndarray 的 shape 定义的。shape 是由 N 个非负整数组成的 tuple(元组)，用于指定每个维度的大小。数组中项目的类型由 data-type object 指定。与 Python 中的其他容器对象一样，可以通过对数组进行索引或切片(例如使用 N 个整数)以及通过 ndarray 的方法和属性来访问和修改 ndarray 的内容。

2.1.2 构造数组

构造数组

NumPy 库提供了多种创建多维数组的方法，可以通过已有数据创建，或通过数组形状创建，或通过数值范围创建。这些方法可以灵活地创建不同形状和类型的 NumPy 数组，以满足数据分析和科学计算的需求。

1. Python array_like 对象转换为 NumPy 数组

array_like(伪数组)是指类似于数组的对象或数据结构。常见的 array_like 对象包括列表 (list)、元组 (tuple)、集合 (set)、字符串 (string)、NumPy 中的多维数组、Pandas 中的 Series 等。

如果 Python 中的 array_like 结构存储的数据为数值，那么这个 array_like 结构可以使用 NumPy 中的 array 函数转换为数组，最明显的例子是列表和元组。

array 函数语法规则：

```
numpy.array(object, dtype=None, *, copy=True, order='K', subok=False, ndmin=0, like =None)
```

array 函数的主要参数及其说明如表 2-1 所示。

表 2-1 array 函数的主要参数及其说明

参数名称	说　明
object	接收 array_like，表示想要创建的数组，无默认
dtype	接收 data-type，可选，表示数组所需的数据类型，未给定则选择保存对象所需的最小类型，默认为 None

续表

参数名称	说　明
copy	接收 bool(布尔型数据类型)，可选。本书中的 bool 为 Python 中的布尔型数据类型，包含两个值，值为 True 时表示真；值为 False 时表示假。如果值为 True(默认值)，则复制对象，否则只有在以下三种情况下才会返回副本： (1) _array_ 返回一个副本； (2) obj 是嵌套序列； (3) 需要副本来满足任何其他要求 (dtype、order 等) 时
order	接收 {'K', 'A', 'C', 'F'}，可选，用于指定阵列的内存布局
subok	接收 bool，可选。如果值为 True，则子类将被传递，否则返回的数组将被强制为基类数组 (默认)。或者说，True 使用 object 的内部数据类型，False 使用 object 数组的数据类型
ndmin	接收 int，用于指定生成数组应该具有的最小维数，默认为 None
like	接收 array_like，可选，默认为 None。引用对象，以允许创建不是 NumPy 数组的数组

array 函数的返回值为 ndarray 对象，表示满足指定要求的数组对象。

【例 2-1】 使用 array 函数创建 ndarray。

代码如下：

```
import numpy as np
arr1 = np.array([6,3,1,0])
arr2 = np.array(('2', 3, 5, 0))
arr3 = np.array([[1,2.0],[0,0],(1+1j,3.)])
arr4 = np.array([( 1.+0.j, 2.+0.j), [ 0.+0.j, 0.+0.j], ( 1.+1.j, 3.+0.j)])
print(' 创建一维数组 arr1：\n%s' % arr1)
print(' 创建一维数组 arr2：\n%s' % arr2)
print(' 创建二维数组 arr3：\n%s' % arr3)
print(' 创建二维数组 arr4：\n%s' % arr4)
```

结果如下：

```
创建一维数组 arr1：
[6 3 1 0]
创建一维数组 arr2：
['2' '3' '5' '0']
创建二维数组 arr3：
[[1.+0.j 2.+0.j]
 [0.+0.j 0.+0.j]
 [1.+1.j 3.+0.j]]
创建二维数组 arr4：
[[1.+0.j 2.+0.j]
 [0.+0.j 0.+0.j]
 [1.+1.j 3.+0.j]]
```

例 2-1 中，数组 arr1、arr2 中只有一行元素，因此它们是一维数组。数组 arr3、arr4 中有3行2列元素，因此它们是二维数组。生成arr3、arr4数组的元素中同时包含列表、元组数据类型，可以正常运行并生成数组。生成arr2、arr3、arr4数组的元素中同时包含多种数据类型，运行结果将数据自动转换为较高数据类型，例如arr2数组中的元素全部为字符串类型。

【例2-2】 设置array函数的参数。

代码如下：

```
arr1 = np.array([1,2,3,4],dtype=complex)
print(' 创建的数组为：',arr1)
# 指定 ndmin
arr2 = np.array([1,2,3,4],ndmin=2)
print(' 创建的数组为：',arr2)
arr3 = np.array([[1, 2, 3, 4],['a', 5, 6, 7], [7, 8, 9, 10]],ndmin=1)
print(' 创建的数组为：\n%s' % arr3)
```

结果如下：

```
创建的数组为： [1.+0.j 2.+0.j 3.+0.j 4.+0.j]
创建的数组为： [[1 2 3 4]]
创建的数组为：
[['1' '2' '3' '4']
 ['a' '5' '6' '7']
 ['7' '8' '9' '10']]
```

例2-2中，生成数组arr1指定dtype为复数类型complex；生成数组arr2指定ndmin=2，由于[1,2,3,4]是一维的，此时会将一维转换成二维；生成数组arr3指定ndmin=1，由于[[1, 2, 3, 4],['a', 5, 6, 7], [7, 8, 9, 10]]是二维的(大于ndmin=1)，此时会保持原有维度。

2. NumPy原生数组的创建

通常数组的元素最初是未知的，但它的大小是已知的。因此，NumPy提供了几个函数来创建具有初始占位符内容的数组。

1) arange函数

arange函数类似于Python自带的range函数，通过指定开始值、终值和步长来创建一维数组，创建的数组不含终值。

arange函数语法规则：

```
numpy.arange([start,] stop[, step,], dtype=None, *, like=None)
```

arange函数的主要参数及其说明如表2-2所示。

表2-2 arange函数的主要参数及其说明

参数名称	说　明
start	接收整数或实数，可选，默认为0，表示间隔起始，间隔包括此值
stop	接收整数或实数，表示间隔终止，间隔不包括此值(除非在某些情况下step不是整数，并且浮点舍入会影响out(numpy、arange函数的输出对象)的长度)
step	接收整数或实数，可选，默认为1，表示值之间的间距。对于任何输出的out，step是两个相邻的输出out[i+1]和out[i]之间的距离

arange 函数的返回值为 ndarray 对象，其值为均匀分布的数组对象。

【例 2-3】 使用 arange 函数创建数组。

代码如下：

```
arr1 = np.arange(3)
print(' 创建的数组为：',arr1)
arr2 = np.arange(3.0)
print(' 创建的数组为：',arr2)
arr3 = np.arange(3, 7)
print(' 创建的数组为：',arr3)
arr4 = np.arange(3, 7, 2)
print(' 创建的数组为：',arr4)
```

结果如下：

```
创建的数组为： [0 1 2]
创建的数组为： [0. 1. 2.]
创建的数组为： [3 4 5 6]
创建的数组为： [3 5]
```

2) linspace 函数

linspace 函数通过指定开始值、终值和元素个数来创建一维数组，默认设置包括终值，这一点要与 arange 函数区分。

linspace 函数语法规则：

```
numpy.linspace(start, stop, num=50, endpoint=True, retstep=False, dtype=None, axis=0)
```

linspace 函数的主要参数及其说明如表 2-3 所示。

表 2-3 linspace 函数的主要参数及其说明

参数名称	说 明
start	接收 array_like，无默认值，表示序列的起始值
stop	接收 array_like，无默认值，表示序列的终止值，当 endpoint=False 时，序列终止不包含 stop
num	接收 int(整数类型)，可选，默认为 50，表示生成样本的数量，必须为非负数
endpoint	接收 bool，可选，默认为 True。为 True 时，stop 是最后一个样本，否则不包含 stop
retstep	接收 bool，可选，默认为 False。如果为 True，则返回 (samples, step)，step 为样本的间距
dtype	接收 data-type，可选，表示输出数组的类型。如果 dtype 没有给出，则从 start 和 stop 中推断。不使用整型，即使生成整型数组也选用浮点型
axis	接收 int，可选，默认为 0，表示结果中用于存储样本的轴

linspace 函数的返回值为 ndarray 对象。该对象包含 num 个等间距的样本数据，仅当 restep=True 时，输出样本间的距离才为 step。

【例 2-4】 使用 linspace 函数创建数组。

代码如下：

```
arr1 = np.linspace(2.0, 3.0, num=5)
print(' 创建的数组为：',arr1)
arr2 = np.linspace(2.0, 3.0, num=5, endpoint=False)
print(' 创建的数组为：',arr2)
arr3 = np.linspace(2.0, 3.0, num=5, retstep=True)
print(' 创建的数组为：',arr3)
```

结果如下：

```
创建的数组为： [2.   2.25 2.5  2.75 3.  ]
创建的数组为： [2.  2.2 2.4 2.6 2.8]
创建的数组为： (array([2.  , 2.25, 2.5 , 2.75, 3.  ]), 0.25)
```

3) logspace 函数

logspace 函数同 linspace 函数类似，它创建的是等比例数列。

logspace 函数语法规则：

```
numpy.logspace(start, stop, num=50, endpoint=True, base=10.0, dtype=None, axis=0)
```

logspace 函数的主要参数及其说明如表 2-4 所示。

表 2-4 logspace 函数的主要参数及其说明

参数名称	说　明
start	接收 array_like，base**start(base 的 start 次幂) 是序列的起始值
stop	接收 array_like，base**stop(base 的 stop 次幂) 是序列的终止值
num	接收整数，可选，默认为 50，表示生成样本的数量
endpoint	接收 bool，可选，默认为 True。为 True 时，stop 是最后一个样本，否则不包含 stop
base	接收 array_like，可选，默认为 10.0，表示 log 的底数。在 ln(samples) / ln(base) 之间，元素的间距是均匀的

logspace 函数的返回值为 ndarray 对象，该对象包含 num 个样本，这些样本在对数起始范围内等间距。

【例 2-5】 使用 logspace 函数创建数组。

代码如下：

```
arr1 = np.logspace(2.0, 3.0, num=4)
print(' 创建的数组为：',arr1)
arr2 = np.logspace(2.0, 3.0, num=4, endpoint=False)
print(' 创建的数组为：',arr2)
arr3 = np.logspace(2.0, 3.0, num=4, base=2.0)
print(' 创建的数组为：',arr3)
```

结果如下：

```
创建的数组为： [ 100.         215.443469   464.15888336 1000.        ]
创建的数组为： [100.         177.827941   316.22776602 562.34132519]
创建的数组为： [4.         5.0396842  6.34960421 8.        ]
```

4) zeros 函数

zeros 函数用来创建值全部为 0 的数组，即创建的数组值全部填充为 0。

zeros 函数语法规则：

```
numpy.zeros(shape, dtype=float, order='C', *, like=None)
```

zeros 函数的主要参数及其说明如表 2-5 所示。

表 2-5 zeros 函数的主要参数及其说明

参数名称	说　明
shape	接收 int 或整数组成的 tuple，表示新数组的形状，例如：(2, 3) 或 2
dtype	接收 data-type，可选，默认为 numpy.float64
order	接收 {'C', 'F'}，可选，默认为 C
like	接收 array_like，可选

zeros 函数的返回值为 ndarray 对象。该函数根据给定的 shape、dtype、order 生成全为 0 的数组。

【例 2-6】 使用 zeros 函数创建数组。

代码如下：

```
arr1 = np.zeros(5)
print('创建的数组为：',arr1)
arr2 = np.zeros((5,), dtype=int)
print('创建的数组为：',arr2)
arr3 = np.zeros((2, 1))
print('创建的数组为：\n%s' % arr3)
s = (2, 2)
arr4 = np.zeros(s)
print('创建的数组为：\n%s' % arr4)
arr5 = np.zeros((2,), dtype=[('x', 'i4'), ('y', 'i4')]) # custom dtype
print('创建的数组为：', arr5)
```

结果如下：

```
创建的数组为： [0. 0. 0. 0. 0.]
创建的数组为： [0 0 0 0 0]
创建的数组为：
[[0.]
 [0.]]
创建的数组为：
[[0. 0.]
 [0. 0.]]
创建的数组为： [(0, 0) (0, 0)]
```

5) eye 函数

eye 函数用来生成主对角线上的元素为 1、其他的元素为 0 的数组，类似单位矩阵。

eye 函数语法规则：

```
numpy.eye(N, M=None, k=0, dtype=float, order='C', *, like=None)
```

eye 函数的主要参数及其说明如表 2-6 所示。

表 2-6 eye 函数的主要参数及其说明

参数名称	说　　明
N	接收 int，表示输出的行数
M	接收 int，可选，默认为 N，表示输出的列数
k	接收 int，可选，默认为 0，表示对角线的索引。0(默认)是指主对角线，正值是指上对角线，负值是指下对角线

eye 函数的返回值为 shape 为 (N, M) 的 ndarray 对象。

【例 2-7】 使用 eye 函数创建数组。

代码如下：

```
arr1 = np.eye(2, dtype=int)
print('创建的数组为：\n%s' % arr1)
arr2 = np.eye(3, k=1)
print('创建的数组为：\n%s' % arr2)
```

结果如下：

```
创建的数组为：
[[1 0]
 [0 1]]
创建的数组为：
[[0. 1. 0.]
 [0. 0. 1.]
 [0. 0. 0.]]
```

6) diag 函数

diag 函数用于创建类似对角矩阵的数组，即除对角线以外的其他元素都为 0，对角线上的元素可以是 0 或其他值。

diag 函数语法规则：

```
numpy.diag(v, k=0)
```

diag 函数的主要参数及其说明如表 2-7 所示。

表 2-7 diag 函数的主要参数及其说明

参数名称	说　　明
v	接收 array_like。如果 v 是一个二维数组，则返回它的第 k 层对角线副本。如果 v 是一个一维数组，则返回一个二维数组，此时 v 在第 k 层对角线
k	接收 int，可选，默认为 0。使用“k>0”表示主对角线上方的对角线，使用“k<0”表示主对角线下方的对角线

diag 函数的返回值为 ndarray 对象，即为提取的对角线或构造的对角线数组。

【例 2-8】 使用 diag 函数创建数组。

代码如下：

```
x = np.arange(9).reshape((3,3))
print(' 数组 x 为：\n%s' % x)
arr1 = np.diag(x)
print(' 创建的数组为：',arr1)
arr2 = np.diag(x, k=1)
print(' 创建的数组为：',arr2)
arr3 = np.diag(x, k=-1)
print(' 创建的数组为：\n',arr3)
arr4 = np.diag(np.diag(x))
print(' 创建的数组为：\n%s' % arr4)
```

结果如下：

```
数组 x 为：
[[0 1 2]
 [3 4 5]
 [6 7 8]]
创建的数组为： [0 4 8]
创建的数组为： [1 5]
创建的数组为：
 [3 7]
创建的数组为：
[[0 0 0]
 [0 4 0]
 [0 0 8]]
```

7) ones 函数

ones 函数用来创建元素全部为 1 的数组，即创建的数组元素全部填充为 1。

ones 函数语法规则：

```
numpy.ones(shape, dtype=None, order='C', *, like=None)
```

ones 函数的主要参数及其说明如表 2-8 所示。

表 2-8 ones 函数的主要参数及其说明

参数名称	说　明
shape	接收 int 或 int 的序列。新数组的形状，例如：(2, 3) 或 2

ones 函数的返回值为 ndarray 对象。该函数根据给定的 shape、dtype、order 生成全为 1 的数组。

【例 2-9】 使用 ones 函数创建数组。

代码如下：

```
arr1 = np.ones(5)
print(' 创建的数组为：',arr1)
```

```
arr2 = np.ones((5,), dtype=int)
print(' 创建的数组为：',arr2)
arr3 = np.ones((2, 1))
print(' 创建的数组为：\n%s' % arr3)
s = (2,2)
arr4 = np.ones(s)
print(' 创建的数组为：\n%s' % arr4))
```

结果如下：

```
创建的数组为： [1. 1. 1. 1. 1.]
创建的数组为： [1 1 1 1 1]
创建的数组为：
[[1.]
 [1.]]
创建的数组为：
[[1. 1.]
 [1. 1.]]
```

3. 随机数创建数组

在 random 模块中，NumPy 提供了强大的生成随机数功能，包括可以生成服从多种概率分布随机数的函数。注意，NumPy 提供的是伪随机数。

(1) random.random 函数生成随机浮点数的语法如下：

```
numpy.random.random(size=None)
```

若无参数，则生成一个随机数；若参数为整数，则生成一维数组。随机数为 [0.0, 1.0) 的浮点数。

(2) random.rand 函数生成服从均匀分布的随机数的语法如下：

```
numpy.random.rand(*dn)
```

若无参数，则生成一个随机数；参数为整数 d0, d1, …, dn，表示生成数组的 shape。随机数为 [0.0, 1.0) 的浮点数。

(3) random.randn 函数生成服从正态分布的随机数的语法如下：

```
numpy.random.randn(*dn)
```

若无参数，则生成一个随机数；参数为整数 d0, d1, …, dn，表示生成数组的 shape。随机数符合正态分布。

(4) random.randint 函数生成给定上下限范围的随机数的语法如下：

```
numpy.random.randint(low, high=None, size=None, dtype='l')
```

其中，low 表示最小值；high 表示最大值；size 表示数组 shape；dtype 表示类型。随机数为 [low, high) 的整数。

【例 2-10】 使用 random 模块中的函数，生成随机数数组。

代码如下：

```
print('random.random()')
arr1 = np.random.random(size=None)
```

```
print(arr1)
print('random.rand()')
arr2 = np.random.rand(2,3,5)
print(arr2)
print('random.randn()')
arr3 = np.random.randn(2,3,5)
print(arr3)
print('random.randint()')
arr4 = np.random.randint(2,10,size=(2,5))
print(arr4)
```

结果如下：

```
random.random()
0.4123841706815752
random.rand()
[[[0.6236689  0.12516326 0.93649868 0.76272634 0.79995911]
  [0.2196658  0.75260247 0.4068147  0.27939352 0.52814765]
  [0.92484104 0.92788966 0.48828948 0.86072913 0.55500124]]

 [[0.30715226 0.29228925 0.16655401 0.29712193 0.01961382]
  [0.5982753  0.0246055  0.41461027 0.88022644 0.00601471]
  [0.32475247 0.13958712 0.60719874 0.56681921 0.02987371]]]
random.randn()
[[[ 0.02533615 -0.01377508  1.00544968 -0.99719933 -1.10741043]
  [ 0.51713713 -0.63848001  0.58415998  0.02945194  1.29129165]
  [-0.68796931 -0.18049868  0.23293439  1.05412486  0.23523036]]

 [[-0.14755994  1.12631689  0.54720857 -0.00641989 -0.61701373]
  [ 0.32022833  0.19013544 -0.39073698  1.5948331  -0.84563912]
  [ 0.71827814  1.2287648   0.79190922  0.30100025  0.93788907]]]
random.randint()
[[7 7 2 7 3]
 [9 2 8 8 6]]
```

因为是随机数，所以每次运行代码生成的随机数组都不一样。

random 模块常用随机数生成函数及其说明如表 2-9 所示。

表 2-9 random 模块常用随机数生成函数及其说明

函数名	说　明
seed	确定随机数生成器的种子
permutation	返回一个序列的随机排列或一个随机排列的范围
shuffle	对一个序列进行随机排序

续表

函数名	说　明
binomial	产生二项分布的随机数
normal	产生正态（高斯）分布的随机数
beta	产生 Beta 分布的随机数
chisquare	产生卡方分布的随机数
gamma	产生 Gamma 分布的随机数
uniform	产生在 [0,1) 中均匀分布的随机数

2.1.3 数组属性

数组属性与数据类型

NumPy 的 ndarray 对象的属性包括形状、尺寸、数据类型等重要内容，获取多维数组属性值的语法规则为 ndarray. 属性。

例如，3D 空间中点的坐标 [1, 2, 1] 具有一个轴，该轴有 3 个元素，所以它的长度为 3。在 [[1., 0., 0.], [0., 1., 2.]] 中，数组有 2 个轴，第一轴的长度为 2，第二轴的长度为 3。

ndarray 数组的主要属性及其说明如表 2-10 所示。

表 2-10　ndarray 数组的主要属性及其说明

属 性	说　明
ndim	返回 int，表示数组的轴（维度）的个数。Python 中，维度的数量被称为 rank
shape	返回 tuple，表示数组的维度，它是一个整数的元组，元组中的元素表示每个维度中数组的大小。对于有 n 行和 m 列的矩阵，shape 则是 (n,m)。shape 元组的长度为 rank 或维度的个数 ndim
size	返回 int，表示数组元素的总数，它等于 shape 的元素的乘积
dtype	返回 data-type，表示一个描述数组中元素类型的对象。可以使用标准的 Python 类型创建或指定 dtype。另外，NumPy 提供它自己的类型，例如 numpy.int32、numpy.int16 和 numpy.float64
itemsize	返回 int，表示数组中每个元素的字节大小。例如，元素为 float64 类型的数组的 itemsize 为 8(=64/8)，而 complex32 类型的数组的 itemsize 为 4(=32/8)。ndarray.itemsize 等于 ndarray.dtype.itemsize
data	返回该缓冲区包含的数组的实际元素。通常不需要使用此属性，常使用索引访问数组中的元素

【例 2-11】 获取数组属性。

代码如下：

```
arr1 = np.array([[0,1,2,3],[4,5,6,7]])
print('type(arr1):',type(arr1))
```

```
print('arr1:\n%s' % arr1)
print('arr1.ndim:',arr1.ndim)
print('arr1.shape:',arr1.shape)
print('arr1.size:',arr1.size)
print('arr1.dtype:',arr1.dtype)
print('arr1.itemsize:',arr1.itemsize)
print('arr1.data:',arr1.data)
```

结果如下：

```
type(arr1): <class 'numpy.ndarray'>
arr1:
[[0 1 2 3]
 [4 5 6 7]]
arr1.ndim: 2
arr1.shape: (2, 4)
arr1.size: 8
arr1.dtype: int32
arr1.itemsize: 4
arr1.data: <memory at 0x000001D5E20A24D0>
```

1. shape 属性

可以通过设置数组的 shape 属性，生成新的数组。

【例 2-12】 设置数组的 shape 属性。

代码如下：

```
arr1.shape=(4,2)
print('arr1:\n%s' % arr1)
```

结果如下：

```
arr1:
[[0 1]
 [2 3]
 [4 5]
 [6 7]]
```

2. astype 方法

对于创建好的数组 ndarray，可以通过 astype 方法进行数据类型转换。

【例 2-13】 使用 astype 方法进行数据类型转换。

代码如下：

```
arr2 = arr1.astype(np.float64)
print('arr2:\n%s' % arr2)
print('arr2.dtype:',arr2.dtype)
```

结果如下：

```
arr2:
```

```
[[0. 1.]
 [2. 3.]
 [4. 5.]
 [6. 7.]]
arr2.dtype: float64
```

2.1.4 数据类型

NumPy 提供了不同精度的数据类型，极大地扩充了原生 Python 的数据类型，其中大部分数据类型的名称以数字结尾，这个数字代表该数据类型在内存中占有的位数。NumPy 提供的数据类型基本上可以和 C 语言的数据类型对应，其中部分类型对应为 Python 内置的类型。需要强调的是，在 NumPy 中，数组中各元素的数据类型是同质的，即数组中所有元素的数据类型必须是一致的，这样便于确定该数组所需要的存储空间。

1. NumPy 基本数据类型

NumPy 的数值类型实际上是 dtype 对象的实例，包括 numpy.bool_、numpy.int32、numpy.float32 等。NumPy 的基本数据类型及其取值范围如表 2-11 所示。

表 2-11 NumPy 的基本数据类型及其取值范围

数据类型	说　明
bool_	用一位存储的布尔类型 (值为 True 或 False)
int8	整数，范围为 −128～127(简写为 i1)
int16	整数，范围为 −32 768～32 767(简写为 i2)
int32	整数，范围为 -2^{31}～$2^{32}-1$(简写为 i4)
int64	整数，范围为 -2^{63}～$2^{63}-1$(简写为 i8)
uint8	无符号整数，范围为 0～255
uint16	无符号整数，范围为 0～65 535
uint32	无符号整数，范围为 0～$2^{32}-1$
uint64	无符号整数，范围为 0～$2^{64}-1$
float64	半精度浮点数 (16 位)，其中 1 位表示正负号，5 位表示指数，10 位表示尾数 (简写为 f2)
float32	单精度浮点数 (32 位)，其中 1 位表示正负号，8 位表示指数，23 位表示尾数 (简写为 f4)
float64 或 float_	单精度浮点数 (64 位)，其中 1 位表示正负号，11 位表示指数，52 位表示尾数 (简写为 f8)
complex64	复数，分别用两个 32 位浮点数表示实部和虚部
complex128 或 complex_	复数，分别用两个 64 位浮点数表示实部和虚部

每个内建类型都有唯一定义的字符代码，如表 2-12 所示。

表 2-12 NumPy 内建类型的字符代码

字符代码	说 明
b	布尔型
i	(有符号) 整型
u	无符号整型
f	浮点型
c	复数浮点型
m	Timedelta(时间增量)
M	Datetime(日期增量)
O	(Python) 对象
S	字符串 (固定长度的 char 序列)
U	Unicode
V	原始数据 (void)

2. 常数数据类型转换

NumPy 数组中不同的数据类型，均有其对应的转换函数。

使用转换函数转换数据类型的语法规则：

```
numpy. 数据类型 ( 数字 / 列表 / 元组 )
```

【例 2-14】 使用转换函数，对常数数据进行数据类型转换。

代码如下：

```
print(' 转换结果为：',np.int8(42.0))          # 浮点型转换为整型
print(' 转换结果为：',np.bool_(42))           # 整型转换为布尔型
print(' 转换结果为：',np.bool_(0))            # 整型转换为布尔型
print(' 转换结果为：',np.float_(True))        # 布尔型转换为浮点型
print(' 转换结果为：',np.float_(False))       # 布尔型转换为浮点型
print(' 转换结果为：',np.float64([1,2,3]))    # 整型转换为浮点型
print(' 转换结果为：',np.float64((1,2,3)))    # 整型转换为浮点型
```

结果如下：

```
转换结果为： 42
转换结果为： True
转换结果为： False
转换结果为： 1.0
转换结果为： 0.0
转换结果为： [1. 2. 3.]
转换结果为： [1. 2. 3.]
```

3. 数组数据类型转换

在数组生成过程中，可以通过指定 dtype 参数修改数组数据类型，可以通过 numpy.dtype(object) 查看数据类型。

【例 2-15】 修改 dtype 参数，更改数组数据类型。

代码如下：

```
arr1 = np.array([1,2,3,4])                                  # 创建一维数组
print(' 转换结果为：',np.array(arr1,dtype=np.float64))     # 布尔型转换为浮点型
print(' 数据对象类型为：',np.dtype(arr1[1]))               # 查看某个数据的数据类型
```

结果如下：

```
转换结果为： [1. 2. 3. 4.]
数据对象类型为： int32
```

4. 数据类型对象（dtype）

数据类型对象 (numpy.dtype 类的实例) 用来描述与数组对应的内存区域如何使用。它描述了数据的以下几个方面：

(1) 数据的类型 (整数、浮点数或者 Python 对象)。

(2) 数据的大小 (如整数使用多少个字节存储)。

(3) 数据的字节顺序 (小端法或大端法)。

(4) 在结构化类型的情况下，字段的名称、每个字段的数据类型和每个字段所取的内存块的部分。

(5) 如果数据类型是子数组，那么会给出它的形状和数据类型。

字节顺序是通过对数据类型预先设定“<”或“>”来决定的。“<”意味着小端法 (数据的低位放在低地址空间，数据的高位放在高地址空间)。“>”意味着大端法 (数据的高位放在低地址空间，数据的低位放在高地址空间)。

dtype 对象的构造方法如下：

```
numpy.dtype(object, align, copy)
```

dtype 对象构造方法的参数及其说明如表 2-13 所示。

表 2-13　dtype 对象构造方法的参数及其说明

参数名称	说　明
object	要转换的数据类型对象
align	如果为 True，则填充字段使其类似 C 语言的结构体
copy	复制 dtype 对象，如果为 False，则是对内置数据类型对象的引用

【例 2-16】 dtype 构造方法的使用。

代码如下：

```
dt1 = np.dtype(np.int32)
print(' 使用标量类型：', dt1)
# int8, int16, int32, int64 四种数据类型可以使用字符串 'i1', 'i2','i4','i8' 代替
dt2 = np.dtype('i4')
print(' 使用字符串代替数据类型：', dt2)
dt3 = np.dtype('<i4')
print(' 字节顺序标注：', dt3)
dt4 = np.dtype([('age',np.int8)])
```

```
print(' 结构化数据类型：', dt4)
```

结果如下：

```
使用标量类型： int32
使用字符串代替数据类型： int32
字节顺序标注：int32
结构化数据类型：[('age', 'i1')]
```

可以使用 dtype 对象结构化数据类型，这里创建一个存储学生信息的数据类型。其中，用一个长度为 40 个字符的字符串来记录学生的姓名，用一个 64 位的整数来记录学生的年龄，最后用一个 64 位的单精度浮点数来记录学生的身高。

【例 2-17】 创建自定义数据类型。

代码如下：

```
df = np.dtype([("name", np.str_, 40), ("age", np.int64), ("height",np.float64)])
print(' 创建数据类型为：',df)
print(' 查看 name 数据类型为：',df["name"])
print(' 查看 name 数据类型为：',np.dtype(df["name"]))
itemz = np.array([("LiLei", 20, 175.6),("XiaoMing", 21, 180.1)],dtype=df)
print(' 自定义数据为：',itemz)
```

结果如下：

```
创建数据类型为： [('name', '<U40'), ('age', '<i8'), ('height', '<f8')]
查看 name 数据类型为：<U40
查看 name 数据类型为：<U40
自定义数据为： [('LiLei', 20, 175.6) ('XiaoMing', 21, 180.1)]
```

切片和索引

2.1.5 切片和索引

ndarray 对象的内容可以通过索引或切片来访问和修改，与 Python 中列表的操作一样。

1. 切片

ndarray 数组的切片对象，可以通过内置的 slice 函数从原数组中切割出一个新数组 (不含 stop)，使用方法介绍如下。

- numpy.slice(start, stop, step)

其中：start 表示起始下标；stop 表示终止下标；step 表示步长。参数值为整数。

- numpy.slice(start, stop)

参数 start 和 stop 的含义同上，步长默认为 1。

- numpy.slice(stop)

参数 stop 的含义同上。

【例 2-18】 使用 slice 函数对数组切片。

代码如下：

```
print('(1)')
x = np.arange(10)
```

```
print(' 创建数组：', x)
s = slice(2,7,2)
print(' 定义切片：',s)
print(' 执行切片：', x[s])

print('(2)')
x = np.arange(10)
print(' 创建数组：', x)
s = slice(2,7)
print(' 定义切片：',s)
print(' 执行切片：', x[s])

print('(3)')
x = np.random.rand(5,3)
print(' 创建数组：\n%s' % x)
s = slice(3)
print(' 定义切片：',s)
print(' 执行切片：\n%s' % x[s])
```

结果如下：

```
(1)
创建数组： [0 1 2 3 4 5 6 7 8 9]
定义切片： slice(2, 7, 2)
执行切片： [2 4 6]
(2)
创建数组： [0 1 2 3 4 5 6 7 8 9]
定义切片： slice(2, 7, None)
执行切片： [2 3 4 5 6]
(3)
创建数组：
[[0.18056818 0.19080024 0.45270314]
[0.46744037 0.9185705  0.75672219]
[0.00403875 0.05233109 0.28554952]
[0.2576996  0.68917162 0.02998187]
[0.03081816 0.87210702 0.55392395]]
定义切片： slice(None, 3, None)
执行切片：
[[0.18056818 0.19080024 0.45270314]
[0.46744037 0.9185705  0.75672219]
[0.00403875 0.05233109 0.28554952]]
```

2. 索引

1) 一维数组索引

数组中的数据可以使用 0～n－1 的下标索引进行访问，与 Python 中的列表操作一致 (不含 stop)。一维索引具体使用方法介绍如下。其中，index 为数组下标，start 为起始下标，stop 为终止下标，step 为步长。

- [index]

index 为非负整数时，从 0 往后数；index 为负整数时，从 −1 往前数。

- [start : stop]

取值范围：[start : stop)。

- [start :] 或 [: stop]

取值范围：[start : -1]、[0 : stop)。

- [start : stop : step]

若 start<stop, step>0，则按照步长 (顺序) 取值，范围为 [start : stop)。若 start>stop, step<0，则按照步长 (从后向前) 取值，范围为 [start : stop)。

- ndarray[start : stop] = [n1, n2, …]

修改指定范围的数组元素值。

【例 2-19】 一维数组索引的使用。

代码如下：

```
arr = np.arange(10)
print(arr)
print('1- 索引访问：',arr[1],arr[-2])
print('2- 索引访问：',arr[1:3])
print('3- 索引访问：',arr[:3])
print('3- 索引访问：',arr[3:])
print('4- 索引访问：',arr[2:8:2])
print('4- 索引访问：',arr[8:2:-2])
print('4- 索引访问：',arr[::-2])


arr[2:4] = -1,-2
print('5- 修改：',arr)
```

结果如下：

```
[0 1 2 3 4 5 6 7 8 9]
1- 索引访问： 1 8
2- 索引访问： [1 2]
3- 索引访问： [0 1 2]
3- 索引访问： [3 4 5 6 7 8 9]
4- 索引访问： [2 4 6]
4- 索引访问： [8 6 4]
4- 索引访问： [9 7 5 3 1]
```

```
5- 修改：[0 1 -1 -2 4 5 6 7 8 9]
```

2) 多维数组索引

多维数组的每个维度都有一个索引，各个维度索引之间用逗号隔开，基本操作与Python中的列表操作一致(不含stop)。多维索引具体使用方法介绍如下。其中，k为多维数组的第k维度，“...”为英文半角的三个“.”。

• [索引1, 索引2, ...]

索引的数量，从前向后匹配维度。

• [... , k]或[: , k]

使用...或:表示省略，访问第k维度。

• [... , ... , 索引k]或[: , : , 索引k]

使用...或:匹配维度，采用索引规则访问第k维度。

• ndarray[索引1, 索引2, ...] = [[...],[...]...]

修改多维数组元素值，保证元素匹配。

【例2-20】 多维数组索引的使用。

代码如下：

```
arr = np.random.rand(4,5)
print('创建4行5列的二维数组：\n%s' % arr)
print('1- 索引访问，第0行：',arr[0])
print('1- 索引访问，第0行第0列：',arr[0,0])
print('1- 索引访问，第0至1行、第0至1列：\n%s' % arr[0:2,0:2])
print('1- 索引访问，行步长为2、列步长为-2：\n%s' % arr[::2,::-2])
print('2- 索引访问，所有行的第2列：',arr[...,2])
print('3- 索引访问，所有行的第2列第3列：\n%s' % arr[...,2:4])
print('3- 索引访问，所有行的第2列第3列：\n%s' % arr[:,2:4])
print('3- 索引访问，第2行第3行的所有列：\n%s' % arr[2:4,:])
arr[0:2,0:2] = [[1,2],[3,4]]
print('4- 修改：\n%s' % arr)
```

结果如下：

```
创建4行5列的二维数组：
[[0.54851549 0.39690287 0.3056544  0.52541563 0.31690418]
 [0.16468727 0.72544323 0.23993927 0.99614775 0.91349006]
 [0.99838361 0.26180511 0.13802884 0.93400756 0.2212132 ]
 [0.20098832 0.33639164 0.95563063 0.27752446 0.35830853]]
1- 索引访问，第0行： [0.54851549 0.39690287 0.3056544  0.52541563 0.31690418]
1- 索引访问，第0行第0列： 0.5485154932919594
1- 索引访问，第0至1行、第0至1列：
[[0.54851549 0.39690287]
 [0.16468727 0.72544323]]
1- 索引访问，行步长为2、列步长为-2：
[[0.31690418 0.3056544  0.54851549]
```

```
 [0.2212132  0.13802884 0.99838361]]
2- 索引访问，所有行的第 2 列： [0.3056544  0.23993927 0.13802884 0.95563063]
3- 索引访问，所有行的第 2 列第 3 列：
[[0.3056544  0.52541563]
 [0.23993927 0.99614775]
 [0.13802884 0.93400756]
 [0.95563063 0.27752446]]
3- 索引访问，所有行的第 2 列第 3 列：
[[0.3056544  0.52541563]
 [0.23993927 0.99614775]
 [0.13802884 0.93400756]
 [0.95563063 0.27752446]]
3- 索引访问，第 2 行第 3 行的所有列：
[[0.99838361 0.26180511 0.13802884 0.93400756 0.2212132 ]
 [0.20098832 0.33639164 0.95563063 0.27752446 0.35830853]]
4- 修改：
[[1.         2.         0.3056544  0.52541563 0.31690418]
 [3.         4.         0.23993927 0.99614775 0.91349006]
 [0.99838361 0.26180511 0.13802884 0.93400756 0.2212132 ]
 [0.20098832 0.33639164 0.95563063 0.27752446 0.35830853]]
```

3. 高级索引

1) 整数索引

整数索引语法规则：

ndarray[1 维索引 , 2 维索引 , …]

n 维索引 = [k_{n1}, k_{n2}, …]，取出的第一个元素位置为 (k_{11}, k_{21},…, k_{n1})。

【例 2-21】 使用整数索引访问数组。

代码如下：

```
arr = np.random.rand(3,4)
print(' 创建数组：\n%s' % arr)
print('0- 取出元素 (0,1) 和 (0,3)：\n%s' % arr[[0,0],[1,3]])
print('1- 取出数组四个角：\n%s' % arr[[0,0,2,2],[0,3,0,3]])
print('2- 取出数组四个角：\n%s' % arr[[[0,0],[2,2]],[[0,3],[0,3]]])
```

结果如下：

```
创建数组：
[[0.12864739 0.79504579 0.04366279 0.45327083]
 [0.82602074 0.68588922 0.44477066 0.44768336]
 [0.45483028 0.08425501 0.39769055 0.71777869]]
0- 取出元素 (0,1) 和 (0,3)：
[0.79504579 0.45327083]
1- 取出数组四个角：
```

```
[0.12864739 0.45327083 0.45483028 0.71777869]
2- 取出数组四个角：
[[0.12864739 0.45327083]
 [0.45483028 0.71777869]]
```

2) 布尔索引

通过布尔数组来索引目标数组，可获取符合指定条件元素的数组。

布尔索引语法规则：

ndarray[ndarray 的布尔表达式]

其中，[ ] 内的 ndarray 代表每个元素。

布尔表达式中常用的比较运算符包括 >、<、>=、<=、==、!=、numpy.isnan()、numpy.iscomplex()。

【例 2-22】 使用布尔索引访问数组。

代码如下：

```
arr = np.array([[0,1,2],[3,4,5],[6,7,8],[9,10,11]])
print(' 创建数组：\n%s' % arr)
print(' 大于 5 的元素是：',arr[arr > 5])


arr = np.array([np.nan,1,2,np.nan,3,4,5])
print('nan 类型查询：',arr[np.isnan(arr)])
print('nan 类型过滤 ( 取补运算 )：',arr[~np.isnan(arr)])


arr = np.array([1,  2+6j,  5,  3.5+5j])
print (' 过滤复数：',arr[np.iscomplex(arr)])
```

结果如下：

```
创建数组：
[[ 0  1  2]
 [ 3  4  5]
 [ 6  7  8]
 [ 9 10 11]]
大于 5 的元素是： [ 6  7  8  9 10 11]
nan 类型查询： [nan nan]
nan 类型过滤 ( 取补运算 )： [1. 2. 3. 4. 5.]
过滤复数： [2. +6.j 3.5+5.j]
```

3) 花式索引

利用整数数组进行索引，索引结果就是对应位置的元素。需要特别注意的是，花式索引与切片不同，它总是将数据复制到新数组中，并且结果仍保留原始数组的维度。

花式索引语法规则：

- ndarray[[i0, i1, …]]

其中：[ ] 内的 i0、i1 代表元素下标，可为负整数、0、正整数。

- ndarray[numpy.ix_([i0, i1, …], [i0, i1, …])]

使用 numpy.ix_ 传入多个索引数组，前一组 [i0, i1, …] 的结果作为后一组取值的输入。

【例 2-23】 使用花式索引访问数组。

代码如下：

```
arr = np.arange(8)
print(' 创建一维数组：',arr)
print('1- 花式索引：',arr[[3,0,-1,-2]])


arr = np.arange(32).reshape((8,4))
print('2- 创建二维数组：\n%s' % arr)
print('2- 花式索引，获取第 2 维元素：\n%s' % arr[[3,0,-1,-2]])
print('3- 花式索引，获取 (1,0)、(5,3)、(1,7)、(2,2)：\n%s' % arr[np.ix_([1,5,7,2],[0,3,1,2])])
```

结果如下：

```
创建一维数组： [0 1 2 3 4 5 6 7]
1- 花式索引： [3 0 7 6]
2- 创建二维数组：
[[ 0  1  2  3]
 [ 4  5  6  7]
 [ 8  9 10 11]
 [12 13 14 15]
 [16 17 18 19]
 [20 21 22 23]
 [24 25 26 27]
 [28 29 30 31]]
2- 花式索引，获取第 2 维元素：
[[12 13 14 15]
 [ 0  1  2  3]
 [28 29 30 31]
 [24 25 26 27]]
3- 花式索引，获取 (1,0)、(5,3)、(1,7)、(2,2)：
[[ 4  7  5  6]
 [20 23 21 22]
 [28 31 29 30]
 [ 8 11  9 10]]
```

迭代数组

2.1.6 迭代数组

NumPy 迭代器对象 numpy.nditer 提供了一种灵活访问一个或者多个数组元素的方式。nditer 对象的构造方法介绍如下，参数及其说明如表 2-14 所示。

```
numpy.nditer(array,order='C')
```

表 2-14 nditer 对象构造方法的参数及其说明

参数名称	说　明
array	数组 ndarray
order	遍历顺序，若为 'C' 则按行，若为 'F' 则按列，若为 'A' 则按原顺序，若为 'K' 则按元素在内存中出现的顺序

1. 单数组迭代

使用 for 语句访问单个迭代器对象中的元素，语法如下：

```
for x in numpy.nditer(array, order='C'): print(x)
```

【例 2-24】 单数组迭代的使用。

代码如下：

```
arr = np.arange(6)
arr.shape = (2,3)
print(' 原始数组是：')
print(arr)
print('1- 迭代输出元素：')
for x in np.nditer(arr):
    print(x, end=", ")
print('\n')

print('2- 列优先迭代输出元素：')
for x in np.nditer(arr, order='F'):
    print(x, end=", " )
print('\n')

print('3- 修改元素值：')
for x in np.nditer(arr,order='K'):
    print(x*2, end=", " )
print('\n')
```

结果如下：

```
原始数组是：
[[0 1 2]
 [3 4 5]]
1- 迭代输出元素：
0, 1, 2, 3, 4, 5,

2- 列优先迭代输出元素：
0, 3, 1, 4, 2, 5,

3- 修改元素值：
```

```
0, 2, 4, 6, 8, 10,
```

2. 广播数组迭代

如果两个数组是可广播的，那么 nditer 函数能够同时迭代这两个数组。当发生广播错误时，迭代器引发一个异常，其中包括输入形状以帮助诊断问题。关于数组广播的判断方法，将在 2.4.2 小节详细介绍。

假设数组 arr1 的维度为 2 × 3，数组 arr2 的维度为 1 × 3，则可以使用 numpy.nditer([arr1, arr2]) 同时迭代数组 arr1 和 arr2，此时数组 arr2 将被广播到 arr1 的大小。

【例 2-25】 广播数组迭代的应用。

代码如下：

```
arr1 = np.array([[1,2,3],[4,5,6]])
print(' 第一个数组为：')
print(arr1)
print(' 第二个数组为：')
arr2 = np.array(['a', 'b', 'c'])
print(arr2)
print(' 修改后的数组为：')
for x,y in np.nditer([arr1,arr2]):
    print ("%d:%s"  %  (x,y), end=" ")
```

结果如下：

```
第一个数组为：
[[1 2 3]
 [4 5 6]]
第二个数组为：
['a' 'b' 'c']
修改后的数组为：
1:a  2:b  3:c  4:a  5:b  6:c
```

2.2 常　　量

常量

NumPy 提供了多个常量，这些常量遵守 IEEE-754(IEEE 二进制浮点数算术标准)。IEEE-754 是 20 世纪 80 年代以来最广泛使用的浮点数运算标准，为许多 CPU 与浮点运算器所采用。这个标准定义了表示浮点数的格式 (包括负零 (−0)) 与反常值 (denormal number)，一些特殊数值 (无穷 (Inf) 与非数字 (NaN))，以及这些数值的“浮点数运算符”；它也指明了四种数值舍入规则和五种例外状况 (包括例外发生的时机与处理方式)。

NumPy 中常量的访问方式为 numpy. 常量名。表 2-15 列举了 NumPy 中常用的常量名称及其含义。

表 2-15　NumPy 常用常量名称及其含义

常量名	说　明
inf	(正)无穷大。IEEE-754 中，无穷大相当于正无穷大。 inf 的别名包括 Inf、Infinity、PINF 和 infty
NINF	负无穷大。IEEE-754 中，正无穷大不等于负无穷大
nan	非数字 (Not a Number)。 nan 的别名包括 NaN 和 NAN。 IEEE-754 中，Not a Number 不等于无穷大
NZERO	负零。IEEE-754 中，负零被认为是有限数
PZERO	正零。IEEE-754 中，正零被认为是有限数
newaxis	None 的别名，常用于索引数组
euler_gamma	欧拉常数，又称欧拉 - 马斯克诺尼常数。 γ = 0.57721566490153286060651209008240243104215...
e	自然常数，是自然对数的基础，又称欧拉数、纳皮尔的常数。 e = 2.71828182845904523536028747135266249775...
pi	圆周率。 pi = 3.1415926535897932384626433...

【例 2-26】 输出 NumPy 常用常量。

代码如下：

```
print('(正)无穷大：', np.inf)
print('负无穷大：', np.NINF)
print('负无穷大：', np.log(0))
print('负零：', np.NZERO)
print('正零：', np.PZERO)
print('newaxis：', np.newaxis is None)
print('欧拉常数：', np.euler_gamma)
print('自然常数：', np.e)
print('圆周率：', np.pi)
```

结果如下：

```
(正)无穷大： inf
负无穷大： -inf
负无穷大： -inf
负零： -0.0
正零： 0.0
newaxis： True
欧拉常数： 0.5772156649015329
自然常数： 2.718281828459045
圆周率： 3.141592653589793
```

NumPy 中提供了一些方法，用来判断某个或某些元素是否为负无穷大、非数字等类型，函数名称及其说明如表 2-16 所示。其中，函数参数 object 可以为单个元素、列表、元组、ndarray 对象，函数返回值与 object 相对应，用布尔类型显示每个元素的判断结果。

表 2-16　NumPy 常用常量的判断函数及其说明

函　数	说　　明
numpy.isinf(object)	判断哪些元素为正或负无穷大
numpy.isposinf(object)	判断哪些元素是正无穷大
numpy.isneginf(object)	判断哪些元素为负无穷大
numpy.isnan(object)	判断哪些元素不是数字
numpy.isfinite(object)	判断哪些元素是有限的（不是非数字、正无穷大、负无穷大）

【例 2-27】 使用 numpy.isinf(object) 方法判断常量。

代码如下：

```
print(np.isinf(np.PINF))
print(np.isinf(np.array([[1,2,3],[4,5,6]])))
print(np.isinf([np.inf, np.nan]))
print(np.isinf((np.nan, np.NZERO)))
```

结果如下：

```
True
[[False False False]
 [False False False]]
[ True False]
[False False]
```

2.3　变换数组形态

变换数组形态

NumPy 中变换数组形态的方式有三种，包括数组重塑、数组合并、数组分割。

2.3.1　数组重塑

NumPy 可以对数组进行重塑。重塑主要包括改变数组形状和数组展平两种方式。

1. 改变数组形状

在 NumPy 中，常用 reshape 函数改变数组的“形状”，也就是改变数组的维度。其参数为一个正整数元组，指定数组在每个维度上的大小。reshape 函数在改变数组形状的同时不改变原始数据值；若维度和数组元素数目不吻合，函数将抛出异常。

reshape 函数语法规则：

```
ndarray.reshape(shape, order='C')
```

reshape 函数的主要参数及其说明如表 2-17 所示。

表 2-17 reshape 函数的主要参数及其说明

参数名称	说 明
shape	接收正整数序列或 tuple，指定数组在每个维度上的大小
order	遍历顺序，'C' 按行，'F' 按列，'A' 按原顺序

reshape 函数的返回值为改变形状后的 ndarray 对象。

【例 2-28】 使用 reshape 函数修改数组形状。

代码如下：

```
arr = np.arange(12)
print(' 生成数组：\n%s' % arr)
print('1- 改变数组形状：\n%s' % arr.reshape((3,4)))
print('1- 改变数组形状：\n%s' % arr.reshape((3,4),order='F'))
print('2- 改变数组形状：\n%s' % arr.reshape(2,3,2))
```

结果如下：

```
生成数组：
[0 1 2 3 4 5 6 7 8 9 10 11]
1- 改变数组形状：
[[ 0 1 2 3]
 [ 4 5 6 7]
 [ 8 9 10 11]]
1- 改变数组形状：
[[ 0 3 6 9]
 [ 1 4 7 10]
 [ 2 5 8 11]]
2- 改变数组形状：
[[[ 0 1]
  [ 2 3]
  [ 4 5]]

 [[ 6 7]
  [ 8 9]
  [10 11]]]
```

2. 数组展平

1) ravel 函数

在 NumPy 中，可以使用 ravel 函数完成数组展平，可选择横向或纵向返回展平后的 ndarray 对象。需要特别注意，ravel 函数执行后会影响原始数组。

ravel 函数语法规则：

```
ndarray.ravel(order='C')
```

【例 2-29】 使用 ravel 函数展平数组。

代码如下：

```
arr1 = np.arange(8).reshape(2, 4)
print(' 原数组：\n%s' % arr1)
print(' 调用 ravel 函数之后：\n%s' % arr1.ravel())
print(' 以 F 风格顺序调用 ravel 函数之后：')
print(arr1.ravel(order='F'))
arr2=arr1.ravel()
arr2[0] = 100
print(' 修改后，原数组值改变 ',arr2)
```

结果如下：

```
原数组：
[[0 1 2 3]
 [4 5 6 7]]
调用 ravel 函数之后：
[0 1 2 3 4 5 6 7]
以 F 风格顺序调用 ravel 函数之后：
[0 4 1 5 2 6 3 7]
修改后，原数组值改变 [100   1   2   3   4   5   6   7]
```

2) flatten 函数

flatten 函数也可以完成数组展平。与 ravel 函数不同的是，flatten 函数返回一份拷贝数组，对拷贝所作的修改，不会影响原始数组。

flatten 函数语法规则：

```
ndarray.flatten(order='C')
```

【例 2-30】 使用 flatten 函数展平数组。

代码如下：

```
arr1 = np.arange(12).reshape(3,4,order='F')
print(' 生成数组：\n%s' % arr1)
print('1- 展平数组：\n%s' % arr1.flatten(order='K'))
arr2 = arr1.flatten(order='K')
arr2[0] = 100
print(' 修改后，原数组值不变 ',arr2)
```

结果如下：

```
生成数组：
[[ 0  3  6  9]
 [ 1  4  7 10]
 [ 2  5  8 11]]
1- 展平数组：
[ 0  1  2  3  4  5  6  7  8  9 10 11]
修改后，原数组值不变 [100   1   2   3   4   5   6   7   8   9  10  11]
```

2.3.2 数组合并

NumPy 可以对数组进行组合。组合主要有横向组合与纵向组合。

1. 横向组合

横向组合语法规则：

```
numpy.hstack( (array1,array2,…))
```

参数：元组，元组中的元素为数组。

说明：将多个数组横向水平堆叠，堆叠维度的元素个数必须相同。

【例 2-31】 使用 hstack 函数横向组合数组。

代码如下：

```
arr1 = np.arange(12).reshape(3,4)
print(' 数组 1：\n%s' % arr1)
arr2 = arr1 * 3
print(' 数组 2：\n%s' % arr2)
print(' 水平堆叠：\n%s' % np.hstack((arr1, arr2)))
```

结果如下：

```
数组 1：
[[ 0  1  2  3]
 [ 4  5  6  7]
 [ 8  9 10 11]]
数组 2：
[[ 0  3  6  9]
 [12 15 18 21]
 [24 27 30 33]]
水平堆叠：
[[ 0  1  2  3  0  3  6  9]
 [ 4  5  6  7 12 15 18 21]
 [ 8  9 10 11 24 27 30 33]]
```

2. 纵向组合

纵向组合语法规则：

```
numpy.vstack( (array1,array2,…))
```

参数：元组，元组中的元素为数组。

说明：将多个数组竖直堆叠，堆叠维度的元素个数必须相同。

【例 2-32】 使用 vstack 函数纵向组合数组。

代码如下：

```
arr1 = np.arange(12).reshape(3,4)
print(' 数组 1：\n%s' % arr1)
arr2 = arr1 * 3
print(' 数组 2：\n%s' % arr2)
print('-----------vstack()')
```

```
print(' 竖直堆叠：\n%s' % np.vstack((arr1, arr2)))
```

结果如下：

```
数组 1:
[[ 0  1  2  3]
 [ 4  5  6  7]
 [ 8  9 10 11]]
数组 2:
[[ 0  3  6  9]
 [12 15 18 21]
 [24 27 30 33]]
-----------vstack()
竖直堆叠:
[[ 0  1  2  3]
 [ 4  5  6  7]
 [ 8  9 10 11]
 [ 0  3  6  9]
 [12 15 18 21]
 [24 27 30 33]]
```

3. 自定义组合方向

自定义数组组合时，可使用 axis 参数设置组合方向。axis=0 代表跨行 (down)，axis=1 代表跨列 (across)。使用 0 值，表示沿着每一列或行标签 (索引值) 向下执行方法；使用 1 值，表示沿着每一行或者列标签向水平方向执行方法。

轴用来为超过一维的数组定义属性，二维数据拥有两个轴。在图 2-2 中，第 0 轴沿着行的方向垂直向下依次为 a00、a10、a20，第 1 轴沿着列的方向水平延伸依次为 a00、a01、a02、a03、a04。

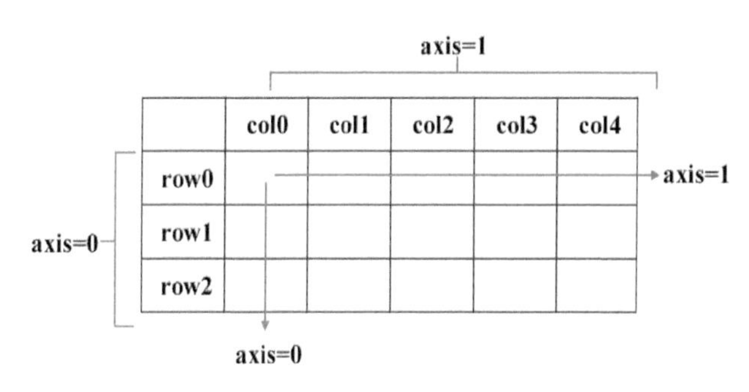

图 2-2 axis 示意图

1) concatenate 函数

concatenate 函数语法规则：

```
numpy.concatenate( (array1,array2,…), axis=0 )
```

参数：元组，元组中的元素为数组；axis 默认为 0，沿着 0 轴组合；axis=1 沿着 1 轴组合。

说明：函数用于沿指定轴连接相同形状的两个或多个数组。

【例 2-33】 使用 concatenate 函数组合数组。

代码如下：

```
arr1 = np.arange(12).reshape(3,4)
print(' 数组 1：\n%s' % arr1)
arr2 = arr1 * 3
print(' 数组 2：\n%s' % arr2)
print(' 沿轴 0 连接：\n%s' % np.concatenate( (arr1, arr2) ) )
print(' 沿轴 0 连接：\n%s' % np.concatenate( (arr1, arr2),axis=0 ) )
print(' 沿轴 1 连接：\n%s' % np.concatenate( (arr1, arr2),axis=1 ) )

arr3 = np.arange(12).reshape(3,2,2)
print(' 数组 3：\n%s' % arr3)
arr4 = arr3 * 3
print(' 数组 4：\n%s' % arr4)
print(' 水平堆叠：\n%s' % np.concatenate( (arr3, arr4), axis=2) )
```

结果如下：

```
数组 1:
[[ 0  1  2  3]
 [ 4  5  6  7]
 [ 8  9 10 11]]
数组 2:
[[ 0  3  6  9]
 [12 15 18 21]
 [24 27 30 33]]
沿轴 0 连接:
[[ 0  1  2  3]
 [ 4  5  6  7]
 [ 8  9 10 11]
 [ 0  3  6  9]
 [12 15 18 21]
 [24 27 30 33]]
沿轴 0 连接:
[[ 0  1  2  3]
 [ 4  5  6  7]
 [ 8  9 10 11]
 [ 0  3  6  9]
 [12 15 18 21]
 [24 27 30 33]]
沿轴 1 连接:
[[ 0  1  2  3  0  3  6  9]
```

```
 [ 4  5  6  7 12 15 18 21]
 [ 8  9 10 11 24 27 30 33]]
数组 3：
[[[ 0  1]
  [ 2  3]]

 [[ 4  5]
  [ 6  7]]

 [[ 8  9]
  [10 11]]]
数组 4：
[[[ 0  3]
  [ 6  9]]

 [[12 15]
  [18 21]]

 [[24 27]
  [30 33]]]
水平堆叠：
[[[ 0  1  0  3]
  [ 2  3  6  9]]

 [[ 4  5 12 15]
  [ 6  7 18 21]]

 [[ 8  9 24 27]
  [10 11 30 33]]]
```

2) stack 函数

stack 函数语法规则：

```
numpy.stack( (array1,array2,…), axis=0 )
```

参数：元组，元组中的元素为数组；axis 默认为 0，沿着 0 轴组合；axis=1 沿着 1 轴组合。

说明：函数用于沿指定轴连接相同形状的两个或多个数组。

需要注意的是，concatenate 函数用于实现数组的拼接，stack 会增加数组的维度，而 concatenate 不会增加数组的维度。

【例 2-34】 使用 stack 函数组合数组。

代码如下：

```
arr1 = np.arange(12).reshape(3,4)
```

```
print(' 数组 1：\n%s' % arr1)
arr2 = arr1 * 3
print(' 数组 2：\n%s' % arr2)
print(' 沿轴 0 连接：\n%s' % np.stack( (arr1, arr2) ) )
print(' 沿轴 0 连接：\n%s' % np.stack( (arr1, arr2),axis=0 ) )
print(' 沿轴 1 连接：\n%s' % np.stack( (arr1, arr2),axis=1 ) )
```

结果如下：

```
数组 1:
[[ 0  1  2  3]
 [ 4  5  6  7]
 [ 8  9 10 11]]
数组 2:
[[ 0  3  6  9]
 [12 15 18 21]
 [24 27 30 33]]
沿轴 0 连接:
[[[ 0  1  2  3]
  [ 4  5  6  7]
  [ 8  9 10 11]]

 [[ 0  3  6  9]
  [12 15 18 21]
  [24 27 30 33]]]
沿轴 0 连接:
[[[ 0  1  2  3]
  [ 4  5  6  7]
  [ 8  9 10 11]]

 [[ 0  3  6  9]
  [12 15 18 21]
  [24 27 30 33]]]
沿轴 1 连接:
[[[ 0  1  2  3]
  [ 0  3  6  9]]

 [[ 4  5  6  7]
  [12 15 18 21]]

 [[ 8  9 10 11]
  [24 27 30 33]]]
```

2.3.3 数组分割

NumPy 提供了多种函数，可以将数组分割成相同大小的子数组，也可以指定数组中需要分割的位置。

1. 自定义分割方向

自定义分割方向语法规则：

```
numpy.split(array, indices_or_sections, axis)
```

参数：array 为被分割的数组。indices_or_sections 为整数，表示用该数平均切分；当其为数组时，则沿轴切分的位置 (左闭右开) 进行切分。axis 表示沿着哪个维度进行切分，默认为 0，纵向切分；当 axis 为 1 时，表示为横向切分。

2. 横向分割

横向分割语法规则：

```
numpy.hsplit(array, indices_or_sections)，等价于 numpy.split (…,axis=1 )
```

3. 纵向分割

纵向分割语法规则：

```
numpy.vsplit(array, indices_or_sections)，等价于 numpy.split (…,axis=0 )
```

【例 2-35】 使用函数分割数组。

代码如下：

```
print('--------numpy.split()')
arr = np.arange(12)
print(' 原始数组：\n%s' % arr)
print(' 等分数组：\n%s' % np.split(arr,3))
print(' 指定数组：\n%s' % np.split(arr,[4,7]))
arr = np.arange(16).reshape(4,4)
print(' 二维数组：\n%s' % arr)
print(' 横向等分数组：\n%s' % np.split(arr,2,axis=1))
print(' 纵向等分数组：\n%s' % np.split(arr,2,axis=0))
print('--------numpy.hsplit()')
print(' 横向等分数组：\n%s' % np.hsplit(arr,2))
print('--------numpy.vsplit()')
print(' 纵向等分数组：\n%s' % np.vsplit(arr,2))
```

结果如下：

```
--------numpy.split()
原始数组：
[0 1 2 3 4 5 6 7 8 9 10 11]
等分数组：
[array([0, 1, 2, 3]), array([4, 5, 6, 7]), array([ 8, 9, 10, 11])]
指定数组：
```

```
[array([0, 1, 2, 3]), array([4, 5, 6]), array([ 7,  8,  9, 10, 11])]
二维数组：
[[ 0  1  2  3]
 [ 4  5  6  7]
 [ 8  9 10 11]
 [12 13 14 15]]
横向等分数组：
[array([[ 0,  1],
        [ 4,  5],
        [ 8,  9],
        [12, 13]]), array([[ 2,  3],
        [ 6,  7],
        [10, 11],
        [14, 15]])]
纵向等分数组：
[array([[0, 1, 2, 3],
        [4, 5, 6, 7]]), array([[ 8,  9, 10, 11],
        [12, 13, 14, 15]])]
--------numpy.hsplit()
横向等分数组：
[array([[ 0,  1],
        [ 4,  5],
        [ 8,  9],
        [12, 13]]), array([[ 2,  3],
        [ 6,  7],
        [10, 11],
        [14, 15]])]
--------numpy.vsplit()
纵向等分数组：
[array([[0, 1, 2, 3],
        [4, 5, 6, 7]]), array([[ 8,  9, 10, 11],
        [12, 13, 14, 15]])]
```

2.4 通 函 数

通函数

通函数 (ufunc) 全称为通用函数，是一种能够对数组中所有元素进行操作的函数，并且都是以 NumPy 数组作为输出，因此不需要对数组的每一个元素都进行操作。它支持数组广播、类型转换和其他一些标准功能。ufunc 函数是一个函数的“矢量化”包装器，它接受固定数量的特定输入并产生固定数量的特定输出。对数组进行重复计算时，使用

ufunc 函数比使用 math 库中的函数效率要高很多。在 NumPy 中，通函数是 numpy.ufunc 类的实例。

2.4.1 可用 ufunc

目前在 NumPy 中定义了 60 多种通用功能，涵盖了各种各样的操作。当使用相关的中缀符号时，在数组上自动调用这些 ufunc。例如，当写入 a + b 并且 a 或 b 是 ndarray 时，在内部调用 add(a, b)。

1. 数组的运算

数组的常用运算包括四则运算、比较运算、逻辑运算等，计算时对每个数组中的元素分别运算，两个数组的 shape 必须相同或可以执行广播。

(1) 算术运算：加 (+)、减 (-)、乘 (×)、除 (/)、幂 (**)。数组间的四则运算表示对每个数组中的元素分别进行四则运算，所以形状必须相同。

(2) 比较运算：>、<、==、>=、<=、!=。比较运算返回的结果是一个布尔数组，每个元素为每个数组对应元素的比较结果。

(3) 逻辑运算：numpy.all() 表示逻辑 and，numpy.any() 表示逻辑 or。运算结果返回布尔值。

【例 2-36】 数组的常用运算。

代码如下：

```
print('----------- 算术运算 ')
x = np.array([1,2,3])
y = np.array([4,5,6])
print(' 数组相加结果为：',x + y)                # 数组相加
print(' 数组相减结果为：',x - y)                # 数组相减
print(' 数组相乘结果为：',x * y)                # 数组相乘
print(' 数组相除结果为：',x / y)                # 数组相除
print(' 数组幂运算结果为：',x ** y)             # 数组幂运算

print('----------- 比较运算 ')
x = np.array([1,3,5])
y = np.array([2,3,4])
print(' 数组比较结果为：',x < y)
print(' 数组比较结果为：',x > y)
print(' 数组比较结果为：',x == y)
print(' 数组比较结果为：',x >= y)
print(' 数组比较结果为：',x <= y)
print(' 数组比较结果为：',x != y)

print('----------- 逻辑运算 ')
print(' 数组逻辑运算结果为：',np.all(x == y))    #np.all() 表示逻辑 and
```

```
print(' 数组逻辑运算结果为：',np.any(x == y))            #np.any() 表示逻辑 or
```

结果如下：

```
----------- 算术运算
数组相加结果为： [5 7 9]
数组相减结果为： [-3 -3 -3]
数组相乘结果为： [ 4 10 18]
数组相除结果为： [0.25 0.4  0.5 ]
数组幂运算结果为： [  1  32 729]
----------- 比较运算
数组比较结果为： [ True False False]
数组比较结果为： [False False  True]
数组比较结果为： [False  True False]
数组比较结果为： [False  True  True]
数组比较结果为： [ True  True False]
数组比较结果为： [ True False  True]
----------- 逻辑运算
数组逻辑运算结果为： False
数组逻辑运算结果为： True
```

2. 算术函数

计算时，两个数组的 shape 必须相同或可以执行广播。NumPy 常用算术函数及其说明如表 2-18 所示。

表 2-18　NumPy 常用算术函数及其说明

函　数	说　　明
numpy.add(arr1, arr2)	两个数组的加法
numpy.subtract(arr1, arr2)	两个数组的减法
numpy.multiply(arr1, arr2)	两个数组的乘法
numpy.divide(arr1, arr2)	两个数组的除法
numpy.reciprocal(arr)	返回数组每个元素的倒数
numpy.power(arr1, arr2)	将第一个输入数组中的元素作为底数，计算它与第二个输入数组中相应元素的幂
numpy.mod(arr1, arr2)	计算输入数组中相应元素相除后的余数

【例 2-37】 常用算术函数的应用。

代码如下：

```
print('----------- 算术运算 ')
a = np.arange(9, dtype = np.float_).reshape(3,3)
print(' 第一个数组：',a)

b = np.array([10,10,10])
```

```
print(' 第二个数组：',b)

print(' 两个数组相加：')
print(np.add(a,b))

print(' 两个数组相减：')
print(np.subtract(a,b))

print(' 两个数组相乘：')
print(np.multiply(a,b))

print(' 两个数组相除：')
print(np.divide(a,b))

print('-----------reciprocal()')
a = np.array([0.25,  1.33,  1,  100])
print(' 数组是：',a)
print(' 调用 reciprocal 函数：')
print(np.reciprocal(a))

print('-----------power()')
a = np.array([10,100,1000])
print(' 第一个数组：',a)
print('1- 调用 power 函数：')
print(np.power(a,2))
print('2- 调用 power 函数：')
print(np.power(2,a))
b = np.array([1,2,3])
print(' 第二个数组：',b)
print('3- 再次调用 power 函数：')
print(np.power(a,b))

print('-----------power()')
a = np.array([10,20,30])
b = np.array([3,5,7])
print(' 第一个数组：',a)
print(' 第二个数组：',b)
print(' 调用 mod() 函数：')
print(np.mod(a,b))
print(np.mod(a,2))
```

```
print(np.mod(2,a))
```

结果如下：

```
----------- 算术运算
第一个数组： [[0. 1. 2.]
 [3. 4. 5.]
 [6. 7. 8.]]
第二个数组： [10 10 10]
两个数组相加：
[[10. 11. 12.]
 [13. 14. 15.]
 [16. 17. 18.]]
两个数组相减：
[[-10.  -9.  -8.]
 [ -7.  -6.  -5.]
 [ -4.  -3.  -2.]]
两个数组相乘：
[[ 0. 10. 20.]
 [30. 40. 50.]
 [60. 70. 80.]]
两个数组相除：
[[0.  0.1 0.2]
 [0.3 0.4 0.5]
 [0.6 0.7 0.8]]
-----------reciprocal()
数组是： [  0.25   1.33   1.   100.  ]
调用 reciprocal 函数：
[4.        0.7518797 1.        0.01     ]
-----------power()
第一个数组： [  10  100 1000]
1- 调用 power 函数：
[    100   10000 1000000]
2- 调用 power 函数：
[1024    0    0]
第二个数组： [1 2 3]
3- 再次调用 power 函数：
[        10      10000 1000000000]
-----------power()
第一个数组： [10 20 30]
第二个数组： [3 5 7]
调用 mod() 函数：
```

```
[1 0 2]
[0 0 0]
[2 2 2]
```

3. 三角函数

NumPy 提供了对数组元素进行三角函数的计算。常用三角函数及其说明如表 2-19 所示。

表 2-19 常用三角函数及其说明

函 数	说 明
numpy.sin(array)	正弦
numpy.arcsin(array)	反正弦
numpy.cos(array)	余弦
numpy.arccos(array)	反余弦
numpy.tan(array)	正切
numpy.arctan(array)	反正切
numpy.degrees(array)	弧度转换为角度

【例 2-38】 常用三角函数的应用。

代码如下：

```
print('------------ 三角函数 ')
arr = np.array([0, 30, 45, 60, 90])
# 通过乘 pi/180 转化为弧度
print(' 含有正弦值的数组：')
sin = np.sin(arr*np.pi/180)
print(sin)

print(' 计算角度的反正弦，返回值以弧度为单位：')
inv = np.arcsin(sin)
print(inv)

print(' 通过转化为角度制来检查结果：')
print(np.degrees(inv))

print('arccos 和 arctan 函数行为类似：')
cos = np.cos(arr*np.pi/180)
print(cos)

print(' 反余弦：')
inv = np.arccos(cos)
```

```
print(inv)

print(' 角度制单位：')
print(np.degrees(inv))

print('tan 函数：')
tan = np.tan(arr*np.pi/180)
print(tan)

print(' 反正切：')
inv = np.arctan(tan)
print(inv)

print(' 角度制单位：')
print(np.degrees(inv))
```

结果如下：

```
------------ 三角函数
含有正弦值的数组：
[0.         0.5        0.70710678 0.8660254  1.        ]
计算角度的反正弦，返回值以弧度为单位：
[0.         0.52359878 0.78539816 1.04719755 1.57079633]
通过转化为角度制来检查结果：
[ 0. 30. 45. 60. 90.]
arccos 和 arctan 函数行为类似：
[1.00000000e+00 8.66025404e-01 7.07106781e-01 5.00000000e-01
 6.12323400e-17]
反余弦：
[0.         0.52359878 0.78539816 1.04719755 1.57079633]
角度制单位：
[ 0. 30. 45. 60. 90.]
tan 函数：
[0.00000000e+00 5.77350269e-01 1.00000000e+00 1.73205081e+00
 1.63312394e+16]
反正切：
[0.         0.52359878 0.78539816 1.04719755 1.57079633]
角度制单位：
[ 0. 30. 45. 60. 90.]
```

4. 浮动函数

NumPy 常用浮动函数及其说明如表 2-20 所示。

表 2-20 常用浮动函数及其说明

函 数	说 明
numpy.around(arr,decimals=0)	arr：数组。 decimals：四舍五入的保留位数，为 0 时表示无小数、为负整数时表示小数点右侧、为正整数时表示小数点左侧
numpy.floor(arr)	向下取整
numpy.ceil(arr)	向上取整

【例 2-39】 常用浮动函数的应用。

代码如下：

```
print('----------around()')
arr = np.array([1.0,5.55, 123, 0.567, 25.532])
print(' 原数组：')
print(arr)
print(' 舍入后：')
print(np.around(arr))
print(np.around(arr, decimals = 1))
print(np.around(arr, decimals = -1))
print('----------floor()')
arr = np.array([-1.7, 1.5, -0.2, 0.6, 10])
print(' 提供的数组：')
print(arr)
print(' 修改后的数组：')
print(np.floor(arr))
print('----------ceil()')
arr = np.array([-1.7, 1.5, -0.2, 0.6, 10])
print(' 提供的数组：')
print(arr)
print(' 修改后的数组：')
print(np.ceil(arr))
```

结果如下：

```
----------around()
原数组：
[ 1.     5.55  123.     0.567  25.532]
舍入后：
[ 1.  6. 123.  1.  26.]
[ 1.   5.6 123.   0.6  25.5]
[ 0.  10. 120.  0.  30.]
----------floor()
提供的数组：
```

```
[-1.7  1.5 -0.2  0.6 10. ]
修改后的数组：
[-2.  1. -1.  0. 10.]
----------ceil()
提供的数组：
[-1.7  1.5 -0.2  0.6 10. ]
修改后的数组：
[-1.  2. -0.  1. 10.]
```

2.4.2 广播

广播是 NumPy 对不同形状 (shape) 的数组进行数值计算的方式，常用在四则运算、比较运算、逻辑运算、迭代等数组操作之前。

如果两个数组 a 和 b 形状相同，即满足 a.shape == b.shape，那么 a × b 就是 a 与 b 数组对应位相乘；如果两个数组 a 和 b 形状不同，则 NumPy 将自动触发广播机制。广播遵循原则包括以下几点：

(1) 让所有输入数组都向其中 shape 最长的数组看齐，shape 中不足的部分都通过在前面加 1 补齐。

(2) 输出数组的 shape 是输入数组 shape 各个轴上的最大值。

(3) 当输入数组的某个轴和输出数组对应轴的长度相同或者其长度为 1 时，这个数组就能用来计算，否则出错。

(4) 当输入数组某个轴的长度为 1 时，沿着此轴运算时都用此轴上的第一组值。

对两个数组，分别比较它们的每一个维度 (若其中一个数组没有当前维度则忽略)。其广播条件可总结如下：

(1) 数组拥有相同形状。

(2) 数组形状不同，则每个维度都需要满足当前维度的值相等或当前维度的值有一个是 1。

若不能满足广播条件，则会抛出“ValueError: frames are not aligned”异常。

1. 一维数组广播

两个一维数组，一个长度为 1，另一个长度不为 1，它们进行广播时，长度为 1 的数组将向长度不为 1 的数组看齐。

【例 2-40】 一维数组广播的使用。

代码如下：

```
print(' 一维 * 一维广播 ')
arr1 = np.array([1,2,3,4])
arr2 = np.array([2])
print(arr1.shape, arr2.shape)
print('1- 相加：', arr1 + arr2)
```

结果如下：

```
一维 * 一维广播
(4,) (1,)
1- 相加： [3 4 5 6]
```

2. 二维数组广播

假设 a.shape=(4, 3)、b.shape=(3)，图 2-3 展示了数组 a 和数组 b 执行加法运算前的广播。

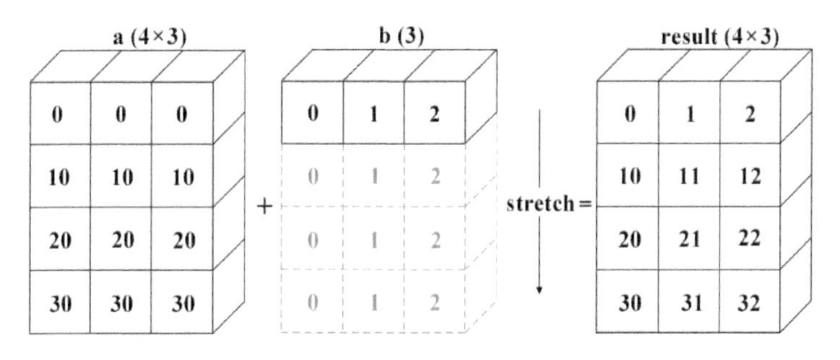

图 2-3　二维与一维数组加法运算示意图

【例 2-41】 二维数组广播的使用。

代码如下：

```
print(' 二维 * 一维广播 ')
arr1 = np.array([[ 0, 0, 0],
                 [10,10,10],
                 [20,20,20],
                 [30,30,30]])
arr2 = np.array([1,2,3])
print(arr1.shape, arr2.shape)
print('1- 相加：\n%s' % (arr1 + arr2))

arr3 = np.array([[1],[2],[3],[4]])
print(arr1.shape, arr3.shape)
print('2- 相加：\n%s' % (arr1 + arr3))
```

结果如下：

```
二维 * 一维广播
(4, 3) (3,)
1- 相加：
[[ 1  2  3]
 [11 12 13]
 [21 22 23]
 [31 32 33]]
(4, 3) (4, 1)
```

```
2- 相加：
[[ 1  1  1]
 [12 12 12]
 [23 23 23]
 [34 34 34]]
```

3. 广播数组迭代

参见 2.1.6 小节。

4. 广播新形状

numpy.broadcast_to(array, shape=(…)) 函数将数组广播到新形状，在原始数组上返回只读视图，即返回后的数组元素不能修改。其中，array 为待广播的数组；shape 为元组，广播后数组的形状。

【例 2-42】 将数组广播到新形状。

代码如下：

```
print('----------- 广播到新形状 ')
a = np.arange(4).reshape(1, 4)
print(' 原数组：',a)
print(' 调用 broadcast_to 函数之后：')
b = np.broadcast_to(a, (4, 4))
print(b)
print(b[0,0])
# b[0,0] = 10   # 运行报错
```

结果如下：

```
----------- 广播到新形状
原数组： [[0 1 2 3]]
调用 broadcast_to 函数之后：
[[0 1 2 3]
 [0 1 2 3]
 [0 1 2 3]
 [0 1 2 3]]
0
```

字符串函数

2.5 字符串函数

NumPy 中对于 dtype 为 numpy.string_ 或 numpy.unicode_ 的数组执行向量化字符串操作。它们基于 Python 内置库中的标准字符串函数，这些函数在字符数组类 (numpy.char) 中定义，调用语法为 numpy.char. 函数名 ()。NumPy 常用字符串函数及其说明如表 2-21 所示。

表 2-21　常用字符串函数及其说明

函　数	参　　数	说　明
add(arr1, arr2)	arr1、arr2 两个数组 shape 必须一致	对两个数组的逐个字符串元素进行连接
multiply(arr,i)	数组 arr 的每个元素连接 i 次 (整数)	返回按元素多重连接后的字符串
center(arr, width, fillchar=' ')	数组 arr 的元素居中，两边用 fillchar 填充，长度为 width	居中字符串
capitalize(arr)	arr 数组或字符串	将字符串第一个字母转换为大写
title(arr)	arr 数组或字符串	将字符串的每个单词的第一个字母转换为大写
lower(arr)	arr 数组或字符串	数组元素转换为小写
upper(arr)	arr 数组或字符串	数组元素转换为大写
split(arr, sep=None, maxsplit=None)	数组 arr 的元素以 sep 字符为分割标记，最多分割 maxsplit 次	指定分隔符对字符串进行分割，并返回数组列表
splitlines(arr, keepends=None)	数组 arr 的元素以 \r、\n、\r\n 分割，仅当 keepends=True 时保留分割标记	返回元素中的行列表，以换行符分割
strip(arr, chars=None)	数组 arr 的元素开头和结尾的 chars 字符串移除	移除元素开头和结尾处的特定字符
join(sep, seq)	sep：连接字符的数组；seq：字符串数组。sep 元素个数 <= seq 元素个数	通过指定分隔符来连接数组中的元素
replace(arr, old, new, count=None)	将数组 arr 元素的 old 字符串替换为 new 字符串，替换 count 个	使用新字符串替换原字符串中的所有子字符串
decode(a, encoding=None)	数组 arr 的元素编码为 encoding='cp500'	数组元素依次调用 str.decode
encode(a, encoding=None)	数组 arr 的元素按照 encoding 解码为默认的 utf-8	数组元素依次调用 str.encode

【例 2-43】 常用字符串函数应用。

代码如下：

```
print('-----------np.char.add()')
print(' 连接两个字符串：')
print(np.char.add(['python'], [' java']))
print(' 连接示例：')
print(np.char.add(['like', 'don\'t like'], [' python', ' java']))
print('-----------np.char.multiply()')
print(np.char.multiply(['python','java'], 3))
print(np.char.multiply(['python','java'], 0))
print('-----------np.char.center()')
```

```
print(np.char.center(['python','java'], 19, fillchar = '*'))
print('-----------np.char.capitalize()')
print(np.char.capitalize(['python','java']))
print('-----------np.char.title()')
print(np.char.title(['i like python','i like java']))
print('-----------np.char.lower()')
# 操作数组
print(np.char.lower(['PYTHON', 'JAVA']))
# 操作字符串
print(np.char.lower('PYTHON'))
print('-----------np.char.upper()')
# 操作数组
print(np.char.upper(['python', 'java']))
# 操作字符串
print(np.char.upper('python'))
print('-----------np.char.split()')
# 分隔符默认为空格
print(np.char.split('i like python?'))
# 分隔符为 .
print(np.char.split('www.baidu.com', sep = '.',maxsplit=1))
print(np.char.split(['www.baidu.com','www.youku.com'], sep = '.'))
print('-----------np.char.splitlines()')
# 换行符 \n
print(np.char.splitlines('i\nlike python?'))
print(np.char.splitlines('i\rlike python?'))
print(np.char.splitlines('i\r\nlike python?'))
print(np.char.splitlines('i\n\rlike python?'))
print(np.char.splitlines('i\rlike python?',keepends=True))
print('-----------np.char.strip()')
# 移除字符串头尾的 a 字符
print(np.char.strip('abshok abpythonab', 'ab'))
# 移除数组元素头尾的 a 字符
print(np.char.strip(['apythona', 'admin', 'java'], 'a'))
print('-----------np.char.join()')
# 操作字符串
print(np.char.join(':', 'python'))
# 指定多个分隔符操作数组元素
print(np.char.join([':'], ['python', 'java']))
print(np.char.join([':', '-'], ['python', 'java']))
print('-----------np.char.replace()')
```

```
print(np.char.replace ('i like python', 'python', 'java'))
print(np.char.replace (['i like python','i like python python'], 'python', 'java',count=1))
print('-----------np.char.encode()')
print('-----------np.char.decode()')
arr = np.char.encode('python', 'cp500')
print(arr)
print(np.char.decode(arr,'cp500'))
```

结果如下：

```
-----------np.char.add()
连接两个字符串：
['python java']
连接示例：
['like python' "don't like java"]
-----------np.char.multiply()
['pythonpythonpython' 'javajavajava']
[" "]
-----------np.char.center()
['*******python******' '********java*******']
-----------np.char.capitalize()
['Python' 'Java']
-----------np.char.title()
['I Like Python' 'I Like Java']
-----------np.char.lower()
['python' 'java']
python
-----------np.char.upper()
['PYTHON' 'JAVA']
PYTHON
-----------np.char.split()
['i', 'like', 'python?']
['www', 'baidu.com']
[list(['www', 'baidu', 'com']) list(['www', 'youku', 'com'])]
-----------np.char.splitlines()
['i', 'like python?']
['i', 'like python?']
['i', 'like python?']
['i', '', 'like python?']
['i\r', 'like python?']
-----------np.char.strip()
shok abpython
```

```
['python' 'dmin' 'jav']
-----------np.char.join()
p:y:t:h:o:n
['p:y:t:h:o:n' 'j:a:v:a']
['p:y:t:h:o:n' 'j-a-v-a']
-----------np.char.replace()
i like java
['i like java' 'i like java python']
-----------np.char.encode()
-----------np.char.decode()
b'\x97\xa8\xa3\x88\x96\x95'
python
```

文件读写

2.6 文件读写

NumPy 文件读写主要有二进制格式的数据读写和文本格式的数据读写两种形式。

1. 二进制格式的数据读写

读写二进制格式数据时，以 wb(write binary) 方式打开文件，存储时可以省略扩展名，但读取时不能省略扩展名。

1) save 函数

save 函数以二进制的格式保存数据，将数组保存在 NumPy 的“.npy”格式中。

save 函数语法规则：

```
numpy.save(file, arr, allow_pickle=True, fix_imports=True)
```

save 函数的主要参数及其说明如表 2-22 所示。

表 2-22 save 函数的主要参数及其说明

参数名称	说明
file	接收文件名，表示数据保存的文件，文件名后缀不是“.npy”时将自动添加
arr	接收 array_like，表示要保存的数据
allow_pickle	接收 bool，可选，默认为 True，表示允许保存的对象使用 Python pickle 模块
fix_imports	接收 bool，可选，默认为 True。pickle 模块尝试将 Python 3 新的模块名映射到 Python 2 中旧的模块名

2) savez 函数

savez 函数可以将多个数组保存到一个“.npz”文件中。

savez 函数语法规则：

```
numpy.savez(file, *args, **kwds)
```

savez 函数的主要参数及其说明如表 2-23 所示。

表 2-23　savez 函数的主要参数及其说明

参数名称	说　　明
file	接收文件名，表示数据保存的文件，文件名后缀不是“.npz”时将自动添加
args	参数，可选，表示保存到文件中的数组，数组名与 kwds 一致，默认数组名为“arr_0”“arr_1”等
kwds	关键词参数，可选，表示每个数组将保存到输出文件中，并带有相应的关键字名称

3) load 函数

load 函数是从二进制的文件中读取数据的。

load 函数语法规则：

```
data = numpy.load(file, mmap_mode=None, allow_pickle=False, fix_imports = True, encoding='ASCII', *,
max_header_size =format._MAX_HEADER_SIZE)
```

判断数组个数可以使用 Python 内建函数 len(data)。访问读取的数组，可以使用 data['arr_0']、data['arr_1'] 等。注意，这里的 arr_0、arr_1 应与 savez 函数的数组名相对应。

【例 2-44】 读写二进制格式的文件数据。

代码如下：

```
print('------numpy.save()------')
arr = np.arange(100).reshape(10,10)                    # 创建一个数组
np.save("./tmp/save_arr",arr)                          # 保存数组
print(' 保存的数组为：\n%s' % arr)
#
print('-----numpy.savez()-------')
arr1 = np.array([[1,2,3],[4,5,6]])
arr2 = np.arange(0,1.0,0.1)
np.savez('./tmp/savez_arr',arr1,arr2)
print(' 保存的数组 1 为：\n%s' % arr1)
print(' 保存的数组 2 为：',arr2)

print('-----numpy.load()-------')
loaded_data = np.load("./tmp/save_arr.npy")            # 读取含有单个数组的文件
print(' 读取的数组为：\n%s' % loaded_data)

loaded_data1 = np.load("./tmp/savez_arr.npz")          # 读取含有多个数组的文件
print(' 读取的数组对象：',loaded_data1)
print(' 读取的数组个数：',len(loaded_data1))
print(' 读取的数组 1 为：\n%s' % loaded_data1['arr_0'])
print(' 读取的数组 2 为：',loaded_data1['arr_1'])
```

结果如下：

```
------numpy.save()------
保存的数组为:
[[ 0  1  2  3  4  5  6  7  8  9]
 [10 11 12 13 14 15 16 17 18 19]
 [20 21 22 23 24 25 26 27 28 29]
 [30 31 32 33 34 35 36 37 38 39]
 [40 41 42 43 44 45 46 47 48 49]
 [50 51 52 53 54 55 56 57 58 59]
 [60 61 62 63 64 65 66 67 68 69]
 [70 71 72 73 74 75 76 77 78 79]
 [80 81 82 83 84 85 86 87 88 89]
 [90 91 92 93 94 95 96 97 98 99]]
-----numpy.savez()-------
保存的数组 1 为:
[[1 2 3]
 [4 5 6]]
保存的数组 2 为:  [0.  0.1 0.2 0.3 0.4 0.5 0.6 0.7 0.8 0.9]
-----numpy.load()-------
读取的数组为:
[[ 0  1  2  3  4  5  6  7  8  9]
 [10 11 12 13 14 15 16 17 18 19]
 [20 21 22 23 24 25 26 27 28 29]
 [30 31 32 33 34 35 36 37 38 39]
 [40 41 42 43 44 45 46 47 48 49]
 [50 51 52 53 54 55 56 57 58 59]
 [60 61 62 63 64 65 66 67 68 69]
 [70 71 72 73 74 75 76 77 78 79]
 [80 81 82 83 84 85 86 87 88 89]
 [90 91 92 93 94 95 96 97 98 99]]
读取的数组对象:  NpzFile './tmp/savez_arr.npz' with keys: arr_0, arr_1
读取的数组个数:  2
读取的数组 1 为:
[[1 2 3]
 [4 5 6]]
读取的数组 2 为:  [0.  0.1 0.2 0.3 0.4 0.5 0.6 0.7 0.8 0.9]
```

2. 文本格式的数据读写

1) savetxt 函数

savetxt 函数语法规则:

numpy.savetxt(fname, X, fmt='%.18e', delimiter=' ', newline='\n', header='', footer='', comments='# ', encoding=None) savetxt 函数将数组 X 以 fmt 格式、delimiter 分隔符、newline 行末尾，写入文本文件 fname 中。

savetxt 函数的主要参数及其说明如表 2-24 所示。

表 2-24 savetxt 函数的主要参数及其说明

参数名称	说　明
fname	接收文件名，表示数据保存的文件，支持“.gz”文件格式
X	接收一维或二维 array_like，表示保存到文本文件的数据
fmt	接收字符串、字符串序列，可选，默认为 %.18e，表示保存格式
delimiter	接收字符串，可选，表示每列的间隔字符或字符串
newline	接收字符串，可选，表示每行的间隔字符或字符串
header	接收字符串，可选，表示文件起始字符串
footer	接收字符串，可选，表示文件结束字符串
comments	接收字符串，可选，默认为“#”，表示 header、footer 的前缀字符串
encoding	接收 {None, str}，可选，表示输出文件的编码

2) loadtxt 函数

loadtxt 函数执行的是把文件加载到一个二维数组中。

loadtxt 函数语法规则：

```
numpy.loadtxt(fname, dtype=float, comments='#', delimiter=None, converters=None, skiprows=0, usecols=None, unpack=False, ndmin=0, encoding='bytes', max_rows=None, *, quotechar=None, like=None)
```

3) genfromtxt 函数

genfromtxt 函数面向的是结构化数组和缺失数据，“comments”字符后面的字符被丢弃。

genfromtxt 函数语法规则：

```
numpy.genfromtxt(fname, dtype=float, comments='#', delimiter=None, skip_header=0, skip_footer=0, converters=None, missing_values=None, filling_values=None, usecols=None, names=None, excludelist=None, deletechars=''.join(sorted(NameValidator.defaultdeletechars)), replace_space='_', autostrip=False, case_sensitive=True, defaultfmt="f%i", unpack=None, usemask=False, loose=True, invalid_raise=True, max_rows=None, encoding='bytes', *, ndmin=0, like=None)
```

【例 2-45】 文本格式的数据读写。

代码如下：

```
arr = np.arange(0,12,0.5).reshape(4,-1)
print('创建的数组为：\n%s' % arr)
print('------numpy.savetxt()------')
# fmt ="%d" 为指定保存为整数
np.savetxt("./tmp/arr.txt", arr, fmt="%.2f", delimiter=",")
# 读入的时候也需要指定逗号分隔
print('------numpy.loadtxt()------')
```

```
loaded_data = np.loadtxt("./tmp/arr.txt",delimiter=",")
print(' 读取的数组为：\n%s' % loaded_data)
print('------numpy.genfromtxt()------')
loaded_data = np.genfromtxt("./tmp/arr.txt", delimiter = ",")
print(' 读取的数组为：\n%s' % loaded_data)
```

结果如下：

```
创建的数组为:
[[ 0.   0.5  1.   1.5  2.   2.5]
 [ 3.   3.5  4.   4.5  5.   5.5]
 [ 6.   6.5  7.   7.5  8.   8.5]
 [ 9.   9.5 10.  10.5 11.  11.5]]
------numpy.savetxt()------
------numpy.loadtxt()------
读取的数组为:
[[ 0.   0.5  1.   1.5  2.   2.5]
 [ 3.   3.5  4.   4.5  5.   5.5]
 [ 6.   6.5  7.   7.5  8.   8.5]
 [ 9.   9.5 10.  10.5 11.  11.5]]
------numpy.genfromtxt()------
读取的数组为:
[[ 0.   0.5  1.   1.5  2.   2.5]
 [ 3.   3.5  4.   4.5  5.   5.5]
 [ 6.   6.5  7.   7.5  8.   8.5]
 [ 9.   9.5 10.  10.5 11.  11.5]]
```

尝试在例 2-45 中 arr.txt 某个数据前加上“comments”字符串，使用 loadtxt()、genfromtxt() 读取并输出。

2.7 统计与分析

统计与分析

NumPy 数组可以将许多数据处理任务转换为简洁的数组表达式，数组处理数据的速度要远快于内置的 Python 循环，因此把数组作为数据统计与分析的首选。常用的统计与分析操作包括排序、去重、重复数据等。

2.7.1 排序

NumPy 的排序方式主要可以概括为直接排序和间接排序两种。直接排序对数值直接进行排序；间接排序根据一个或多个键对数据集进行排序。在 NumPy 中，直接排序经常使用 sort 函数，间接排序经常使用 argsort 函数和 lexsort 函数。

NumPy 提供的主要排序算法及其说明如表 2-25 所示。

表 2-25　NumPy 主要排序算法及其说明

种　类	速度快慢次序	最坏情况 (空间复杂度)	工作空间	是否稳定
quicksort(快速排序)	1(最快)	O(n^2)	0	否
mergesort(归并排序)	2	O(n × log(n))	~n/2	是
heapsort(堆排序)	3	O(n × log(n))	0	否

1. sort 函数

sort 函数语法规则：

```
numpy.sort(a, axis=-1, kind='quicksort', order=None)
```

sort 函数的主要参数及其说明如表 2-26 所示。

表 2-26　sort 函数的主要参数及其说明

参数名称	说　明
a	接收 array_like，表示要排序的数组
axis	接收整型或 None，可选，默认为 -1，表示沿着最后一个轴排序。为 None 时，数组会被展开
kind	可选，其参数值可以为 'quicksort'、'mergesort'、'heapsort' 或 'stable'
order	可选，其参数值可以为字符串或字符串列表。如果数组包含字段，则是要排序的字段

sort 函数调用后改变原始数组，无返回值。

【例 2-46】 使用 sort 函数对数组排序。

代码如下：

```
a = np.array([[3,7],[9,1]])
print(' 数组是：\n%s' % a)
print('1- 调用 sort() 函数：\n%s' % np.sort(a))
print('2- 展开排序：')
print(np.sort(a, axis=None))
print('3- 按列排序：')
print(np.sort(a, axis=0))
print('4- 按行排序：')
print(np.sort(a, axis=1))
# 在 sort 函数中排序字段
dt = np.dtype([('name', 'S10'),('age', int)])
a = np.array([("raju",21),("anil",25),("ravi", 17), ("amar",27)], dtype = dt)
print(' 数组是：\n%s' % a)
print(' 按 name 排序：')
print(np.sort(a,order='name'))
```

结果如下：

```
数组是：
[[3 7]
```

```
 [9 1]]
1- 调用 sort() 函数：
[[3 7]
 [1 9]]
2- 展开排序：
[1 3 7 9]
3- 按列排序：
[[3 1]
 [9 7]]
4- 按行排序：
[[3 7]
 [1 9]]
数组是：
[(b'raju', 21) (b'anil', 25) (b'ravi', 17) (b'amar', 27)]
按 name 排序：
[(b'amar', 27) (b'anil', 25) (b'raju', 21) (b'ravi', 17)]
```

2. argsort 函数

argsort 函数语法规则：

```
numpy.argsort(a, axis=-1, kind='quicksort', order=None)
```

argsort 函数返回数组值从小到大的索引值。

【例 2-47】 使用 argsort 函数对数组排序。

代码如下：

```
x = np.array([3,  1,  2])
print (' 数组是：\n%s' % x)
y = np.argsort(x)
print(' 对 x 调用 argsort() 函数：\n%s' % y)
print(' 以排序后的顺序重构原数组：\n%s' % x[y])

x = np.array([[3,7],[9,1]])
print (' 数组是：\n%s' % x)
y = np.argsort(x)
print(' 对 x 调用 argsort() 函数：\n%s' % y)
```

结果如下：

```
数组是：
[3 1 2]
对 x 调用 argsort() 函数：
[1 2 0]
以排序后的顺序重构原数组：
[1 2 3]
数组是：
```

```
[[3 7]
 [9 1]]
对 x 调用 argsort() 函数：
[[0 1]
 [1 0]]
```

3. lexsort 函数

lexsort 函数对多个序列进行排序，排序时优先照顾靠后的列。

lexsort 函数语法规则：

```
numpy.lexsort(keys, axis=None)
```

lexsort 函数的主要参数及其说明如表 2-27 所示。

表 2-27 lexsort 函数的主要参数及其说明

参数名称	说明
keys	数组或元组（含多个数组）
axis	接收 int 或 None，可选，默认为 -1，表示沿着最后一个轴排序。为 None 时，数组会被展开

lexsort 函数的返回值为沿指定轴对键进行排序的索引数组。

【例 2-48】 使用 lexsort 函数对数组排序。

代码如下：

```
dv = ('f.y.',  's.y.',  's.y.',  'f.y.')
nm = ('raju','anil','ravi','amar')
ind = np.lexsort((dv,nm))
print(' 调用 lexsort() 函数：\n',ind)
print(' 使用这个索引来获取排序后的数据：')   # 推导式
print([nm[i]  +  ", "  + dv[i]  for i in ind])
# 上面传入 np.lexsort 的是一个 tuple，
# 排序时首先排 nm，顺序为：amar、anil、raju、ravi 。
# 综上排序结果为 [3 1 0 2]。
a = np.array([3,2,6,4,5])
b = np.array([50,30,40,20,10])
c = np.array([400,300,600,100,200])
d = np.lexsort((a,b,c))          # lexsort 函数只接收一个参数，即 (a,b,c)
                                 # 多个键值排序是按照最后一个传入数据计算的
print(' 排序后数组为：',list(zip(a[d],b[d],c[d])))
```

结果如下：

```
调用 lexsort() 函数：
[3 1 0 2]
使用这个索引来获取排序后的数据：
['amar, f.y.', 'anil, s.y.', 'raju, f.y.', 'ravi, s.y.']
```

排序后数组为：[(4, 20, 100), (5, 10, 200), (2, 30, 300), (3, 50, 400), (6, 40, 600)]

在例 2-48 中，小升初考试中的重点班按照总成绩录取学生。当总成绩相同时，数学成绩高的优先录取，而当总成绩和数学成绩都相同时，则英语成绩高的优先录取。这里，总成绩排在电子表格的最后一列，数学成绩排在倒数第二列，英语成绩排在倒数第三列。

2.7.2 去重与重复数据

NumPy 提供了去重与重复数据函数，可以快速地删除数组中的重复数据，也可以将数组按照广播规则或指定的轴进行重复。

1. 去重

在统计分析中难免会出现“脏”数据的情况，重复数据就是“脏”数据的情况之一。NumPy 提供了去重方法——unique 函数。unique 函数可以找出数组中的唯一值，并返回已排序结果。

unique 函数语法规则：

```
numpy.unique(ar, return_index=False, return_inverse=False, return_counts=False, axis=None, *, equal_nan=True)
```

unique 函数的主要参数及其说明如表 2-28 所示。

表 2-28 unique 函数的主要参数及其说明

参数名称	说明
ar	接收 array_like，表示输入数组，如果 axis 为 None，则非一维数组会展开
return_index	接收布尔类型，可选。如果为 True，则返回新列表元素在旧列表中的位置（下标），并以列表形式存储
return_inverse	接收布尔类型，可选。如果为 True，则返回旧列表元素在新列表中的位置（下标），并以列表形式存储
return_counts	接收布尔类型，可选。如果为 True，则返回去重数组中的元素在原数组中的出现次数
axis	接收整型或 None，可选，表示要操作的轴
equal_nan	接收布尔类型，可选。如果为 True，则将返回数组中的多个 NaN 值折叠为一个

【例 2-49】 使用 unique 函数对数组去重。

代码如下：

```
names = np.array(['北京冬奥精神','胸怀大局','自信开放','迎难而上','追求卓越','共创未来',
'自信开放','迎难而上'])
print('创建的数组为：',names)
print('1-去重后的数组为：',np.unique(names))
print('2-去重后的数组为：',np.unique(names, return_index=True))
print('3-去重后的数组为：',np.unique(names, return_index=True, return_inverse=True))
print('4-去重后的数组为：',np.unique(names, return_inverse=True, return_counts=True))
# 跟 np.unique 等价的 Python 代码实现过程
print('去重后的数组为：',sorted(set(names)))
```

```
arr = np.array([1,2,3,4,4,5,6,6,7,8,8,9,10])   # 创建数值型数据
print(' 创建的数组为：',arr)
print(' 去重后的数组为：',np.unique(arr))
```

结果如下：

```
创建的数组为： [' 北京冬奥精神 ' ' 胸怀大局 ' ' 自信开放 ' ' 迎难而上 ' ' 追求卓越 ' ' 共创未来 '
' 自信开放 ' ' 迎难而上 ']
1- 去重后的数组为： [' 共创未来 ' ' 北京冬奥精神 ' ' 胸怀大局 ' ' 自信开放 ' ' 迎难而上 ' ' 追求卓越 ']
2- 去重后的数组为： (array([' 共创未来 ', ' 北京冬奥精神 ', ' 胸怀大局 ', ' 自信开放 ', ' 迎难而上 ',
' 追求卓越 '], dtype='<U6'), array([5, 0, 1, 2, 3, 4], dtype=int64))
3- 去重后的数组为： (array([' 共创未来 ', ' 北京冬奥精神 ', ' 胸怀大局 ', ' 自信开放 ', ' 迎难而上 ',
' 追求卓越 '], dtype='<U6'), array([5, 0, 1, 2, 3, 4], dtype=int64), array([1, 2, 3, 4, 5, 0, 3, 4], dtype=int64))
4- 去重后的数组为： (array([' 共创未来 ', ' 北京冬奥精神 ', ' 胸怀大局 ', ' 自信开放 ', ' 迎难而上 ',
' 追求卓越 '], dtype='<U6'), array([1, 2, 3, 4, 5, 0, 3, 4], dtype=int64), array([1, 1, 1, 2, 2, 1], dtype=int64))
去重后的数组为： [' 共创未来 ', ' 北京冬奥精神 ', ' 胸怀大局 ', ' 自信开放 ', ' 迎难而上 ', ' 追求卓越 ']
创建的数组为： [ 1  2  3  4  4  5  6  6  7  8  8  9 10]
去重后的数组为： [ 1  2  3  4  5  6  7  8  9 10]
```

2. 重复数据

1) title 函数

title 函数把一组数据重复若干次，遵循广播规则。shape 中不足的部分都通过在前面加 1 补齐。

title 函数语法规则：

```
numpy.title(A, reps)
```

其中，A：指定重复的数组，reps：维度的指定重复次数。

【例 2-50】 使用 title 函数重复数组。

代码如下：

```
arr = np.arange(5)
print(' 创建的数组为：',arr.shape, arr)
print('1- 重复后数组为：',np.tile(arr,3))                  # 对数组进行重复
print('2- 重复后数组为：\n%s' % np.tile(arr,(3,2) ))       # 对数组进行重复
arr = np.arange(12).reshape(3,4)
print(' 创建的数组为：%s\n%s' % (arr.shape, arr))
print('3- 重复后数组为：\n%s' % np.tile(arr,(2,) ))        # 对数组进行重复
print('4- 重复后数组为：\n%s' % np.tile(arr,(2,2) ))       # 对数组进行重复
```

结果如下：

```
创建的数组为： (5,) [0 1 2 3 4]
1- 重复后数组为： [0 1 2 3 4 0 1 2 3 4 0 1 2 3 4]
2- 重复后数组为：
[[0 1 2 3 4 0 1 2 3 4]
```

```
 [0 1 2 3 4 0 1 2 3 4]
 [0 1 2 3 4 0 1 2 3 4]]
创建的数组为：(3, 4)
[[ 0  1  2  3]
 [ 4  5  6  7]
 [ 8  9 10 11]]
3- 重复后数组为：
[[ 0  1  2  3  0  1  2  3]
 [ 4  5  6  7  4  5  6  7]
 [ 8  9 10 11  8  9 10 11]]
4- 重复后数组为：
[[ 0  1  2  3  0  1  2  3]
 [ 4  5  6  7  4  5  6  7]
 [ 8  9 10 11  8  9 10 11]
 [ 0  1  2  3  0  1  2  3]
 [ 4  5  6  7  4  5  6  7]
 [ 8  9 10 11  8  9 10 11]]
```

2) repeat 函数

repeat 函数将数组按照指定的轴进行重复。

repeat 函数语法规则：

```
ndarray.repeat(repeats, axis=None)
```

其中，ndarray：指定需要重复的数组，repeats：指定重复次数，axis：指定沿着某个轴重复。

【例 2-51】 使用 repeat 函数重复数组。

代码如下：

```
arr = np.arange(9).reshape(3,3)
print(' 创建的数组为：\n%s' % arr)
print('1- 重复后数组为：\n%s' % arr.repeat(2, axis = 0))          # 按行进行元素重复
print('2- 重复后数组为：\n%s' % arr.repeat(2, axis = 1))          # 按列进行元素重复
```

结果如下：

```
创建的数组为：
[[0 1 2]
 [3 4 5]
 [6 7 8]]
1- 重复后数组为：
[[0 1 2]
 [0 1 2]
 [3 4 5]
 [3 4 5]
 [6 7 8]
 [6 7 8]]
```

```
2- 重复后数组为:
[[0 0 1 1 2 2]
 [3 3 4 4 5 5]
 [6 6 7 7 8 8]]
```

2.7.3 常用统计函数

在 NumPy 中，有许多用于统计分析的函数。这些统计函数在使用时需要注意轴的概念，当 axis = 0 时，表示沿着纵轴计算；当 axis = 1 时，表示沿着横轴计算。默认时，函数不按照任何一个轴计算，而是计算一个总值。NumPy 常用统计函数及其说明如表 2-29 所示。

表 2-29 NumPy 常用统计函数及其说明

函 数	说 明
sum	计算数组的和
mean	计算数组的均值
std	计算数组的标准差
var	计算数组的方差
min	计算数组的最小值
max	计算数组的最大值
argmin	返回数组最小元素的索引
argmax	返回数组最大元素的索引
cumsum	计算所有元素的累积和
cumprod	计算所有元素的累计积

【例 2-52】 常用统计函数应用示例。

代码如下：

```
arr = np.arange(20).reshape(4,5)
print(' 创建的数组为：\n%s' % arr)
print(' 数组的和为：',np.sum(arr))                    # 计算数组的和
print(' 数组纵轴的和为：',arr.sum(axis = 0))          # 沿着纵轴计算求和
print(' 数组横轴的和为：',arr.sum(axis = 1))          # 沿着横轴计算求和
print(' 数组的均值为：',np.mean(arr))                 # 计算数组均值
print(' 数组纵轴的均值为：',arr.mean(axis = 0))       # 沿着纵轴计算数组均值
print(' 数组横轴的均值为：',arr.mean(axis = 1))       # 沿着横轴计算数组均值
print(' 数组的标准差为：',np.std(arr))                # 计算数组标准差
print(' 数组的方差为：',np.var(arr))                  # 计算数组方差
print(' 数组的最小值为：',np.min(arr))                # 计算数组最小值
print(' 数组的最大值为：',np.max(arr))                # 计算数组最大值
print(' 数组的最小元素为：',np.argmin(arr))           # 返回数组最小元素的索引
```

```
print(' 数组的最大元素为：',np.argmax(arr))              # 返回数组最大元素的索引
arr = np.arange(2,10)
print(' 创建的数组为：',arr)
print(' 数组元素的累积和为：',np.cumsum(arr))           # 计算所有元素的累积和
print(' 数组元素的累计积为：',np.cumprod(arr))          # 计算所有元素的累计积
```

结果如下：

```
创建的数组为：
[[ 0  1  2  3  4]
 [ 5  6  7  8  9]
 [10 11 12 13 14]
 [15 16 17 18 19]]
数组的和为： 190
数组纵轴的和为： [30 34 38 42 46]
数组横轴的和为： [10 35 60 85]
数组的均值为： 9.5
数组纵轴的均值为： [ 7.5  8.5  9.5 10.5 11.5]
数组横轴的均值为： [ 2.  7. 12. 17.]
数组的标准差为： 5.766281297335398
数组的方差为： 33.25
数组的最小值为： 0
数组的最大值为： 19
数组的最小元素为： 0
数组的最大元素为： 19
创建的数组为： [2 3 4 5 6 7 8 9]
数组元素的累积和为： [ 2  5  9 14 20 27 35 44]
数组元素的累计积为： [     2      6     24    120    720   5040  40320 362880]
```

2.8 矩　　阵

矩阵

在 NumPy 中，矩阵是继承自 NumPy 数组对象的二维数组对象，是 ndarray 的子类。NumPy 默认进行多维数组的运算，不进行矩阵运算。矩阵是一个由行 (row) 列 (column) 元素排列成的矩形阵列。矩阵里的元素可以是数字、符号或数学式。如果需要对数组进行矩阵运算，则需要调用矩阵库 numpy.matlib 中的函数，也可以调用 NumPy 命名空间中的函数。

2.8.1 构造矩阵

NumPy 构造矩阵主要有命名空间函数和 numpy.matlib 矩阵库两种方式。在 NumPy 1.19.0 版本更新后，推荐使用命名空间函数构造矩阵。

1. NumPy 命名空间函数创建矩阵

使用 NumPy 命名空间函数创建矩阵的函数及其说明如表 2-30 所示。

表 2-30　NumPy 命名空间函数创建矩阵的函数及其说明

函　数	说　　明
numpy.mat(data[, dtype])	data：array_like。该函数将输入解释为矩阵，等价于 matrix(data, copy=False)
numpy.matrix(data[, dtype, copy])	data：array_like。不再建议使用该函数，即使对于线性也不建议使用
numpy.asmatrix(data[, dtype])	data：array_like。该函数将输入解释为矩阵
numpy.bmat(obj[, ldict, gdict])	obj：字符串或 array_like；ldict：字典，可选，替换本地操作数；gdict：字典，可选，替换全局操作数。该函数可以由字符串、嵌套序列或数组构建矩阵对象

【例 2-53】 使用命名空间函数创建矩阵。

代码如下：

```
matr1 = np.mat("1 2 3;4 5 6;7 8 9")              # 使用分号隔开数据
print(' 创建的矩阵为：\n%s' % matr1)
matr2 = np.matrix([[123],[456],[789]])
print(' 创建的矩阵为：\n%s' % matr2)
matr3 = np.asmatrix([[123],[456],[789]])
print(' 创建的矩阵为：\n%s' % matr3)
arr1 = np.eye(3)
print(' 创建的数组 1 为：\n%s' % arr1)
arr2 = 3*arr1
print(' 创建的数组 2 为：\n%s' % arr2)
print(' 创建的矩阵为：\n%s' % np.bmat("arr1 arr2; arr1 arr2"))
```

结果如下：

```
创建的矩阵为：
[[1 2 3]
 [4 5 6]
 [7 8 9]]
创建的矩阵为：
[[123]
 [456]
 [789]]
创建的矩阵为：
[[123]
 [456]
 [789]]
```

```
创建的数组 1 为：
[[1. 0. 0.]
 [0. 1. 0.]
 [0. 0. 1.]]
创建的数组 2 为：
[[3. 0. 0.]
 [0. 3. 0.]
 [0. 0. 3.]]
创建的矩阵为：
[[1. 0. 0. 3. 0. 0.]
 [0. 1. 0. 0. 3. 0.]
 [0. 0. 1. 0. 0. 3.]
 [1. 0. 0. 3. 0. 0.]
 [0. 1. 0. 0. 3. 0.]
 [0. 0. 1. 0. 0. 3.]]
```

2. numpy.matlib 矩阵库

NumPy 中包含了一个矩阵库 numpy.matlib，该模块中的函数返回的是一个矩阵，而不是 ndarray 对象。需要注意的是，从 NumPy 1.19.0 开始 numpy.matlib 已被弃用，矩阵子类不是表示矩阵或处理线性代数的推荐方法。

numpy.matlib 中常用函数及其说明如表 2-31 所示。

表 2-31 numpy.matlib 中常用函数及其说明

函 数	说 明
empty(shape[, dtype, order])	返回给定形状和类型的新矩阵，无需初始化条目
zeros(shape[, dtype, order])	返回给定形状和类型的矩阵，并用 0 填充
ones(shape[, dtype, order])	返回给定形状和类型的矩阵，并用 1 填充
eye(n[, M, k, dtype, order])	返回一个矩阵，该矩阵的对角线上均为 1，其他地方均为 0
identity(n[, dtype])	返回给定大小的平方单位矩阵
repmat(a, m, n)	重复从 0D～2D 数组或矩阵 M × N 次
rand(*args)	返回具有给定形状的随机值矩阵
randn(*args)	返回一个随机矩阵，其中包含来自“标准正态”分布的数据

【例 2-54】 使用矩阵库创建矩阵。

代码如下：

```
import numpy.matlib
print(np.matlib.empty((2,2)))
print(np.matlib.ones((2,2)))
print(np.matlib.eye(n = 3, M = 4, k = 0, dtype = float))
print(np.matlib.identity(5, dtype = float))
```

```
print(np.matlib.rand(3,3))
```

结果如下：

```
[[3.07032210e+169 3.29216432e+180]
[1.94624920e+227 1.33856863e-152]]
[[1. 1.]
 [1. 1.]]
[[1. 0. 0. 0.]
 [0. 1. 0. 0.]
 [0. 0. 1. 0.]]
[[1. 0. 0. 0. 0.]
 [0. 1. 0. 0. 0.]
 [0. 0. 1. 0. 0.]
 [0. 0. 0. 1. 0.]
 [0. 0. 0. 0. 1.]]
[[0.32074733 0.96943889 0.53366802]
 [0.63636468 0.68806457 0.46302991]
 [0.18309696 0.59212775 0.23552156]]
```

2.8.2 矩阵属性

矩阵特有属性及其说明如表 2-32 所示。

表 2-32 矩阵特有属性及其说明

属 性	说　　明
matrix.T	返回自身的转置
matrix.H	返回自身的共轭转置
matrix.I	返回自身的逆矩阵
matrix.A	返回自身数据的二维数组的一个视图 (没有做任何的复制)

【例 2-55】 矩阵属性的应用。

代码如下：

```
matr4 = np.matrix([[1,2],[-1,-3]])
print(' 矩阵转置结果为：\n%s' % matr4.T)            # 转置
print(' 矩阵共轭转置结果为：\n%s' % matr4.H)        # 共轭转置 ( 实数的共轭就是其本身 )
print(' 矩阵的逆矩阵结果为：\n%s' % matr4.I)        # 逆矩阵
print(' 矩阵的二维数组结果为：\n%s' % matr4.A)      # 返回二维数组的视图
```

结果如下：

```
矩阵转置结果为：
[[ 1 -1]
 [ 2 -3]]
矩阵共轭转置结果为：
```

```
[[ 1 -1]
 [ 2 -3]]
矩阵的逆矩阵结果为：
[[ 3.  2.]
 [-1. -1.]]
矩阵的二维数组结果为：
[[ 1  2]
 [-1 -3]]
```

2.8.3 矩阵运算

在 NumPy 中，可以使用 ufunc 函数 (参见 2.4.1 小节) 进行矩阵运算，完成四则运算、比较运算、逻辑运算等操作。

【例 2-56】 矩阵运算的应用。

代码如下：

```
matr1 = np.mat("1 2 3;4 5 6;7 8 9")                    # 使用分号隔开数据
print(' 创建的矩阵为：\n%s' % matr1)
matr2 = np.matrix([[123],[456],[789]])
print(' 创建的矩阵为：\n%s' % matr2)
matr2 = matr1*3                                          # 矩阵与数相乘
print(' 创建的矩阵为：\n%s' % matr2)
print(' 矩阵相加结果为：\n%s' % (matr1+matr2))          # 矩阵相加
print(' 矩阵相减结果为：\n%s' % (matr1-matr2))          # 矩阵相减
print(' 矩阵相乘结果为：\n%s' % (matr1*matr2))          # 矩阵相乘
print(' 矩阵对应元素相乘结果为：\n%s' % np.multiply(matr1,matr2))
print(' 矩阵相除结果为：\n%s' % (matr1/matr2))          # 矩阵相除
```

结果如下：

```
创建的矩阵为：
[[1 2 3]
 [4 5 6]
 [7 8 9]]
创建的矩阵为：
[[123]
 [456]
 [789]]
创建的矩阵为：
[[ 3  6  9]
 [12 15 18]
 [21 24 27]]
矩阵相加结果为：
[[ 4  8 12]
```

```
 [16 20 24]
 [28 32 36]]
矩阵相减结果为：
[[ -2  -4  -6]
 [ -8 -10 -12]
 [-14 -16 -18]]
矩阵相乘结果为：
[[ 90 108 126]
 [198 243 288]
 [306 378 450]]
矩阵对应元素相乘结果为：
[[  3  12  27]
 [ 48  75 108]
 [147 192 243]]
矩阵相除结果为：
[[0.33333333 0.33333333 0.33333333]
 [0.33333333 0.33333333 0.33333333]
 [0.33333333 0.33333333 0.33333333]]
```

第3章 Pandas 数据分析

《易》曰："君子慎始，差若毫厘，谬以千里。"

——《礼记·经解》

司马迁在《史记》中创制了10张统计表，依次是：三代世表、十二诸侯年表、六国年表、秦楚之际月表、汉兴以来诸侯王年表、高祖功臣侯者年表、惠景间侯者年表、建元以来侯者年表、建元以来王子侯者年表、汉兴以来将相名臣年表。这些表基本具备了构成近现代统计表的各项要素，即总标题、纵栏标题、横栏标题、指标名称、计算单位、指标数值等。这10张表是中国现存的第一批统计表。管仲、孙武、范蠡等古人，作为中国统计思想的先驱，其统计分组思想、平均数思想、统计估算思想等，一直沿用至今。

Pandas提供了大量的函数和方法，用于处理数据的不同方面，包括数据读取、数据清洗、数据分组、数据排序、数据聚合等。Pandas是金融数据、商业数据等领域中数据处理与分析的重要工具。

本章任务目标包括：

(1) 理解Pandas中Series、DataFrame对象的含义，应用Pandas中的方法创建Series、DataFrame对象。

(2) 应用Pandas中的索引，对Series、DataFrame对象中的数据进行访问。

(3) 应用Pandas中的方法，变更Series、DataFrame对象中的数据。

(4) 应用Pandas数据运算方法分析数据集。

(5) 应用Pandas时间序列方法，处理数据集中的时间数据。

(6) 通过区别数据集，使用不同读写方式读取、写入数据。

(7) 应用分组聚合、透视表、交叉表、合并数据对数据集进行分析。

(8) 分析数据集，选择合适的数据清洗、数据标准化、数据转换方法处理数据。

3.1 数据结构

Pandas的主要数据结构是Series(一维数据)和DataFrame(二维数据)。其中，Series是带标签的一维同构数组，DataFrame是带标签的、大小可变的二维异构表格。Pandas数据结构就像是低维数据的容器。比如，DataFrame是Series的容器，Series则是标量的容器。使用这种方式，可以在容器中以字典的形式插入或删除对象。

Pandas所有数据结构的值都是可变的，但数据结构的大小并非都是可变的。比如，Series的长度不可改变，但DataFrame里就可以插入列。Pandas里绝大多数方法都不改变原始的输入数据，而是复制数据，生成新的对象。一般来说，不改变原始的输入数据，具有更好的数据安全性。

Pandas 的 Series 和 DataFrame 两种数据结构，足以处理金融、统计、社会科学、工程等领域里的大多数典型用例。

Series

3.1.1 Series

Series 是带标签的一维数组，其中的数据是有序的，可存储整数、浮点数、字符串、Python 对象等类型的数据。Pandas Series 与 NumPy ndarray 结构对比图如图 3-1 所示。与 NumPy 中一维数组相比，Pandas 中 Series 除了包含索引位置外，还包含可选项索引名称（标签）。此外，Pandas 中 Series 的元素除了可以使用索引位置访问外，还可以使用索引名称访问。

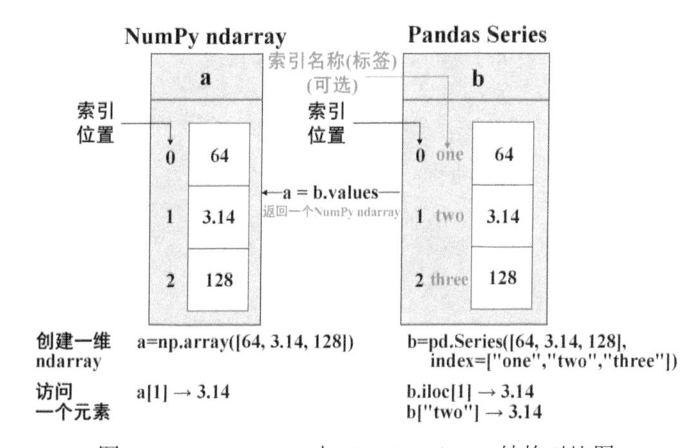

图 3-1 Pandas Series 与 NumPy ndarray 结构对比图

1. Series 的创建

Pandas 的 Series 类对象可以使用以下构造方法创建：

pandas.Series(data=None, index=None, dtype: Dtype | None = None, name=None, copy: bool | None = None, fastpath: bool = False)

Series 构造方法的主要参数及其说明如表 3-1 所示。

表 3-1 Series 构造方法的主要参数及其说明

参数名称	说　明
data	接收 array_like，可以是可迭代的对象、字典、标量值，表示传入的数据
index	接收 array_like，可以是 ndarray、list、tuple。索引通常是唯一的，且与数据的长度相同。如果没有传入索引参数，则默认会自动创建一个 [0, …, len(data) - 1] 的整数索引
dtype	接收 data-type，可选，表示数组所需的数据类型，未给定则选择保存对象所需的最小类型，默认为 None
name	接收 Hashable，默认为 None，表示 Series 的名字
copy	接收 bool，可选，默认为 False。如果为 True，则复制对象

Series 构造方法返回一个 Series 对象。

1) 多维数组实例化 Series

data 是多维数组时，index 长度必须与 data 长度一致。没有指定 index 参数时，创建数值型索引，即 [0, …, len(data) - 1]。

Pandas 的索引值可以重复。不支持重复索引值的操作会触发异常。

【例 3-1】 使用列表实例化 Series 对象。

代码如下：

```
import numpy as np
import pandas as pd
ser1 = pd.Series(data=[1,2,3,4,5])
print('Series 使用默认 index：')
print(ser1)
ser2 = pd.Series(data=[1,2,3,4,5], index=['a', 'b', 'c', 'd', 'e'])
print('Series 自定义 index：')
print(ser2)
ser3 = pd.Series(data=[1,2,3,4,5], index=['a', 'a', 'c', 'd', 'e'])
print('Series 自定义 index：')
print(ser3)
print(type(ser3))
```

结果如下：

```
Series 使用默认 index：
0   1
1   2
2   3
3   4
4   5
dtype: int64
Series 自定义 index：
a   1
b   2
c   3
d   4
e   5
dtype: int64
Series 自定义 index：
a   1
a   2
c   3
d   4
e   5
dtype: int64
<class 'pandas.core.series.Series'>
```

例 3-1 中，ser1 的输出结果左边一列为索引，从 0 开始递增；右边一侧是数据，数据类型根据传入的列表参数中元素的类型推断出来，即 int64。ser2 中指定了索引对象，即索引 a、b、c、d、e。ser3 中出现了重复索引 a，程序可正常运行。

2) 字典实例化 Series

data 为字典且未设置 index 参数时，将字典中的 key 作为 Series 对象的索引，value 作为 Series 对象的数据。data 为字典且设置了 index 参数时，按索引名称提取 data 里对应的值，缺失数据用 NaN(Not a Number) 表示。

如果 Python 版本为 3.6 及以上且 Pandas 版本为 0.23 及以上，则 Series 按字典的插入顺序排序索引。当 Python 版本为 3.6 以下或 Pandas 版本为 0.23 以下且未设置 index 参数时，Series 将字典键 (key) 按字母顺序排序的列表作为索引。

【例 3-2】 使用字典实例化 Series 对象。

代码如下：

```
ser4 = pd.Series(data={'b': 1, 'a': 0, 'c': 2})
print('Series data 参数为字典：')
print(ser4)
print('Series data 参数为字典，自动与 index 匹配：')
ser5 = pd.Series(data={'b': 1, 'a': 0, 'c': 2}, index=['b', 'c', 'd', 'a'])
print(ser5)
```

结果如下：

```
Series data 参数为字典：
b    1
a    0
c    2
dtype: int64
Series data 参数为字典，自动与 index 匹配：
b    1.0
c    2.0
d    NaN
a    0.0
dtype: float64
```

例 3-2 中，ser4 的数据和索引按照字典 {'b': 1, 'a': 0, 'c': 2} 的默认顺序排序。ser5 中，由于 index=['b', 'c', 'd', 'a'] 的字符串 'd' 未能与字典 {'b': 1, 'a': 0, 'c': 2} 匹配，因此 'd' 对应的数据为 NaN，此时输出结果按照 index 的顺序排序。

3) 标量实例化 Series

data 是标量值时，必须提供索引。Series 按索引长度重复该标量值。

【例 3-3】 使用标量实例化 Series 对象。

代码如下：

```
ser6 = pd.Series(5., index=['a', 'b', 'c', 'd', 'e'])
print('Series data 参数为标量：')
print(ser6)
```

结果如下：

```
Series data 参数为标量：
a    5.0
b    5.0
c    5.0
d    5.0
e    5.0
dtype: float64
```

2. Series 的属性

Series 对象的常用属性及其说明如表 3-2 所示。

表 3-2　Series 对象的常用属性及其说明

属　性	说　　明
Series.dtype 或 Series.dtypes	Series 的基础数据的 dtype 对象
Series.name	Series 的名字，也对应 DataFrame 的列名
Series.index	Series 的索引对象
Series.values	Series 的数据
Series.array	Series 的数据，包含长度和类型
Series.ravel	Series 的展平数据对象

【例 3-4】 输出 Series 的常用属性。

代码如下：

```
ser = pd.Series(data=[1,2,3,4,5], index=['a', 'b', 'c', 'd', 'e'])
print('Series 的基础数据的 dtype 对象：',ser.dtype)
print(' 同 dtype：',ser.dtypes)
print('Series 的名字：',ser.name)
ser.name='Column Name'
print('Series 的名字：',ser.name)
print('Series 的索引：',ser.index)
print('Series 的数据：',ser.values)
print('Series 的数据 ( 包含长度和类型 )：\n',ser.array)
print('Series 的展平数据对象：\n',ser.ravel)
```

结果如下：

```
Series 的基础数据的 dtype 对象： int64
同 dtype： int64
Series 的名字： None
Series 的名字： Column Name
Series 的索引： Index(['a', 'b', 'c', 'd', 'e'], dtype='object')
Series 的数据： [1 2 3 4 5]
Series 的数据 ( 包含长度和类型 )：
 <PandasArray>
```

```
[1, 2, 3, 4, 5]
Length: 5, dtype: int64
Series 的展平数据对象：
 <bound method Series.ravel of a    1
b    2
c    3
d    4
e    5
Name: Column Name, dtype: int64>
```

DataFrame

3.1.2　DataFrame

DataFrame 是一个二维表格型的数据结构，可以被看作是一个 Excel 表格、SQL 表，或多个 Series 对象组成的字典。它含有一组有序的列，每列可以是不同的值类型(数值、字符串、布尔型值)。DataFrame 既有行索引也有列索引，它可以被看作是由 Series 组成的字典(共同用一个索引)。

DataFrame 结构说明如下：

(1) 列和行。DataFrame 由多个列组成，每一列都有一个名称，可以看作是一个 Series。同时，DataFrame 有一个行索引，用于标识每一行。

(2) 二维结构。DataFrame 是一个二维表格，具有行和列，可以将其视为多个 Series 对象组成的字典。

(3) 列的数据类型。不同的列可以包含不同的数据类型，例如整数、浮点数、字符串等。同一列的数据类型是相同的。

DataFrame 结构示意图如图 3-2 和图 3-3 所示。

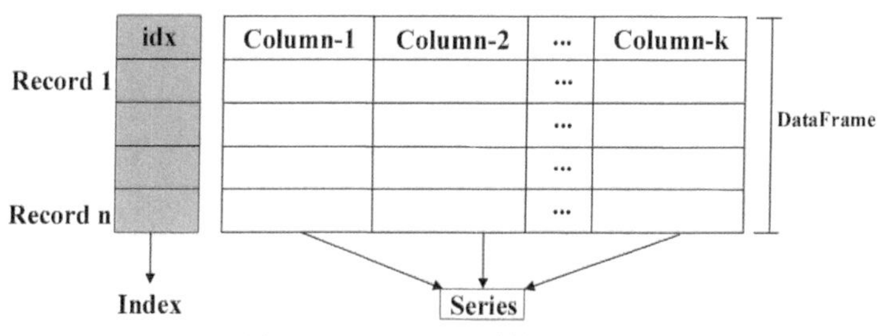

图 3-2　DataFrame 结构示意图 1

Series 1

	Mango
0	4
1	5
2	6
3	3
4	1

\+

Series 2

	Apple
0	5
1	4
2	3
3	0
4	2

\+

Series 3

	Banana
0	2
1	3
2	5
3	2
4	7

=

DataFrame

	Mango	Apple	Banana
0	4	5	2
1	5	4	3
2	6	3	5
3	3	0	2
4	1	2	7

图 3-3　DataFrame 结构示意图 2

1. DataFrame的创建

Pandas的DataFrame类对象可以使用以下构造方法创建：

pandas.DataFrame(data=None, index: Axes | None = None, columns: Axes | None = None, dtype: Dtype | None = None, copy: bool | None = None,) -> DataFrame

DataFrame构造方法的主要参数及其说明如表3-3所示。

表3-3 DataFrame构造方法的主要参数及其说明

参数名称	说　明
data	接收ndarray，可迭代对象、字典、Series或DataFrame。 字典可以包含Series、数组、常量、数据类(Python 3.7的新特性dataclass)或类似列表的对象。 如果data是一个字典，则列顺序遵循插入顺序。如果字典包含定义了索引的Series，而数据本身是Series或DataFrame，则会触发对齐操作，即使用NaN补齐index缺失的数据。对齐是在Series/DataFrame输入上完成的
index	接收array_like，表示行标签。如果没有传入索引参数，则默认会自动创建一个[0, …, len(data) - 1]的整数索引
columns	接收array_like，表示列标签。如果没有传入索引参数，则默认会自动创建一个[0, …, len(data) - 1]的整数索引
dtype	接收data-type，可选，默认为None，表示数组所需的数据类型，只允许使用单个dtype
copy	接收bool或None，默认为None。 对于字典数据，默认值None的行为类似于“copy=True”。对于DataFrame或二维ndarray，默认值None的行为类似于“copy=False”。如果data是包含一个或多个Series(可能具有不同dtypes)的字典，则“copy=False”将确保不复制这些输入

DataFrame构造方法返回一个DataFrame对象。

1) 用Series字典生成DataFrame

用Series字典生成DataFrame，生成的DataFrame的索引是每个Series索引的并集。用Series字典生成DataFrame之前，先要把嵌套字典转换为Series。如果没有指定列，则DataFrame的列就是字典键的有序列表。

【例3-5】 使用Series字典生成DataFrame。

代码如下：

```
d = {'one': pd.Series([1., 2., 3.], index=['a', 'b', 'c']),
     'two': pd.Series([1., 2., 3., 4.], index=['a', 'b', 'c', 'd'])}
df1 = pd.DataFrame(d)
print('生成的DataFrame为：\n%s' % df1)
df2 = pd.DataFrame(d, index=['d', 'b', 'a'])
print('生成的DataFrame为：\n%s' % df2)
df3 = pd.DataFrame(d, index=['d', 'b', 'a'], columns=['two', 'three'])
print('生成的DataFrame为：\n%s' % df3)
```

结果如下：

```
生成的 DataFrame 为：
   one  two
a  1.0  1.0
b  2.0  2.0
c  3.0  3.0
d  NaN  4.0
生成的 DataFrame 为：
   one  two
d  NaN  4.0
b  2.0  2.0
a  1.0  1.0
生成的 DataFrame 为：
   two  three
d  4.0  NaN
b  2.0  NaN
a  1.0  NaN
```

2) 用多维数组字典生成 DataFrame

多维数组的长度必须相同。如果传递了索引参数，则 index 的长度必须与数组一致。如果没有传递索引参数，则生成的结果是 range(n)，n 为数组长度。

【例 3-6】 使用数组字典生成 DataFrame。

代码如下：

```
d = {'one': [1., 2., 3., 4.],'two': [4., 3., 2., 1.]}
df1 = pd.DataFrame(d)
print(' 生成的 DataFrame 为：\n%s' % df1)
df2 = pd.DataFrame(d, index=['a', 'b', 'c', 'd'])
print(' 生成的 DataFrame 为：\n%s' % df2)
```

结果如下：

```
生成的 DataFrame 为：
   one  two
0  1.0  4.0
1  2.0  3.0
2  3.0  2.0
3  4.0  1.0
生成的 DataFrame 为：
   one  two
a  1.0  4.0
b  2.0  3.0
c  3.0  2.0
d  4.0  1.0
```

3) 用结构多维数组生成 DataFrame

用结构多维数组生成 DataFrame 的操作方式与用多维数组字典生成 DataFrame 的操作

方式相同。

【例 3-7】 使用结构多维数组生成 DataFrame。

代码如下：

```
data = np.zeros((2, ), dtype=[('A', 'i4'), ('B', 'f4'), ('C', 'a10')])
data[:] = [(1, 2., 'Hello'), (2, 3., "World")]
print(data)
df1 = pd.DataFrame(data)
print(' 生成的 DataFrame 为：\n%s' % df1)
df2 = pd.DataFrame(data, index=['first', 'second'])
print(' 生成的 DataFrame 为：\n%s' % df2)
df3 = pd.DataFrame(data, columns=['C', 'A', 'B'])
print(' 生成的 DataFrame 为：\n%s' % df3)
```

结果如下：

```
[(1, 2., b'Hello') (2, 3., b'World')]
生成的 DataFrame 为：
   A   B        C
0  1  2.0  b'Hello'
1  2  3.0  b'World'
生成的 DataFrame 为：
        A   B        C
first   1  2.0  b'Hello'
second  2  3.0  b'World'
生成的 DataFrame 为：
          C  A   B
0  b'Hello'  1  2.0
1  b'World'  2  3.0
```

4) 用列表字典生成 DataFrame

列表中的元素为字典时，可用来生成 DataFrame。

【例 3-8】 使用列表字典生成 DataFrame。

代码如下：

```
d = [{'a': 1, 'b': 2}, {'a': 5, 'b': 10, 'c': 20}]
df1 = pd.DataFrame(d)
print(' 生成的 DataFrame 为：\n%s' % df1)
df2 = pd.DataFrame(d, index=['first', 'second'])
print(' 生成的 DataFrame 为：\n%s' % df2)
df3 = pd.DataFrame(d, columns=['a', 'b'])
print(' 生成的 DataFrame 为：\n%s' % df3)
```

结果如下：

```
生成的 DataFrame 为：
   a   b    c
0  1   2  NaN
```

```
1  5  10  20.0
生成的 DataFrame 为:
         a   b    c
first    1   2   NaN
second   5  10  20.0
生成的 DataFrame 为:
   a   b
0  1   2
1  5  10
```

5) 用元组字典生成 DataFrame

用元组字典可以自动创建多层索引 DataFrame。

【例 3-9】 使用元组字典生成 DataFrame。

代码如下：

```
df = pd.DataFrame({('a', 'b'): {('A', 'B'): 1, ('A', 'C'): 2},
                   ('a', 'a'): {('A', 'C'): 3, ('A', 'B'): 4},
                   ('a', 'c'): {('A', 'B'): 5, ('A', 'C'): 6},
                   ('b', 'a'): {('A', 'C'): 7, ('A', 'B'): 8},
                   ('b', 'b'): {('A', 'D'): 9, ('A', 'B'): 10}})
print(' 生成的 DataFrame 为：')
print(df)
```

结果如下：

```
生成的 DataFrame 为:
       a              b
       b    a    c    a     b
A B  1.0  4.0  5.0  8.0  10.0
  C  2.0  3.0  6.0  7.0   NaN
  D  NaN  NaN  NaN  NaN   9.0
```

2. DataFrame 的属性

DataFrame 对象的常用属性及其说明如表 3-4 所示。

表 3-4 DataFrame 对象的常用属性及其说明

属 性	说 明
values	元素
index	索引
columns	列名
dtypes	类型
size	元素个数
ndim	维度数
shape	数据形状 (行列数目)
T	转置

【例 3-10】 输出 DataFrame 的常用属性。

代码如下：

```
df = pd.DataFrame(data=[[1, 2, 3],[4, 5, 6]],index=['a','b'], columns=['one', 'two', 'three'])
print(df)
print(' 索引为：', df.index)
print(' 全部值为：\n%s' % df.values)
print(' 列名为：', df.columns)
print(' 数据类型为：\n%s' % df.dtypes)
## 查看 DataFrame 的元素个数
print(' 元素个数为：', df.size)
print(' 维度数为：', df.ndim)          # 查看 DataFrame 的维度数
print(' 形状为：', df.shape)           # 查看 DataFrame 的形状
print(' 转置后的结果为：\n%s' % df.T)
print(' 转置后形状为：',df.T.shape)
```

结果如下：

```
   one  two  three
a    1    2      3
b    4    5      6
索引为： Index(['a', 'b'], dtype='object')
全部值为：
[[1 2 3]
 [4 5 6]]
列名为： Index(['one', 'two', 'three'], dtype='object')
数据类型为：
one      int64
two      int64
three    int64
dtype: object
元素个数为： 6
维度数为： 2
形状为： (2, 3)
转置后的结果为：
       a  b
one    1  4
two    2  5
three  3  6
转置后形状为： (3, 2)
```

3.2 索　　引

在 Pandas 中，索引是数据操作的核心，它允许用户快速访问和修改数据集。索引可以是单级的也可以是多级的，理解它们的使用方法对于高效地处理数据至关重要。

3.2.1 索引对象

Pandas 中的索引都是 Index 类对象，又称为索引对象，为了保障数据安全，该对象不可以修改。例如，创建一个 Series 类对象，为其指定索引，然后再修改索引，会提示错误信息“Index does not support mutable operations”（索引不支持可变操作）。

【例 3-11】 修改 Series 对象索引，提示错误信息。

代码如下：

```
ser = pd.Series(data=[1,2,3,4,5], index=['a', 'b', 'c', 'd', 'e'])
print('Series 的索引为：', ser.index)
print('Series 的第二个索引为：', ser.index[1])
ser.index['1'] = 'bb'
```

结果如下：

```
Series 的索引为：Index['a', 'b', 'c', 'd', 'e']), dtype='object')
Series 的第二个索引为：b
Traceback (most recent call last):
... 省略提示信息 ...
  raise TypeError("Index does not support mutable operations")
TypeError: Index does not support mutable operations
```

3.2.2 重置索引

索引对象虽无法修改，但可以重置。重置索引是指将旧索引按照新索引匹配，输出的数据按照新索引排序，并填充旧索引的数据或 NaN。

在 Pandas 中，通过 reindex 函数实现重置索引。针对 Series 和 DataFrame，reindex 函数语法规则存在差异，分别如下：

```
Series.reindex(index=None, *, axis: Axis | None = None, method: ReindexMethod | None = None, copy: bool | None = None, level: Level | None = None, fill_value: Scalar | None = None, limit: int | None = None, tolerance=None) -> Series
DataFrame.reindex(labels=None, *, index=None, columns=None, axis: Axis | None = None, method: ReindexMethod | None = None, copy: bool | None = None, level: Level | None = None, fill_value: Scalar | None = np.nan, limit: int | None = None, tolerance=None) -> DataFrame
```

reindex 函数的主要参数及其说明如表 3-5 所示。

表 3-5 reindex 函数的主要参数及其说明

参数名称	说　明
index	用作索引的新序列
method	缺失值的填充方式。为 None(默认)，则缺失值填充为 NaN；为 ffill 或 pad，则使用向前最近的有效值进行填充；为 bfill 或 backfill，则使用向后最近的有效值进行填充；为 nearest，则使用最近的有效值进行填充
fill_value	引入缺失值时使用的替代值
limit	接收 int，无默认值。出现连续多个缺失值时，允许填充的最大数量

reindex 函数返回重置索引后的新对象。

【例 3-12】 重置 Series 和 DataFrame 对象的索引。

代码如下：

```
ser = pd.Series(data=[1,2,3,4,5], index=['a', 'b', 'c', 'd', 'e'])
print('Series 对象：\n%s' % ser)
reindex_ser = ser.reindex(['c','d','e','f'])
print(' 重置 Series Index：\n%s' % reindex_ser)
df = pd.DataFrame(data=[[1, 2, 3],[4, 5, 6]],index=['a','b'], columns=['one', 'two', 'three'])
print('DataFrame 对象：\n%s' % df)
reindex_df = df.reindex(index=['a','b','c'], columns=['two', 'three','four'])
print(' 重置 DataFrame Index：\n%s' % reindex_df)
```

结果如下：

```
Series 对象：
a    1
b    2
c    3
d    4
e    5
dtype: int64
重置 Series Index：
c    3.0
d    4.0
e    5.0
f    NaN
dtype: float64
DataFrame 对象：
   one  two  three
a    1    2      3
b    4    5      6
重置 DataFrame Index：
   two  three  four
a  2.0    3.0   NaN
b  5.0    6.0   NaN
c  NaN    NaN   NaN
```

不同对象可以共享索引包含的轴标签。比如，有一个 Series，还有一个 DataFrame，可以执行下列操作实现共享索引。

【例 3-13】 索引共享操作。

代码如下：

```
ser2 = ser.reindex(df.index)
print('Series 对象：\n%s' % ser2)
```

```
print('DataFrame 对象：\n%s' % df)
print(' 比较索引：', ser2.index is df.index)
```

结果如下：

```
Series 对象：
a    1
b    2
dtype: int64
DataFrame 对象：
   one  two  three
a   1    2     3
b   4    5     6
比较索引： True
```

在例 3-13 中，重置后，Series 的索引与 DataFrame 的索引是同一个 Python 对象。

3.2.3 重命名索引

重命名索引

重命名索引可以通过生成一个新的索引副本（新、旧索引指向同一组基础数据），也可以通过生成一个全新的数据对象（基础数据被复制，旧索引指向旧数据、新索引指向新数据）来完成。

在 Pandas 中，通过 rename 函数实现重命名索引。针对 Series 和 DataFrame，rename 函数语法规则存在差异，分别如下：

```
Series.rename(index: Renamer | Hashable | None = None, *, axis: Axis | None = None, copy: bool | None = None, inplace: bool = False, level: Level | None = None, errors: IgnoreRaise = "ignore") -> Series | None
DataFrame.rename(mapper: Renamer | None = None, *, index: Renamer | None = None, columns: Renamer | None = None, axis: Axis | None = None, copy: bool | None = None, inplace: bool = False, level: Level | None = None, errors: IgnoreRaise = "ignore") -> DataFrame | None
```

rename 函数的主要参数及其说明如表 3-6 所示。

表 3-6 rename 函数的主要参数及其说明

参数名称	说明
index	接收 dict 或函数，用作 Series、DataFrame 索引的新序列
column	接收 dict 或函数，用作 DataFrame 的新列名
axis	接收 {0 or 'index', 1 or 'columns'}，默认为 0
copy	接收 bool，默认为 True，表示同时拷贝基础数据
inplace	接收 bool，默认为 False，表示不返回新的 Series 或 DataFrame。如果为 True，则表示返回新的 Series 或 DataFrame，此时参数 copy 无效

rename 函数返回重命名索引后的新对象。

【例 3-14】 使用 rename 函数重命名 Series 索引。

代码如下：

```
ser = pd.Series(data=[1,2,3,4,5], index=['a', 'b', 'c', 'd', 'e'])
```

```
ser2 = ser.rename(str.upper,copy=False)
ser3 = ser.rename(str.upper,copy=True)
print('Series 对象：\n%s' % ser)
ser['a'] = 100
print('新旧索引指向相同基础数据：\n%s' % ser2)
print('新旧索引指向不同基础数据：\n%s' % ser3)
```

结果如下：

```
Series 对象：
a    1
b    2
c    3
d    4
e    5
dtype: int64
新旧索引指向相同基础数据：
A    100
B    2
C    3
D    4
E    5
dtype: int64
新旧索引指向不同基础数据：
A    1
B    2
C    3
D    4
E    5
dtype: int64
```

【例 3-15】 使用 rename 函数重置 DataFrame 索引。

代码如下：

```
df = pd.DataFrame(data=[[1, 2, 3],[4, 5, 6],[7, 8, 9],[10, 11, 12]],
                  index=['a','b','c','d'], columns=['one', 'two', 'three'])
print('DataFrame 对象：\n%s' % df)
df2 = df.rename(columns={'one': 'foo', 'two': 'bar'},index={'a': 'apple', 'b': 'banana', 'd': 'durian'})
print('rename 函数调用字典：\n%s' % df2)
df3 = df.rename({'one': 'foo', 'two': 'bar'}, axis='columns')
print('rename 函数指定 axis=columns：\n%s' % df3)
df4 = df.rename({'a': 'apple', 'b': 'banana', 'd': 'durian'}, axis='index')
print('rename 函数指定 axis=index：\n%s' % df4)
```

结果如下：

```
DataFrame 对象：
```

```
     one  two  three
a    1    2    3
b    4    5    6
c    7    8    9
d    10   11   12
rename 函数调用字典：
         foo  bar  three
apple    1    2    3
banana   4    5    6
c        7    8    9
durian   10   11   12
rename 函数指定 axis=columns：
     foo  bar  three
a    1    2    3
b    4    5    6
c    7    8    9
d    10   11   12
rename 函数指定 axis=index：
         one  two  three
apple    1    2    3
banana   4    5    6
c        7    8    9
durian   10   11   12
```

3.2.4 Series 的索引操作

索引操作

Series 类对象属于一维结构，它只有行索引。Series 有关索引的用法类似于 NumPy 数组的索引，只不过 Series 的索引值不只是整数。既可以通过索引的位置，也可以使用索引名称来获取某个数据。

1. 索引位置访问数据

Series 操作与 ndarray 类似，支持大多数 NumPy 函数，还支持索引切片（语法参见 2.1.5 小节）。

【例 3-16】 使用索引位置获取数据。

代码如下：

```
ser = pd.Series(data=[1,2,3,4,5], index=['a', 'b', 'c', 'd', 'e'])
print('取出某个数据：', ser[0]) #FutureWarning: use 'ser.iloc[pos] = valuc'
print('切片操作：\n%s' % ser[:3])
print('取出非连续数据：\n%s' % ser[[0,2,4]]) #FutureWarning: use 'ser.iloc[pos] = value'
print('获取中位数：', ser.median())
print('获取大于中位数的数据：', ser[ser > ser.median()])
```

```
print('计算以 e 为底的指数：\n%s' % np.exp(ser))
```

结果如下：

```
取出某个数据： 1
切片操作：
a    1
b    2
c    3
dtype: int64
取出非连续数据：
a    1
c    3
e    5
dtype: int64
获取中位数： 3.0
获取大于中位数的数据： d    4
e    5
dtype: int64
计算以 e 为底的指数：
a      2.718282
b      7.389056
c     20.085537
d     54.598150
e    148.413159
dtype: float64
```

注意：NumPy 2.2.0 已不推荐使用整数下标直接访问 Series 数据。在将来的版本中，整数键将始终被视为标签（与 DataFrame 行为一致）。若按位置访问值，推荐使用 Series.iloc[pos]。

2. 索引名称访问数据

Series 类似固定大小的字典，可以用索引名称提取值或设置值。

【例 3-17】 使用索引名称获取数据。

代码如下：

```
print('取出某个数据：', ser['a'])
print('取出非连续数据：\n%s' % ser[['a','c','e']])
print('切片操作：\n%s' % ser[:'c'])
print('判断标签是否存在：', 'c' in ser)
print('使用属性取出标签值：', ser.c)
print('使用方法取出标签值：', ser.get('f', np.nan))
```

结果如下：

```
取出某个数据： 1
取出非连续数据：
```

```
a    1
c    3
e    5
dtype: int64
切片操作：
a    1
b    2
c    3
dtype: int64
判断标签是否存在： True
使用属性取出标签值： 3
使用方法取出标签值： nan
```

3. Series.loc[]

Series.loc[] 是针对 Series 对象的索引名称（不支持索引位置）或布尔数组进行切片的方法，范围包括 start 和 end。start 为起始索引名称，end 为终止索引名称。

【例 3-18】 使用 Series.loc[] 访问 Series 数据。

代码如下：

```
print(' 单一标签：',ser.loc['a'])
print(' 标签列表：\n%s' % ser.loc[['a','c','e']])
print(' 标签切片：\n%s' % ser.loc[:'c'])
print(' 布尔数组：\n%s' % ser.loc[[True,False,True,False,True]])
```

结果如下：

```
单一标签： 1
标签列表：
a    1
c    3
e    5
dtype: int64
标签切片：
a    1
b    2
c    3
dtype: int64
布尔数组：
a    1
c    3
e    5
dtype: int64
```

4. Series.iloc[]

Series.iloc[] 是针对 Series 对象的索引位置（不支持索引名称）或布尔数组进行切片的

方法，范围包括 start，不包括 end。start 为起始索引名称，end 为终止索引名称。

【例 3-19】 使用 Series.iloc[] 访问 Series 数据。

代码如下：

```
print(' 单一标签：',ser.iloc[0])
print(' 标签列表：\n%s' % ser.iloc[[0,2,4]])
print(' 标签切片：\n%s' % ser.iloc[:3])
print(' 布尔数组：\n%s' % ser.iloc[[True,False,True,False,True]])
```

结果如下：

```
单一标签： 1
标签列表：
a    1
c    3
e    5
dtype: int64
标签切片：
a    1
b    2
c    3
dtype: int64
布尔数组：
a    1
c    3
e    5
dtype: int64
```

3.2.5 DataFrame 的索引操作

DataFrame 结构既包含行索引，也包含列索引。其中，行索引是通过 index 属性获取的，列索引是通过 columns 属性获取的。DataFrame 中每列的数据都是一个 Series 对象，可以通过列索引获取。

1. 使用 column 和 index 访问数据

(1) 单列：DataFrame.column_name 或 DataFrame[column_name]，返回 Series 对象。

(2) 多列：DataFrame[[column_name1, column_name2, ...]]，返回 DataFrame对象。

(3) 多行：DataFrame[start:stop] 或 DataFrame[start:stop:step]，返回 DataFrame 对象。

注意：

① 这里不支持单个数字的使用，如果需要访问某一行，可以使用 DataFrame[Number:Number+1]。

② start、stop 可以使用 index 的索引位置、索引名称，但是不能混用。

(4) 多行多列：DataFrame[[column_name1, column_name2, ...]][start:stop]，返回 DataFrame 对象。选择所有列可使用 DataFrame[:][start:stop]。

【例 3-20】 使用 column 和 index 访问行和列。

代码如下：

```
df = pd.DataFrame(data=[[1, 2, 3],[4, 5, 6],[7, 8, 9],[10, 11, 12]],
                              index=['a','b','c','d'], columns=['one', 'two', 'three'])
print('(1) 单列访问 ')
print(' 字典形式访问：\n%s' % df['two'])
print(' 属性形式访问：\n%s' % df.two)
print('(2) 多列访问 ')
print(df[['one','three']])
print('(3) 多行访问 ')
print(' 索引位置访问：\n%s' % df[0:2:1])
print(' 索引名称访问：\n%s' % df['a':'c':1])
print('(4) 多行多列访问 ')
print(df[['one','three']][0:2])
```

结果如下：

```
(1) 单列访问
字典形式访问：
a     2
b     5
c     8
d    11
Name: two, dtype: int64
属性形式访问：
a     2
b     5
c     8
d    11
Name: two, dtype: int64
(2) 多列访问
   one  three
a    1      3
b    4      6
c    7      9
d   10     12
(3) 多行访问
索引位置访问：
   one  two  three
a    1    2      3
b    4    5      6
索引名称访问：
   one  two  three
```

```
a   1   2   3
b   4   5   6
c   7   8   9
(4) 多行多列访问
    one  three
a    1     3
b    4     6
```

使用 DataFrame.head() 和 DataFrame.tail() 也可以得到多行数据，但是用这两种方法得到的数据都是从开始或者末尾获取的连续数据。默认参数为访问 5 行，只要在方法后面的“()”中填入访问行数，即可实现目标行数的查看。

2. DataFrame.loc[]

loc 函数是针对 DataFrame 索引名称的切片方法，如果传入的不是索引名称，那么切片操作将无法执行。利用 loc 函数，能够实现所有单层索引切片操作。

loc 函数语法规则：

```
DataFrame.loc[ 行索引名称或条件 , 列索引名称 ]
```

根据“行索引名称或条件”“列索引名称”的不同，loc 函数的使用方法可以分为以下五种情况。

(1) 单列切片：DataFrame.loc[:, column_name]，返回 Series 对象。

(2) 多列切片：DataFrame.loc[:, [column_name1, column_name2, ...]]，返回 DataFrame 对象。

(3) 花式切片：DataFrame.loc[start:stop:step, [column_name1, column_name2, ...]]，返回 DataFrame 对象。使用 loc 函数取出 DataFrame 中的任意数据时，如果内部传入的行索引名称为一个区间，则前后均为闭区间。

(4) 条件切片：loc 内部还可以传入表达式，结果会返回满足表达式的所有值。

(5) 可传入布尔数组完成行、列的切片操作，语法如下：

```
DataFrame.loc[ 布尔数组 , 布尔数组 ]
```

【例 3-21】 使用 loc 函数访问 DataFrame 对象中的数据。

代码如下：

```
print('(1) 单列所有 ')
print(df.loc[:,'two'])
print('(2) 多列切片 ')
print(df.loc[:,['one','three']])
print('(3) 花式切片 ')
print(df.loc['a':'c':1,['one','three']])
print('(4) 条件切片 ')
print(df.loc[df['two']>5, ['one','three']])
print('(5) 布尔数组切片 ')
print(df.loc[[True,True,False,True], [True,False,True]])
```

结果如下：

(1) 单列所有

```
a    2
b    5
c    8
d    11
Name: two, dtype: int64
```

(2) 多列切片

```
   one  three
a    1    3
b    4    6
c    7    9
d   10   12
```

(3) 花式切片

```
   one  three
a    1    3
b    4    6
c    7    9
```

(4) 条件切片

```
   one  three
c    7    9
d   10   12
```

(5) 布尔数组切片

```
   one  three
a    1    3
b    4    6
d   10   12
```

3. DataFrame.iloc[]

iloc 函数和 loc 函数的区别是：iloc 函数接收的必须是行索引和列索引的位置。

iloc 函数语法规则：

```
DataFrame.iloc[ 行索引位置 , 列索引位置 ]
```

根据“行索引位置”“列索引位置”的不同，使用 iloc 的方法可以分为以下五种情况。

(1) 单列切片：DataFrame.iloc[:, column_num]，返回 Series 对象。

(2) 多列切片：DataFrame.iloc[:, [column_num1, column_num2, …]]，返回 DataFrame 对象。

(3) 花式切片：DataFrame.iloc[start:stop:step, [column_num1, column_num2, …]]，返回 DataFrame 对象。使用 iloc 方法时，若内部传入的行索引位置或列索引位置为区间，则前为闭区间，后为开区间。

(4) 条件切片：iloc 方法不能接收表达式，这是由于此处条件返回的是一个布尔值 Series，应取出 Series 的 values 再使用表达式。

(5) 可传入布尔数组完成行、列的切片操作，语法如下：

DataFrame.iloc[布尔数组 , 布尔数组]

【例 3-22】 使用 iloc 函数访问 DataFrame 对象中的数据。

代码如下：

```
print('(1) 单列所有 ')
print(df.iloc[:,1])
print('(2) 多列切片 ')
print(df.iloc[:,[0,2]])
print('(3) 花式切片 ')
print(df.iloc[0:2:1,[0,2]])
print('(4) 条件切片 ')
print(df.iloc[(df['two']>5).values, [0,2]])
print('(5) 布尔数组切片 ')
print(df.iloc[[True,True,False,True], [True,False,True]])
```

结果如下：

```
(1) 单列所有
a     2
b     5
c     8
d    11
Name: two, dtype: int64
(2) 多列切片
   one  three
a    1      3
b    4      6
c    7      9
d   10     12
(3) 花式切片
   one  three
a    1      3
b    4      6
(4) 条件切片
   one  three
c    7      9
d   10     12
(5) 布尔数组切片
   one  three
a    1      3
b    4      6
d   10     12
```

3.3 数据变更

数据变更

Pandas 中的数据变更，包括对 Series 和 DataFrame 对象进行修改、添加、删除操作。

3.3.1 Series 数据变更

Series 数据变更操作，包括修改 Series 中的数据、向 Series 中添加数据、删除 Series 中的数据。

1. 修改

更改 Series 中的数据，原理是将这部分数据提取出来，重新赋值为新的数据。需要注意的是，如果直接针对 Series 原数据进行更改，则操作无法撤销。所以在作更改之前，需要对更改条件进行确认或对原数据进行备份。

1) 索引修改

使用索引访问并修改 Series 对象中的数据，Series 对象中的原始数据发生更改。

【例 3-23】 使用索引修改 Series 对象中的数据。

代码如下：

```
ser = pd.Series(data=[1,2,3,4,5], index=['a', 'b', 'c', 'd', 'e'])
print(' 修改前的 Series：\n%s' % ser)
ser[[0,2,4]] = -1#FutureWarning: use `ser.iloc[pos] = value`
print(' 修改数值后的 Series：\n%s' % ser)
ser = ser.astype(np.float64)
print(' 修改数据类型后的 Series：\n%s' % ser)
```

结果如下：

```
修改前的 Series：
a    1
b    2
c    3
d    4
e    5
dtype: int64
修改数值后的 Series：
a   -1
b    2
c   -1
d    4
e   -1
dtype: int64
```

```
修改数据类型后的 Series:
a    -1.0
b     2.0
c    -1.0
d     4.0
e    -1.0
dtype: float64
```

2) update 函数

update 函数使用传递的 Series 对象中的非 NaN 值在适当位置修改 Series。该函数按索引对齐。

update 函数语法规则：

```
Series.update(other: Series | Sequence | Mapping)
```

其中，other 为 Series 对象或可以强制转换为 Series 的对象，可以按照数据的顺序更新，也可以按照 index 标签进行更新。update 函数无返回值，直接修改原始数据。

【例 3-24】 使用 update 函数修改 Series 对象中的数据。

代码如下：

```
ser1 = pd.Series([1, 2, 3])
ser1.update(pd.Series([4, 5, 6]))
print(' 根据 Series 对象的顺序修改：\n%s' % ser1)
ser2 = pd.Series([1, 2, 3])
ser2.update(pd.Series([4, 5, 6, 7, 8]))
print(' 根据 Series 对象的顺序修改：\n%s' % ser2)
ser3 = pd.Series([1, 2, 3])
ser3.update([4, np.nan, 6])
print(' 根据列表的顺序修改 (np.nan 忽略 )：\n%s' % ser3)
ser4 = pd.Series(['a', 'b', 'c'])
ser4.update(pd.Series(['d', 'e'], index=[0, 2]))
print(' 根据索引修改：\n%s' % ser4)
```

结果如下：

```
根据 Series 对象的顺序修改：
0    4
1    5
2    6
dtype: int64
根据 Series 对象的顺序修改：
0    4
1    5
2    6
dtype: int64
根据列表的顺序修改 (np.nan 忽略 )：
```

```
0    4
1    2
2    6
dtype: int64
根据索引修改：
0    d
1    b
2    e
dtype: object
```

2. 添加

向 Series 对象添加数据有以下三种方法。

(1) Series['new_index']=value：直接在原来的 Series 上进行修改，并且每次只能添加一个 Series 值。

(2) Series.loc['new_index']=value：直接在原来的 Series 上进行修改，并且每次只能添加一个 Series 值。

(3) Series._append(to_append, ignore_index: bool = False, verify_integrity: bool = False)：将 to_append 对应的 Series、列表或元组添加到 Series 对象末尾，默认不忽略添加对象的 index、不验证完整性，返回一个新的 Series 对象。

【例 3-25】 向 Series 对象中添加数据。

代码如下：

```
ser1 = pd.Series([1, 2, 3])
ser2 = ser1._append(pd.Series(data=[4, 5, 6],index=['a','b','c']))
print(ser2)
ser1['F'] = 8
print(ser1)
ser1.loc['H'] = 10
print(ser1)
```

结果如下：

```
0    1
1    2
2    3
a    4
b    5
c    6
dtype: int64
0    1
1    2
2    3
F    8
```

```
dtype: int64
0    1
1    2
2    3
F    8
H    10
dtype: int64
```

3. 删除

删除 Series 中数据的方法有以下两种。

(1) 使用 del 关键词删除 Series 对象中的指定数据，删除操作作用于原始数据。

(2) 调用 Series 的 drop 方法删除数据，其语法规则如下：

```
Series.drop(labels: IndexLabel | None = None, *, axis: Axis = 0, index: IndexLabel | None = None, columns: IndexLabel | None = None, level: Level | None = None, inplace: bool = False, errors: IgnoreRaise = "raise") -> Series | None
```

返回一个新的 Series 对象，删除结果不作用于原始数据。Series.drop() 常用于根据 index 删除 Series 对象的指定数据。

【例 3-26】 从 Series 对象中删除数据。

代码如下：

```
ser1 = pd.Series(data=[1,2,3,4,5], index=['a', 'b', 'c', 'd', 'e'])
del ser1['a']
print(ser1)
ser2 = ser1.drop(index=['d','e'])
print(ser1)
print(ser2)
```

结果如下：

```
b    2
c    3
d    4
e    5
dtype: int64
b    2
c    3
d    4
e    5
dtype: int64
b    2
c    3
dtype: int64
```

3.3.2 DataFrame 数据变更

DataFrame 数据变更操作，包括修改 DataFrame 中的数据、向 DataFrame 中添加行或列、删除 DataFrame 中的行或列。

1. 修改

更改 DataFrame 中的数据，原理是将这部分数据提取出来，重新赋值为新的数据。需要注意的是，数据如果直接针对 DataFrame 原数据进行更改，则操作无法撤销。所以在作出更改之前，需要对更改条件进行确认或对原数据进行备份。

常用 DataFrame.loc[] 或 DataFrame.iloc[] 提取数据并修改，可以将提取的数据修改为某个值，也可以按照提取的数据位置进行修改。

【例 3-27】 使用 loc 函数提取数据并修改。

代码如下：

```
df = pd.DataFrame(data=[[1, 2, 3],[4, 5, 6],[7, 8, 9],[10, 11, 12]],
                  index=['a','b','c','d'], columns=['one', 'two', 'three'])
df.loc[df['two']>5, 'three'] = -1
print(' 使用 loc 函数修改后的数据为：\n%s' % df)
df.iloc[2:, 0:2] = 0
print(' 使用 iloc 函数修改后的数据为：\n%s' % df)
df.iloc[2:, 0:2] = [[np.nan,np.nan],[np.nan,np.nan]] # FutureWarning
print(' 使用 iloc 函数修改后的数据为：\n%s' % df)
```

结果如下：

```
使用 loc 函数修改后的数据为：
   one  two  three
a    1    2      3
b    4    5      6
c    7    8     -1
d   10   11     -1
使用 iloc 函数修改后的数据为：
   one  two  three
a    1    2      3
b    4    5      6
c    0    0     -1
d    0    0     -1
使用 iloc 函数修改后的数据为：
   one  two  three
a  1.0  2.0      3
b  4.0  5.0      6
c  NaN  NaN     -1
```

```
d   NaN  NaN    -1
```

2. 添加

1) 添加列

(1) 新建索引添加列。

DataFrame 添加一列只需要新建一个列索引，并对该索引下的数据进行赋值操作即可。若新增的一列值是相同的，则直接赋值一个常量。其语法规则如下：

```
DataFrame['new_column'] = value
DataFrame['new_column'] = Series Object
```

(2) insert 函数。

insert 函数用来在指定的 column 位置插入新的列。其语法规则如下：

```
DataFrame.insert(loc: int, column: Hashable, value: Scalar | AnyArrayLike, allow_duplicates: bool |
lib.NoDefault = lib.no_default) -> None
```

insert 函数的主要参数及其说明如表 3-7 所示。

表 3-7 insert 函数的主要参数及其说明

参数名称	说　明
loc	接收 int，表示插入的 index 位置，loc 的范围为 [0, len(columns)]
column	接收 str、number 或 hashable object，表示插入的 column 标签
value	接收标量、Series 或 array_like
allow_duplicates	接收 bool，可选，默认为 lib.no_default

insert 函数返回 None。

【例 3-28】 使用 insert 函数向 DataFrame 中插入列。

代码如下：

```
df = pd.DataFrame(data=[[1, 2, 3],[4, 5, 6],[7, 8, 9],[10, 11, 12]],
                  index=['a','b','c','d'], columns=['one', 'two', 'three'])
df['new'] = df['one'] / df['three']
print(' 新建索引添加列：\n%s' % df)
df.insert(loc=0, column='id',value=1)
print('insert 函数添加列：\n%s' % df)
```

结果如下：

```
新建索引添加列：
   one  two  three      new
a    1    2      3  0.333333
b    4    5      6  0.666667
c    7    8      9  0.777778
d   10   11     12  0.833333
insert 函数添加列：
```

```
   id  one  two  three      new
a   1    1    2      3  0.333333
b   1    4    5      6  0.666667
c   1    7    8      9  0.777778
d   1   10   11     12  0.833333
```

2) 添加行

使用 _append 函数向 DataFrame 添加行的语法规则：

DataFrame._append(other, ignore_index: bool = False, verify_integrity: bool = False, sort: bool = False) -> DataFrame

将 other 对应的 DataFrame 对象添加到最后一行后面，默认不忽略添加对象的 index、不验证完整性、不排序。返回一个新的 DataFrame 对象，原始数据不发生变化。

【例 3-29】 使用 _append 函数向 DataFrame 添加行。

代码如下：

```
df = pd.DataFrame(data=[[1, 2, 3],[4, 5, 6],[7, 8, 9],[10, 11, 12]],
                  index=['a','b','c','d'], columns=['one', 'two', 'three'])
df2 = pd.DataFrame(data=[[-1, -2, -3],[-1, -2, -3]],index=['H','K'], columns=['one', 'two', 'three'])
print(' 等待追加的数据：\n%s' % df2)
df3 = df._append(df2)
print(' 末尾追加 2 行数据：\n%s' % df3)
```

结果如下：

```
等待追加的数据：
   one  two  three
H   -1   -2     -3
K   -1   -2     -3
末尾追加 2 行数据：
   one  two  three
a    1    2      3
b    4    5      6
c    7    8      9
d   10   11     12
H   -1   -2     -3
K   -1   -2     -3
```

3. 删除

删除某列或某行数据需要用到 Pandas 提供的 drop 函数。

drop 函数语法规则：

DataFrame.drop(labels: IndexLabel = None, *, axis: Axis = 0, index: IndexLabel = None, columns: IndexLabel = None, level: Level = None, inplace: bool = False, errors: IgnoreRaise = "raise") -> DataFrame | None

drop 函数的主要参数及其说明如表 3-8 所示。

表 3-8　drop 函数的主要参数及其说明

参数名称	说　明
labels	接收单个标签或 list_like(类似于列表的对象或数据结构)，无默认值，表示删除的行或列的标签。如果传入的参数为元组，将会被看作一个单独的标签
axis	接收 {0 or 'index', 1 or 'columns'}，默认为 0，表示操作的轴向。axis 为 0 时表示删除行，axis 为 1 时表示删除列
level	接收 int 或 level name，默认为 None，表示标签所在级别
inplace	接收 bool，默认为 False，表示操作不对原数据生效，而 True 则表示操作对原数据生效

drop 函数返回 DataFrame 对象或 None。

【例 3-30】 使用 drop 函数删除 DataFrame 行或列。

代码如下：

```
df = pd.DataFrame(data=[[1, 2, 3],[4, 5, 6],[7, 8, 9],[10, 11, 12]],
                  index=['a','b','c','d'], columns=['one', 'two', 'three'])
df.drop(labels='two',axis=1,inplace = True)
print(' 删除列 two 后的数据为：\n%s' % df)
df.drop(labels=['a','c'],axis=0,inplace = True)
print(' 删除 a、c 行后的数据为：\n%s' % df)
```

结果如下：

```
删除列 two 后的数据为：
   one  three
a   1    3
b   4    6
c   7    9
d   10   12
删除 a、c 行后的数据为：
   one  three
b   4    6
d   10   12
```

数据运算

3.4 数据运算

算术运算、自定义运算函数、排序都是 Pandas 中数据分析的常用方法。此外，Pandas 也提供了多种描述性统计分析的指标方法。

3.4.1 算术运算与对齐

Pandas 执行算术运算时，会先按照索引进行对齐，对齐以后再进行相应的运算，没有对齐的位置会用 NaN 进行补齐。其中，Series 是按行索引进行对齐，DataFrame 是按行索引、列索引进行对齐。

常用的算术运算包括：加 (+)、减 (-) 、乘 (×)、除 (/)、幂 (**)。

【例 3-31】 Series、DataFrame 的算术运算与对齐。

代码如下：

```
print('Series 的算术运算与对齐：')
ser1 = pd.Series(range(10,13), index=range(3))
ser2 = pd.Series(range(20,25), index=range(5))
print(ser1)
print(ser2)
print(ser1**ser2)
print('DataFrame 的算术运算与对齐：')
data1 = np.arange(6).reshape(2,3)
data2 = np.arange(4).reshape(2,2)
df1 = pd.DataFrame(data1,columns=['a','b','e'],index=['A','C'])
df2 = pd.DataFrame(data2,columns=['a','b'],index=['A','D'])
print(df1)
print(df2)
print(df1+df2)
```

结果如下：

```
Series 的算术运算与对齐:
0    10
1    11
2    12
dtype: int64
0    20
1    21
2    22
3    23
4    24
dtype: int64
0    1.000000e+20
1    7.400250e+21
2    5.520614e+23
3             NaN
4             NaN
dtype: float64
DataFrame 的算术运算与对齐:
   a  b  e
A  0  1  2
```

```
C  3  4  5
   a  b
A  0  1
D  2  3
     a     b     e
A   0.0   2.0   NaN
C   NaN   NaN   NaN
D   NaN   NaN   NaN
```

3.4.2 函数应用与映射

数据分析时，需要使用函数对数据进行复杂运算。Pandas 支持将定义好的函数应用到 Series、DataFrame 数据中，常用方法介绍如下。

1. map 函数

map 函数语法规则：

```
Series.map(arg: Callable | Mapping | Series, na_action: Literal["ignore"] | None = None) -> Series
```

将 map 函数套用到 Series 的每个元素中，默认将 NaN 传递给 arg 对应的函数，返回修改后的 Series 的对象，修改结果作用到原始数据。

【例 3-32】 将“three”列的单位去掉，并转换为整型。

代码如下：

```
df = pd.DataFrame(data=[[1, 2, '3 个'],[4, 5, '6 个'],[7, 8, '9 个'],[10, 11, '12 个']],
                  index=['a','b','c','d'], columns=['one', 'two', 'three'])
print(df)
def f(x):
    return int(x.split('个')[0])
df['three'] = df['three'].map(f)
print(df)
```

结果如下：

```
   one  two  three
a   1    2    3个
b   4    5    6个
c   7    8    9个
d   10   11   12个
   one  two  three
a   1    2    3
b   4    5    6
c   7    8    9
d   10   11   12
```

2. apply 函数

apply 函数语法规则：

```
DataFrame.apply(func: AggFuncType, axis: Axis = 0, raw: bool = False, result_type: Literal["expand", "reduce", "broadcast"] | None = None, args=(), by_row: Literal[False, "compat"] = "compat", engine: Literal ["python", "numba"] = "python", engine_kwargs: dict[str, bool] | None = None, **kwargs)
```

将 apply 函数套用到 DataFrame 的行与列上，行与列通过 axis 参数设置。

apply 函数的主要参数及其说明如表 3-9 所示。

表 3-9　apply 函数的主要参数及其说明

参数名称	说　明
func	接收函数，表示应用到每列或每行的函数
axis	接收 {0 or 'index', 1 or 'columns'}，默认为 0，表示操作的轴向。axis 为 0 时表示将函数应用到每列，axis 为 1 时表示将函数应用到每行
raw	接收布尔类型，默认为 False，确定行或列是作为 Series 对象还是 ndarray 对象传递。False 表示以 Series 对象传递，True 表示以 ndarray 对象传递
result_type	接收 {'expand', 'reduce', 'broadcast', None}，默认为 None，仅在 axis=1 时执行
args	接收 tuple，表示传递给“func”的位置参数
**kwargs	表示传递给“func”的关键字参数

apply 函数返回 Series 对象或 DataFrame 对象，原始数据不发生变化。

【例 3-33】 使用 apply 函数对 DataFrame 对象中的数据进行映射。

代码如下：

```
df = pd.DataFrame(data=[[1, 2, 3],[4, 5, 6],[7, 8, 9],[10, 11, 12]],
                  index=['a','b','c','d'], columns=['one', 'two', 'three'])
df1 = df.apply(func=np.mean,axis=0)
print(df1)
df2 = df.apply(func=np.mean,axis=1)
print(df2)
```

结果如下：

```
one      5.5
two      6.5
three    7.5
dtype: float64
a     2.0
b     5.0
c     8.0
d    11.0
dtype: float64
```

3. applymap 函数

applymap 函数语法规则：

DataFrame.applymap(func: PythonFuncType, na_action: NaAction | None = None, **kwargs) -> DataFrame

将 applymap 函数套用到 DataFrame 的每个元素上，返回 DataFrame 对象，原始数据不发生变化。

【例 3-34】 使用 applymap 函数对 DataFrame 对象中的数据进行映射。

代码如下：

```
df = pd.DataFrame(data=[[1, 2, 3],[4, 5, 6],[7, 8, 9],[10, 11, 12]],
                  index=['a','b','c','d'], columns=['one', 'two', 'three'])
df1 = df.applymap(lambda x: x*2) #FutureWarning
print(df)
print(df1)
```

结果如下：

```
   one  two  three
a    1    2      3
b    4    5      6
c    7    8      9
d   10   11     12
   one  two  three
a    2    4      6
b    8   10     12
c   14   16     18
d   20   22     24
```

注意：从 NumPy 2.1.0 开始，DataFrame.applymap 函数已被弃用，可以使用 DataFrame.map 函数代替，使用方法一致。

3.4.3 排序

由于 Series 和 DataFrame 对象中存放的是索引和数据的组合，因此既可以按索引进行排序，也可以按值进行排序。

1. 按索引排序

按索引进行排序使用 sort_index 函数，其语法规则如下：

Series 或 DataFrame.sort_index(axis: Axis = 0, level: IndexLabel | None = None, ascending: bool | Sequence[bool] = True, inplace: bool = False, kind: SortKind = "quicksort", na_position: NaPosition = "last", sort_remaining: bool = True, ignore_index: bool = False, key: IndexKeyFunc | None = None)

sort_index 函数的主要参数及其说明如表 3-10 所示。

表 3-10　sort_index 函数的主要参数及其说明

参数名称	说　明
axis	接收 {0 or 'index', 1 or 'columns'}，默认为 0，表示排序的轴向 (0 标识行，1 标识列)。DataFrame 对象可接收 0 或 1、index 或 column，而 Series 仅可使用 0 或 index
level	接收 int，可选。若不为 None，则对指定索引级别的值进行排序
ascending	接收 bool，默认为 True，表示是否升序排序
inplace	接收 bool，默认为 False。如果为 True，则在原始数据上修改
kind	可选 {'quicksort', 'mergesort', 'heapsort', 'stable'}，默认为 'quicksort'，表示排序算法
na_position	接收 {'first', 'last'}，默认为 'last'。'first' 表示将 NaN 放在开头，'last' 表示将 NaN 放在最后。该函数未针对 MultiIndex 实现
ignore_index	接收 bool，默认为 False。如果为 True，则结果的 axis 将被标记为 0, 1, …, n-1

sort_index 函数返回 Series 对象或 DataFrame 对象。

【例 3-35】 使用 sort_index 函数对索引进行排序。

代码如下：

```
ser = pd.Series(data=[1,2,3,4,5], index=[5,3,6,2,1])
ser2 = ser.sort_index()
print('Series 对象按照 index 排序：\n%s' % ser2)
df = pd.DataFrame(data=[[1, 2, 3],[4, 5, 6],[7, 8, 9],[10, 11, 12]],
                  index=[5,3,2,1], columns=[3,2,1])
df2 = df.sort_index(axis=0)
print('DataFrame 对象按照 index 排序：\n%s' % df2)
df3 = df.sort_index(axis=1)
print('DataFrame 对象按照 column 排序：\n%s' % df3)
```

结果如下：

```
Series 对象按照 index 排序：
1    5
2    4
3    2
5    1
6    3
dtype: int64
DataFrame 对象按照 index 排序：
    3   2   1
1  10  11  12
2   7   8   9
3   4   5   6
5   1   2   3
DataFrame 对象按照 column 排序：
    1   2   3
```

```
5   3   2   1
3   6   5   4
2   9   8   7
1   12  11  10
```

2. 按值排序

按值进行排序使用 sort_values 函数，其语法规则如下：

Series.sort_values(*, axis: Axis = 0, ascending: bool | Sequence[bool] = True, inplace: bool = False, kind: SortKind = "quicksort", na_position: NaPosition = "last", ignore_index: bool = False, key: ValueKeyFunc | None = Non) -> Series | None

DataFrame. sort_values(by: IndexLabel, *, axis: Axis = 0, ascending: bool | list[bool] | tuple[bool, ...] = True, inplace: bool = False, kind: SortKind = "quicksort", na_position: str = "last", ignore_index: bool = False, key: ValueKeyFunc | None = None) -> DataFrame | None

sort_values 函数的参数使用与 sort_index 函数基本一致。不同点是，针对 DataFrame 对象，sort_values 函数可使用参数“by: IndexLabel”指定排序的列。

【例 3-36】 使用 sort_values 函数对值进行排序。

代码如下：

```
ser = pd.Series(data=[5,np.nan,6,2,1], index=[1,2,3,4,5])
ser2 = ser.sort_values()
print('Series 对象按照 data 排序：\n%s' % ser2)
df = pd.DataFrame(data=[[1, 2, 3],[4, 5, 6],[7, 4, 9],[10, 0, 12]],
                  index=['a','b','c','d'], columns=['one', 'two', 'three'])
df2 = df.sort_values(by='two')
print('DataFrame 对象按照列 two 排序：\n%s' % df2)
```

结果如下：

```
Series 对象按照 data 排序：
5    1.0
4    2.0
1    5.0
3    6.0
2    NaN
dtype: float64
DataFrame 对象按照列 two 排序：
   one  two  three
d   10    0     12
a    1    2      3
c    7    4      9
b    4    5      6
```

3.4.4 统计

Pandas 提供了多种与数学和统计相关的方法，其中大部分都属于汇总统计，用来从

Series 中获取某个值(如 max 和 min)，或者从 DataFrame 的列中提取一列数据的统计结果(如 sum)。

1. NumPy 中的描述性统计函数

数值型数据的描述性统计主要包括计算数值型数据的完整情况、最小值、均值、中位数、最大值、四分位数、极差、标准差、方差、协方差及变异系数等。NumPy 常用的统计学函数及其说明如表 3-11 所示。

表 3-11　NumPy 常用的统计学函数及其说明

函　数	说　明	函　数	说　明
numpy.min()	最小值	numpy.max()	最大值
numpy.mean()	均值	numpy.ptp()	极差
numpy.median()	中位数	numpy.std()	标准差
numpy.var()	方差	numpy.cov()	协方差

表 3-11 中函数的使用方法为 numpy. 函数名 (Series) 或 numpy. 函数名 (DataFrame)。

【例 3-37】 使用 NumPy 中的描述性统计函数。

代码如下：

```
ser = pd.Series(data=[1,2,3,4,5], index=['a', 'b', 'c', 'd', 'e'])
print(' 计算 Series 的中位数：',np.median(ser))
df = pd.DataFrame(data=[[1, 2, 3],[4, 5, 6],[7, 8, 9],[10, 11, 12]],
                  index=['a','b','c','d'], columns=['one', 'two', 'three'])
print(' 计算 DataFrame 的最小值：',np.min(df))
```

结果如下：

```
计算 Series 的中位数： 3.0
计算 DataFrame 的最小值： 1
```

2. Pandas 描述性统计函数

Pandas 中提供了一些描述性统计方法，用来概括、表述事物的正态状况以及事物间关联、类属关系等。Pandas 常用的统计学函数及其说明如表 3-12 所示。

表 3-12　Pandas 常用的统计学函数及其说明

函　数	说　明	函　数	说　明
min()	最小值	max()	最大值
mean()	均值	ptp()	极差
median()	中位数	std()	标准差
var()	方差	cov()	协方差
sem()	标准误差	mode()	众数
skew()	样本偏度	kurt()	样本峰度
quantile()	四分位数	count()	非空值数目
describe()	描述统计	mad()	平均绝对离差
value_count()	频数统计		

表 3-12 中函数的使用方法为 Series. 函数名 () 或 DataFrame. 函数名 ()。

Pandas 提供的 describe 函数，能够一次性得出数据框所有数值型特征的非空值数目、均值、四分位数、标准差。

【例 3-38】 使用 Pandas 中的描述性统计函数。

代码如下：

```
ser = pd.Series(data=[1,2,3,4,5], index=['a', 'b', 'c', 'd', 'e'])
print(' 计算 Series 的中位数：',ser.median())
df = pd.DataFrame(data=[[1, 2, 3],[4, 5, 6],[7, 8, 9],[10, 11, 12]],
                  index=['a','b','c','d'], columns=['one', 'two', 'three'])
print(' 计算 DataFrame 的描述性统计：\n%s' % df.describe())
```

结果如下：

```
计算 Series 的中位数： 3.0
计算 DataFrame 的描述性统计：
              one          two        three
count    4.000000     4.000000     4.000000
mean     5.500000     6.500000     7.500000
std      3.872983     3.872983     3.872983
min      1.000000     2.000000     3.000000
25%      3.250000     4.250000     5.250000
50%      5.500000     6.500000     7.500000
75%      7.750000     8.750000     9.750000
max     10.000000    11.000000    12.000000
```

时间序列

3.5 时间序列

在多数情况下，对时间类型数据进行分析的前提就是将原本为字符串的时间转换为标准时间类型。Pandas 继承了 NumPy 库和 datetime 库的时间相关模块，提供了 6 种时间相关的类，如表 3-13 所示。

表 3-13 Pandas 常用的时间相关类及其说明

类名称	说　明
Timestamp	最基础的时间类，表示某个时间点。在绝大多数场景中的时间数据都是 Timestamp 形式的时间
Period	表示单个时间跨度或者某个时间段，例如某一天、某一小时等
Timedelta	表示不同单位的时间，例如 1 天、1.5 小时、3 分钟、4 秒等，而非具体的某个时间段
DatetimeIndex	一组 Timestamp 构成的 Index，可以用来作为 Series 或者 DataFrame 的索引
PeriodIndex	一组 Period 构成的 Index，可以用来作为 Series 或者 DataFrame 的索引
TimedeltaIndex	一组 Timedelta 构成的 Index，可以用来作为 Series 或者 DataFrame 的索引

3.5.1 Timestamp 类型

Timestamp 是最基础、最常用的时间类。在多数情况下，时间相关的字符串都会转换成为 Timestamp。

1. Timestamp 类型转换

Pandas 提供了 to_datetime 函数，完成字符串到 Timestamp 对象的转换功能，其语法规则如下：

```
Pandas.to_datetime(arg: DatetimeScalarOrArrayConvertible | DictConvertible, errors: DateTimeErrorChoices = "raise", dayfirst: bool = False, yearfirst: bool = False, utc: bool = False, format: str | None = None, exact: bool | lib.NoDefault = lib.no_default, unit: str | None = None, infer_datetime_format: lib.NoDefault | bool = lib.no_default, origin: str = "unix", cache: bool = True) -> DatetimeIndex | Series | DatetimeScalar | NaTType | None
```

to_datetime 函数常用参数及其说明如表 3-14 所示。

表 3-14　to_datetime 函数常用参数及其说明

参数名称	说　明
arg	接收 int、float、str、datetime、list、tuple、1-d array、Series、DataFrame/dict_like，表示将对象转换为时间日期 (注：dict_like 是指类似于字典的对象或数据结构)
errors	接收 {'ignore', 'raise', 'coerce'}, 默认为 'raise'
dayfirst	接收 bool，默认为 False。如果“arg”是 str 或 list_like，则指定日期解析顺序，例如：10/11/12 解析为 2012-11-10
yearfirst	接收 bool，默认为 False。如果“arg”是 str 或 list_like，则指定日期解析顺序，例如：10/11/12 解析为 2010-11-12
utc	接收 bool，默认为 False，控制与时区相关的解析、本地化和转换
format	接收 str，默认为 None，用于解析时间的 strftime(详见 strftime 的使用)
exact	接收 bool，默认为 True，用于控制 format 的使用方法

如果解析成功，to_datetime 函数将根据输入数据返回不同类型的数据，具体介绍如下：

(1) 参数 arg 为标量，则返回 Timestamp 对象或 datetime.datetime 对象。

(2) 参数 arg 为 array_like，则返回 DatetimeIndex 对象。

(3) 参数 arg 为 Series，则返回 Series，包含的数据类型为 datetime64 或者 datetime.datetime。

(4) 参数 arg 为 DataFrame，则返回 Series，包含的数据类型为 datetime64 或者 datetime.datetime。

【例 3-39】 创建 Timestamp 对象。

代码如下：

```
ts1 = pd.to_datetime('20240809')
print('datetime 字符串转换为 Timestamp：', ts1)
print(' 数据类型为：', type(ts1))
```

```
ts2 = pd.to_datetime(['20240809','20240810','20240811'])
print('datetime 字符串列表转换为 Timestamp：', ts2)
print(ts2[0])
```

结果如下：

```
datetime 字符串转换为 Timestamp： 2024-08-09 00:00:00
数据类型为：<class 'pandas._libs.tslibs.timestamps.Timestamp'>
datetime 字符串列表转换为 Timestamp： DatetimeIndex(['2024-08-09', '2024-08-10', '2024-08-11'],
dtype= 'datetime64[ns]', freq=None)
2024-08-09 00:00:00
```

2. Timestamp 类常用属性

在多数涉及时间相关的数据处理、统计分析的过程中，需要提取时间中的年份、月份等数据，使用对应的 Timestamp 类属性就能够实现这一目的。

Timestamp 类常用属性及其说明如表 3-15 所示。

表 3-15　Timestamp 类常用属性及其说明

属　性	说　明	属　性	说　明
year	年	week	周
month	月	weekofyear	一年中的第几周
day	日	dayofyear	一年中的第几天
hour	小时	dayofweek	一周的第几天
minute	分钟	weekday	周几
second	秒	is_leap_year	是否闰年
date	日期	min	Timestamp 最小时间
time	时间	max	Timestamp 最大时间
quarter	季节		

结合 Python 列表推导式，可以实现对 DataFrame 某一列时间信息数据的提取。

【例 3-40】 输出 Timestamp 类常用属性。

代码如下：

```
ts = pd.date_range('30/8/2024 00:00', periods=5, freq='D')
print(ts)
print(ts[0])
year1 = [i.year for i in ts]
print(' 年份数据为：',year1)
month1 = [i.month for i in ts]
print(' 月份数据为：',month1)
day1 = [i.day for i in ts]
print(' 日期数据为：',day1)
```

```
week1 = [i.week for i in ts]
print(' 一年中的第几周数据为：',week1)
```

结果如下：

```
DatetimeIndex(['2024-08-30', '2024-08-31', '2024-09-01', '2024-09-02',
               '2024-09-03'],
              dtype='datetime64[ns]', freq='D')
2024-08-30 00:00:00
年份数据为： [2024, 2024, 2024, 2024, 2024]
月份数据为： [8, 8, 9, 9, 9]
日期数据为： [30, 31, 1, 2, 3]
一年中的第几周数据为： [35, 35, 35, 36, 36]
```

3.5.2 DatetimeIndex 对象

除了将数据在原始 DataFrame 中直接转换为 Timestamp 格式外，还可以将数据单独提取出来将其转换为 DatetimeIndex 对象，可以用于 Series 或 DataFrame 的索引，支持常用的索引操作。

DatetimeIndex 构造方法规则：

```
Pandas.DatetimeIndex(data=None, freq: Frequency | lib.NoDefault = lib.no_default, tz=lib.no_default, normalize: bool | lib.NoDefault = lib.no_default, closed=lib.no_default, ambiguous: TimeAmbiguous = "raise", dayfirst: bool = False, yearfirst: bool = False, dtype: Dtype | None = None, copy: bool = False, name: Hashable | None = None)
```

DatetimeIndex 构造方法主要参数及其说明如表 3-16 所示。

表 3-16 DatetimeIndex 构造方法常用参数及其说明

参数名称	说　明
data	接收一维数组，用类似日期时间的数据构建索引
freq	接收 str，可选，表示时间的间隔频率
tz	接收 pytz.timezone、dateutil.tz.tzfile or datetime.tzinfo、字符串，表示数据的时区
normalize	接收 bool，默认为 False，用于规范化 start、end 日期
closed	接收 {'left', 'right'}，可选，设置边界是否包含 start、end，默认都不包含
dayfirst	接收 bool，默认为 False。如果“arg”是 str 或 list_like，则指定日期解析顺序，例如：10/11/12 解析为 2012-11-10
yearfirst	接收 bool，默认为 False。如果“arg”是 str 或 list_like，则指定日期解析顺序，例如：10/11/12 解析为 2010-11-12
copy	接收 bool，默认为 False，用于复制输入数据
name	标签，默认为 None，表示存储在索引中的名称

DatetimeIndex 构造方法返回 DatetimeIndex 对象。

【例 3-41】 DatetimeIndex 对象的创建与应用。

代码如下：

```
ts = pd.DatetimeIndex(['20240809','20240810','20240811'])
print('datetime 字符串列表转换为 DatetimeIndex：', ts)
print(' 数据类型为：', type(ts))
print(ts[0])
print(' 数据类型为：', type(ts[0]))
ser = pd.Series(data=['cold','warm','warm'],index=ts,name='Weather')
print(' 使用 DatetimeIndex 创建索引：\n%s' % ser)
print(' 使用 DatetimeIndex 索引访问：')
print(ser['2024-08-09'])
print(ser.loc['2024-08-09':'2024-08-11'])
```

结果如下：

```
datetime 字符串列表转换为 DatetimeIndex： DatetimeIndex(['2024-08-09', '2024-08-10', '2024-08-11'],
dtype='datetime64[ns]', freq=None)
数据类型为：<class 'pandas.core.indexes.datetimes.DatetimeIndex'>
2024-08-09 00:00:00
数据类型为：<class 'pandas._libs.tslibs.timestamps.Timestamp'>
使用 DatetimeIndex 创建索引：
2024-08-09    cold
2024-08-10    warm
2024-08-11    warm
Name: Weather, dtype: object
使用 DatetimeIndex 索引访问：
cold
2024-08-09    cold
2024-08-10    warm
2024-08-11    warm
Name: Weather, dtype: object
```

3.5.3 PeriodIndex 对象

除了 3.5.2 小节所述内容外，数据还可以单独提取出来将其转换为 PeriodIndex 对象，可以用于 Series 或 DataFrame 的索引，支持常用的索引操作。

PeriodIndex 构造方法规则：

```
Pandas.PeriodIndex(data=None, ordinal=None, freq=None, dtype: Dtype | None = None, copy: bool =
False, name: Hashable = None, **fields)
```

PeriodIndex 构造方法主要参数及其说明如表 3-17 所示。

表 3-17 PeriodIndex 构造方法常用参数及其说明

参数名称	说　明
data	接收 array_like(一维 int numpy.ndarray 或 PeriodArray)，用类似日期时间的数据构建索引
copy	接收 bool，默认为 False，用于复制输入数据
freq	接收 str，可选，表示时间的间隔频率

PeriodIndex 构造方法返回 PeriodIndex 对象。

【例 3-42】 PeriodIndex 对象的创建与应用。

代码如下：

```
ts = pd.PeriodIndex(['20240809','20240810','20240811'],freq='h')
print('datetime 字符串列表转换为 PeriodIndex：', ts)
print(' 数据类型为：', type(ts))
print(ts[0])
print(' 数据类型为：', type(ts[0]))
ser = pd.Series(data=['cold','warm','warm'],index=ts,name='Weather')
print(' 使用 PeriodIndex 创建索引：\n%s' % ser)
print(' 使用 PeriodIndex 索引访问：')
print(ser['2024-08-09'])
print(ser.loc['2024-08-09':'2024-08-11'])
```

结果如下：

```
datetime 字符串列表转换为 PeriodIndex： PeriodIndex(['2024-08-09 00:00', '2024-08-10 00:00',
'2024-08-11 00:00'], dtype='period[h]')
数据类型为：<class 'pandas.core.indexes.period.PeriodIndex'>
2024-08-09 00:00
数据类型为：<class 'pandas._libs.tslibs.period.Period'>
使用 PeriodIndex 创建索引：
2024-08-09 00:00    cold
2024-08-10 00:00    warm
2024-08-11 00:00    warm
Freq: h, Name: Weather, dtype: object
使用 PeriodIndex 索引访问：
2024-08-09 00:00    cold
Freq: h, Name: Weather, dtype: object
2024-08-09 00:00    cold
2024-08-10 00:00    warm
2024-08-11 00:00    warm
Freq: h, Name: Weather, dtype: object
```

3.5.4 Timedelta 对象

Timedelta 对象表示持续时间，即两个日期或时间之间的差值。Timedelta 对象常用于实现时间相关的计算，不仅能够使用正数，还能够使用负数表示单位时间，例如 1 秒、2 分钟、3 小时等。使用 Timedelta 类，配合常规的时间相关类能够轻松实现时间的算术运算。

Timedelta 构造方法规则：

```
Pandas.Timedelta(unit=value) 或 Pandas.Timedelta(value, unit)
```

Timedelta 构造方法常用参数及其说明如表 3-18 所示。

表 3-18 Timedelta 构造方法常用参数及其说明

参数名称	说　　明
value	接收 Timedelta、timedelta、np.timedelta64、str 或 int
unit	接收 str，默认为 'ns'。可取如下内容之一： 'W', 'D', 'T', 'S', 'L', 'U', or 'N' 'days' or 'day' 'hours', 'hour', 'hr', or 'h' 'minutes', 'minute', 'min', or 'm' 'seconds', 'second', or 'sec' 'milliseconds', 'millisecond', 'millis', or 'milli' 'microseconds', 'microsecond', 'micros', or 'micro' 'nanoseconds', 'nanosecond', 'nanos', 'nano', or 'ns'

Timedelta 构造方法返回 Timedelta 对象。日期计算方法格式为 Timestamp+(或-) pd.Timedelta(days = 1)。

【例 3-43】 使用 Timedelta 对象进行时间计算。

代码如下：

```
ts = pd.to_datetime(['20240809','20240810','20240811'])
print(ts)
print(pd.Timedelta(days=1))
print(pd.Timedelta(1, 'hour'))
print(' 所有日期向后平移一天：\n%s' % (ts+pd.Timedelta(days=1)))
print(' 所有日期向前平移一小时：\n%s' % (ts-pd.Timedelta(1, 'hour')))
print(' 所有日期减去 20240801：\n%s' % (ts-pd.to_datetime('20240801')))
```

结果如下：

```
DatetimeIndex(['2024-08-09', '2024-08-10', '2024-08-11'], dtype='datetime64[ns]', freq=None)
1 days 00:00:00
0 days 01:00:00
```

所有日期向后平移一天：
DatetimeIndex(['2024-08-10', '2024-08-11', '2024-08-12'], dtype='datetime64[ns]', freq=None)
所有日期向前平移一小时：
DatetimeIndex(['2024-08-08 23:00:00', '2024-08-09 23:00:00',
               '2024-08-10 23:00:00'],
              dtype='datetime64[ns]', freq=None)
所有日期减去 20240801：
TimedeltaIndex(['8 days', '9 days', '10 days'], dtype='timedelta64[ns]', freq=None)

3.6 数据读写

数据读写

在对数据进行分析时，如果将需要分析的数据直接写入到程序中，会造成程序代码臃肿、可用率低。常用的方法是将需要分析的数据存储到本地中，然后再对存储文件进行读取。针对不同的存储文件，Pandas 读取数据的方式是不同的。

3.6.1 CSV 文件读写

CSV(Comma-Separated Values，逗号分隔值) 是一种逗号分隔的文件格式，因为其分隔符不一定是逗号，所以又被称为字符分隔文件，文件以纯文本形式存储表格数据 (数字和文本)。

1. CSV 文件读取

Pandas 中的 read_table 函数和 read_csv 函数可以实现 CSV 文件读取。

(1) read_table 函数语法规则：

Pandas.read_table(filepath_or_buffer, sep='\t', header='infer', names=None, index_col=None, dtype=None, engine=None, nrows=None)

(2) read_csv 函数语法规则：

Pandas.read_csv(filepath_or_buffer, sep='\t', header='infer', names=None, index_col=None, dtype=None, engine=None, nrows=None)

CSV 文件读取的两个函数的参数几乎完全一致，其常用参数如表 3-19 所示。

表 3-19 CSV 文件读取函数常用参数及其说明

参数名称	说　明
filepath_or_buffer	接收 str，无默认，表示文件路径
sep	接收 str，用于指定文本的分隔符。read_csv 默认分隔符为“,”，read_table 默认分隔符为制表符“[Tab]”。如果分隔符指定错误，则在读取数据的时候，每一行数据将连成一片
header	接收 int 或 sequence，默认为 infer(表示自动识别)，用来指定列名，如果是 None 则会添加一个默认的列名

续表

参数名称	说　明
names	接收 array，默认为 None，表示列名
index_col	接收 int、sequence 或 False，默认为 None，表示索引列的位置，取值为 sequence 则表示多重索引
dtype	接收 dict，默认为 None，表示写入的数据类型（列名为 key，数据格式为 values）
engine	接收 c 或者 Python，默认为 c，表示数据解析引擎
nrows	接收 int，默认为 None，表示读取前 n 行

Pandas 中的两个 CSV 文件读取函数返回值均为 DataFrame 对象。

【例 3-44】 读取 CSV 文件数据。

代码如下：

```
# 使用 read_table 读取东北三省热门旅游景区信息表
order = pd.read_table('./tmp/ 东北三省热门旅游景区信息表 .csv',sep = ',',encoding = 'gbk')
print(' 使用 read_table 读取的订单信息表的长度为：',len(order))
print(order.head())
# 使用 read_csv 读取东北三省热门旅游景区信息表
order1 = pd.read_csv('./tmp/ 东北三省热门旅游景区信息表 .csv',encoding = 'gbk')
print(' 使用 read_csv 读取的订单信息表的长度为：',len(order1))
print(order.head())
```

结果如下：

```
使用 read_table 读取的订单信息表的长度为： 202
   省份      名称          星级 ... 是否免费         具体地址                     采集时间
0 黑龙江 哈尔滨极地馆（一期） 4A  ... False 黑龙江省哈尔滨市松北区太阳大道 3 号 2024/6/10 10:15
1 黑龙江 哈尔滨极地馆（二期） NaN ... False 哈尔滨市松北区太阳大道 3 号         2024/6/10 10:15
2 黑龙江 波塞冬海底世界        4A  ... False 黑龙江省哈尔滨市松北区汇江路 1 号  2024/6/10 10:15
3 黑龙江 东北虎林园            4A  ... False 黑龙江省哈尔滨松北区松北街 88 号   2024/6/10 10:15
4 黑龙江 哈尔滨松花江观光索道 NaN ... False 黑龙江省哈尔滨道里区通江街 218 号  2024/6/10 10:15

[5 rows x 12 columns]
使用 read_csv 读取的订单信息表的长度为： 202
   城市      名称          星级 ... 是否免费         具体地址                     采集时间
0 黑龙江 哈尔滨极地馆（一期） 4A  ... False 黑龙江省哈尔滨市松北区太阳大道 3 号 2024/6/10 10:15
1 黑龙江 哈尔滨极地馆（二期） NaN ... False 哈尔滨市松北区太阳大道 3 号         2024/6/10 10:15
2 黑龙江 波塞冬海底世界        4A  ... False 黑龙江省哈尔滨市松北区汇江路 1 号  2024/6/10 10:15
3 黑龙江 东北虎林园            4A  ... False 黑龙江省哈尔滨松北区松北街 88 号   2024/6/10 10:15
4 黑龙江 哈尔滨松花江观光索道 NaN ... False 黑龙江省哈尔滨道里区通江街 218 号  2024/6/10 10:15

[5 rows x 12 columns]
```

2. CSV 文件写入

CSV 文件的写入和读取类似，结构化数据可以通过 Pandas 中的 to_csv 函数实现以 CSV 文件格式存储文件。

to_csv 函数语法规则：

```
DataFrame.to_csv(path_or_buf=None, sep=',', na_rep='', columns=None, header=True, index=True,
index_label=None, mode='w', encoding=None) -> None
```

to_csv 函数常用参数及其说明如表 3-20 所示。

表 3-20　to_csv 常用参数及其说明

参数名称	说　明
path_or_buf	接收 str(字符串)，无默认，代表文件路径
sep	接收 str，默认为 “,”，代表分隔符
na_rep	接收 str，默认为 “”，代表缺失值
columns	接收 list，默认为 None，代表写出的列名
header	接收 bool，默认为 True，代表是否将列名写出
index	接收 bool，默认为 True，代表是否将行名 (索引) 写出
index_labels	接收 sequence，默认为 None，代表索引名
mode	接收特定 str，默认为 w，代表数据写入模式
encoding	接收特定 str，默认为 None，代表存储文件的编码格式。常用的编码有 utf-8、utf-16、gbk、gb2312、gb18030 等。如果编码指定错误数据将无法读取，IPython 解释器会报解析错误

【例 3-45】 写入 CSV 文件数据。

代码如下：

```
import os
order = pd.read_csv('./tmp/ 东北三省热门旅游景区信息表 .csv', sep = ',',encoding = 'gbk')
print(' 使用 read_csv 读取的订单信息表的长度为：',len(order))
# 将 order 以 csv 格式存储
order.to_csv('./tmp/ 东北三省热门旅游景区信息表 tmp.csv',sep = ',',index = False)
print(' 写入文本文件后目录内文件列表为：\n',os.listdir('./tmp'))
```

结果如下：

```
使用 read_csv 读取的订单信息表的长度为： 202
写入文本文件后目录内文件列表为：
['arr.txt', 'savez_arr.npz', 'save_arr.npy', ' 东北三省热门旅游景区信息表 .csv', ' 东北三省热门旅游
景区信息表 .xlsx', ' 东北三省热门旅游景区信息表 tmp.csv']
```

3.6.2　Excel 文件读写

使用 Pandas 对 Excel 文件进行读取操作，需要安装 xlrd 模块，可执行命令 pip install

xlrd==2.0.1；使用 Pandas 对 Excel 文件进行写入操作，需要安装 openpyxl 模块，可执行命令 pip install openpyxl==3.1.5。

1. Excel 文件读取

Pandas 提供了 read_excel 函数来读取 xls 和 xlsx 两种 Excel 文件。

read_excel 函数语法规则：

```
Pandas.read_excel(io, sheet_name=0, header=0, index_col=None, names=None, dtype=None) ->
DataFrame | dict[IntStrT, DataFrame]
```

read_excel 函数常用参数及其说明如表 3-21 所示。

表 3-21 read_excel 函数常用参数及其说明

参数名称	说明
io	接收 str，无默认，表示文件路径
sheet_name	接收 str、int，默认为 0，表示 excel 表内数据的分表位置
header	接收 int 或 sequence，默认为 infer(表示自动识别)，表示将某行数据作为列名
names	接收 array，默认为 None，表示列名
index_col	接收 int、sequence 或者 False，默认为 None，表示索引列的位置，取值为 sequence 则表示多重索引
dtype	接收 dict，默认为 None，表示写入的数据类型 (列名为 key，数据格式为 values)

read_excel 函数返回值为 DataFrame 对象。

2. Excel 文件写入

将文件存储为 Excel 文件，可以使用 to_excel 方法。

to_excel 函数语法规则：

```
DataFrame.to_excel(excel_writer=None, sheet_name=None', na_rep='', header=True, index=True,
index_label=None, mode='w', encoding=None)
```

to_excel 函数和 to_csv 函数的常用参数基本一致，区别之处在于 to_excel 函数指定存储文件的文件路径参数名称为 excel_writer，没有 sep 参数，并且增加了一个 sheet_name 参数用来指定存储的 Excel sheet 的名称，默认为 sheet1。

注意：读取 Excel 文件需要安装 xlrd 模块，而写入 Excel 文件需要安装 openpyxl 模块。

【例 3-46】 读取、写入 Excel 文件数据。

代码如下：

```
import os
data = pd.read_excel('./tmp/ 东北三省热门旅游景区信息表 .xlsx')
print('Excel 表长度为：',len(data))
print(' 写入 Excel 文件前目录内文件列表为：\n', os.listdir('./tmp'))
data.to_excel('./tmp/ 东北三省热门旅游景区信息表 tmp.xlsx')
print(' 写入 Excel 文件后目录内文件列表为：\n', os.listdir('./tmp'))
```

```
print(data.head())
```

结果如下：

```
Excel 表长度为： 202
写入 Excel 文件前目录内文件列表为：
['arr.txt', 'savez_arr.npz', 'save_arr.npy', ' 东北三省热门旅游景区信息表 .csv', ' 东北三省热门旅游景区信息表 .xlsx', ' 东北三省热门旅游景区信息表 tmp.csv', ' 东北三省热门旅游景区信息表 tmp.xlsx']
写入 Excel 文件后目录内文件列表为：
['arr.txt', 'savez_arr.npz', 'save_arr.npy', ' 东北三省热门旅游景区信息表 .csv', ' 东北三省热门旅游景区信息表 .xlsx', ' 东北三省热门旅游景区信息表 tmp.csv', ' 东北三省热门旅游景区信息表 tmp.xlsx']
      省份          名称          星级 ... 是否免费          具体地址          采集时间
  0 黑龙江  哈尔滨极地馆(一期)     4A  ... False  黑龙江省哈尔滨市松北区太阳大道 3 号  2024-06-10 10:15:25
  1 黑龙江  哈尔滨极地馆(二期)     NaN ... False  哈尔滨市松北区太阳大道 3 号        2024-06-10 10:15:27
  2 黑龙江  波塞冬海底世界         4A  ... False  黑龙江省哈尔滨市松北区汇江路 1 号  2024-06-10 10:15:29
  3 黑龙江  东北虎林园             4A  ... False  黑龙江省哈尔滨松北区松北街 88 号   2024-06-10 10:15:31
  4 黑龙江  哈尔滨松花江观光索道   NaN ... False  黑龙江省哈尔滨道里区通江街 218 号  2024-06-10 10:15:33

[5 rows x 12 columns]
```

3.6.3 数据库数据读写

Pandas 提供了读取与存储关系型数据库数据的函数与方法。除了 Pandas 库外，还需要使用 SQLAlchemy 库建立对应的数据库连接，可执行 pip install sqlalchemy==2.0.32。SQLAlchemy 配合相应数据库的 Python 连接工具（例如 MySQL 数据库需要安装 mysqlclient 或者 pymysql 库），使用 create_engine 函数建立一个数据库连接。

create_engine 函数中填入的是一个连接字符串。在使用 Python 的 SQLAlchemy 时，MySQL 和 Oracle 数据库连接字符串的格式如下：

```
数据库产品名 + 连接工具名：// 用户名 : 密码 @ 数据库 IP 地址 : 数据库端口号 / 数据库名称？charset = 数据库数据编码
```

例如：

```
from sqlalchemy import create_engine
engine = create_engine('mysql+pymysql://root:123456@127.0.0.1:3306/testdb?charset=utf8')
print(engine)
```

1. 数据库数据写入

数据库数据写入函数为 to_sql 函数。

to_sql 函数语法规则：

DataFrame.to_sql(name: str, con, schema: str | None = None, if_exists: Literal["fail", "replace", "append"] = "fail", index: bool = True, index_label: IndexLabel | None = None, chunksize: int | None = None, dtype: DtypeArg | None = None, method: Literal["multi"] | Callable | None = None) -> int | None

to_sql 函数常用参数及其说明如表 3-22 所示。

表 3-22　to_sql 函数常用参数及其说明

参数名称	说　明
name	接收 str，无默认，表示数据库表名
con	接收数据库连接，无默认
if_exists	接收 {'fail', 'replace', 'append'}，默认为 'fail'。fail 表示如果数据库表名存在，则不执行写入操作；replace 表示如果数据库表名存在，则将原数据库表删除，再重新创建；append 则表示在原数据库表的基础上追加数据
index	接收 bool，默认 True，表示是否将行索引作为数据传入数据库
index_label	接收 str 或者 sequence，表示是否引用索引名称。如果 index 参数为 True 而此参数为 None，则使用默认名称 (默认为 None)；如果为多重索引，则必须使用 sequence 形式
dtype	接收 dict，默认为 None，表示写入的数据类型 (列名为 key，数据格式为 values)

to_sql 函数返回值为 None 或整型，表示使用 to_sql 语句后影响的行数。

【例 3-47】 使用 to_sql 函数写入数据库。

代码如下：

```
# 获取待存入数据库中的数据
data = pd.read_excel('./tmp/ 东北三省热门旅游景区信息表 .xlsx')
print('Excel 表长度为：',len(data))
from sqlalchemy import create_engine
engine = create_engine('mysql+pymysql://root:123456@127.0.0.1:3306/testdb?charset=utf8')
print(engine)
# 使用 to_sql 将 data 中的数据存储到数据库 tourist 表中
data.to_sql('tourist',con = engine,index = False, if_exists = 'replace')
# 使用 read_sql 读取数据库表信息
formlist1 = pd.read_sql_query('show tables',con = engine)
print(' 新增一个表格后 testdb 数据库数据表清单为：')
print(formlist1)
```

结果如下：

```
Excel 表长度为： 202
Engine(mysql+pymysql://root:***@127.0.0.1:3306/testdb?charset=utf8)
新增一个表格后 testdb 数据库数据表清单为：
  Tables_in_testdb
```

0　　tourist

2. 数据库数据读取

数据库数据读取有如下三个函数。

(1) read_sql_table 函数只能读取数据库的某一个表格，不能实现查询的操作。其语法规则如下：

Pandas.read_sql_table(table_name: str, con, schema: str | None = None, index_col: str | list[str] | None = None, coerce_float: bool = True, parse_dates: list[str] | dict[str, str] | None = None, columns: list[str] | None = None, chunksize: int | None = None, dtype_backend: DtypeBackend | lib.NoDefault = lib.no_default) -> DataFrame | Iterator[DataFrame]

(2) read_sql_query 函数只能实现查询操作，不能直接读取数据库中的某个表。其语法规则如下：

Pandas.read_sql_query(sql, con, index_col: str | list[str] | None = None, coerce_float: bool = True, params: list[Any] | Mapping[str, Any] | None = None, parse_dates: list[str] | dict[str, str] | None = None, chunksize: int | None = None, dtype: DtypeArg | None = None, dtype_backend: DtypeBackend | lib.NoDefault = lib.no_default) -> DataFrame | Iterator[DataFrame]

(3) read_sql 函数既能读取数据库中的某一个表，也能实现查询操作。其语法规则如下：

Pandas.read_sql(sql, con, index_col: str | list[str] | None = None, coerce_float: bool = True, params=None, parse_dates=None, columns: list[str] | None = None, chunksize: int | None = None, dtype_backend: DtypeBackend | lib.NoDefault = lib.no_default, dtype: DtypeArg | None = None) -> DataFrame | Iterator[DataFrame]

上述三个数据库数据读取函数的参数几乎一致，唯一的区别在于传入的是语句还是表名，常用参数及其说明如表 3-23 所示。

表 3-23　数据库读取常用参数及其说明

参数名称	说　明
sql 或 table_name	接收 str，表示读取的数据的表名或者 SQL 语句
con	接收数据库连接，表示数据库连接信息
index_col	接收 int、sequence 或者 False，默认为 None，表示将设定的列作为行名，如果是一个数列则是多重索引
coerce_float	接收 bool，默认为 True，用于将数据库中的 decimal 类型的数据转换为 Pandas 中的 float64 类型的数据
params	接收 list、tuple 或 dict，可选，默认为 None，表示传递给 execute 方法的参数列表
columns	接收 list，默认为 None，表示读取数据的列名

数据库数据读取的三个函数返回值均为 DataFrame 对象。

【例 3-48】 读取数据库数据。

代码如下：

```
from sqlalchemy import create_engine
engine = create_engine('mysql+pymysql://root:123456@127.0.0.1:3306/testdb?charset=utf8')
print(engine)
import pandas as pd
# 使用 read_sql_table 读取数据库中东三省旅游详情表
detail1 = pd.read_sql_table('tourist',con = engine)
print(' 使用 read_sql_table 读取订单详情表的长度为：',len(detail1),type(detail1))
# 使用 read_sql_query 查看 tesdb 中的数据表数目
formlist = pd.read_sql_query('show tables',con=engine)
print(' 数据库表清单为：')
print(formlist)
# 使用 read_sql 读取订单详情表
detail2 = pd.read_sql('select * from tourist',con = engine)
print(' 使用 read_sql 函数 +sql 语句读取的订单详情表长度为：',len(detail2))
detail3 = pd.read_sql('tourist',con = engine)
print(' 使用 read_sql 函数 + 表格名称读取的订单详情表长度为：',len(detail3))
print(detail3.head())
```

结果如下：

```
Engine(mysql+pymysql://root:***@127.0.0.1:3306/testdb?charset=utf8)
使用 read_sql_table 读取订单详情表的长度为：202 <class 'pandas.core.frame.DataFrame'>
数据库表清单为：
  Tables_in_testdb
0        tourist
使用 read_sql 函数 +sql 语句读取的订单详情表长度为：202
使用 read_sql 函数 + 表格名称读取的订单详情表长度为：202
   省份          名称          星级 ... 是否免费            具体地址              采集时间
0 黑龙江 哈尔滨极地馆 ( 一期 )  4A   ...    0  黑龙江省哈尔滨市松北区太阳大道 3 号  2024-06-10 10:15:25
1 黑龙江 哈尔滨极地馆 ( 二期 )  None ...    0  哈尔滨市松北区太阳大道 3 号          2024-06-10 10:15:27
2 黑龙江 波塞冬海底世界         4A   ...    0  黑龙江省哈尔滨市松北区汇江路 1 号    2024-06-10 10:15:29
3 黑龙江  东北虎林园            4A   ...    0  黑龙江省哈尔滨松北区松北街 88 号     2024-06-10 10:15:31
4 黑龙江 哈尔滨松花江观光索道   None ...    0  黑龙江省哈尔滨道里区通江街 218 号    2024-06-10 10:15:33

[5 rows x 12 columns]
```

数据分组与聚合

3.7 数据分组与聚合

分组与聚合是数据分析中的常见操作。在 Pandas 中，分组是指使用特定的条件将原数据分为多个组；聚合是指对每个分组中的数据执行某些操作（如聚合、转换等），最后将计算结果进行整合。

3.7.1 数据分组

分组与聚合的第一个步骤是将数据拆分成组。在 Pandas 中，可以通过 groupby 函数将数据集按照某些标准划分成若干个组。

groupby 函数提供的是分组聚合步骤中的拆分功能，能根据索引或字段对数据进行分组。其语法规则如下：

```
DataFrame.groupby(by=None, axis: Axis | lib.NoDefault = lib.no_default, level: IndexLabel | None = None, as_index: bool = True, sort: bool = True, group_keys: bool = True, observed: bool | lib.NoDefault = lib.no_default, dropna: bool = True) -> DataFrameGroupBy
```

groupby 函数常用参数及其说明如表 3-24 所示。

表 3-24 groupby 函数常用参数及其说明

参数名称	说　明
by	接收 list、str、mapping 或 generator，无默认，用于确定进行分组的依据。如果传入的是一个函数，则对索引进行计算并分组。如果传入的是一个字典或者 Series，则使用字典或者 Series 的值作为分组的依据。如果传入一个 NumPy 数组，则使用数据的元素作为分组依据。如果传入的是字符串或者字符串列表，则使用这些字符串所代表的字段作为分组依据
axis	接收 int，默认为 0，表示操作的轴向，默认对列进行操作
level	接收 int 或者索引名，默认为 None，表示标签所在级别
as_index	接收 bool，默认为 True，表示聚合后的聚合标签是否以 DataFrame 索引形式输出
sort	接收 bool，默认为 True，表示是否对分组依据分组标签进行排序
group_keys	接收 bool，默认为 True，表示是否显示分组标签的名称

groupby 函数返回值类型为 DataFrameGroupBy 对象。

使用 groupby 函数分组后的结果并不能直接查看，而是被存在内存中，输出的是内存地址。实际上分组后的数据对象 DataFrameGroupBy 类似 Series 与 DataFrame，是 Pandas 提供的一种对象。DataFrameGroupBy 对象常用的方法及其说明如表 3-25 所示。

表 3-25 DataFrameGroupBy 对象常用的方法及其说明

方法名称	说 明	方法名称	说 明
count	计算分组的数目，包括缺失值	cumcount	对每个分组中的组员进行标记，范围为 0～n－1
head	返回每组的前 n 个值	size	返回每组的大小
max	返回每组的最大值	min	返回每组的最小值
mean	返回每组的均值	std	返回每组的标准差
median	返回每组的中位数	sum	返回每组的和

【例 3-49】 使用 groupby 函数对 DataFrame 对象中的数据进行分组。

代码如下：

```
df = pd.DataFrame({'foo': ['one', 'one', 'one', 'two', 'two', 'two'],
                   'bar': ['A', 'B', 'C', 'A', 'B', 'C'],
                   'baz': [1, 2, 3, 4, 5, 6],
                   'zoo': ['x', 'y', 'z', 'q', 'w', 't']})
data = df.groupby(by='bar')
print(data)
print(type(data))
print(data.count())
print(data.size())
print(data.cumcount())
```

结果如下：

```
<pandas.core.groupby.generic.DataFrameGroupBy object at 0x000001C3C8B69FD0>
<class 'pandas.core.groupby.generic.DataFrameGroupBy'>
     foo  baz  zoo
bar
A    2    2    2
B    2    2    2
C    2    2    2
bar
A    2
B    2
C    2
dtype: int64
0    0
1    0
2    0
3    1
4    1
5    1
dtype: int64
```

3.7.2 数据聚合

数据聚合，一般是指对分组中的数据执行某些操作，比如求平均值、求最大值等，并且操作后会得到一个结果集，这些实现聚合的操作称为聚合方法。Pandas 中提供了以下几种聚合操作方法。

1. aggregate 函数

aggregate 函数支持对每个分组应用某函数，包括 Python 内置函数或自定义函数，同时也能够直接对 DataFrame 进行函数应用操作。其中，agg 函数是 aggregate 函数的别名，两个函数使用方法完全一致。它们的语法规则如下：

```
DataFrame.aggregate(func=None, axis: Axis = 0, *args, **kwargs)
DataFrame.agg(func=None, axis: Axis = 0, *args, **kwargs)
```

aggregate 函数常用参数及其说明如表 3-26 所示。

表 3-26 aggregate 函数常用参数及其说明

参数名称	说　明
func	接收 list、dict、function，无默认，表示应用于每行 / 每列的函数。func 可使用自定义函数、NumPy 库中的函数 (numpy.mean，numpy.median)
axis	接收 0 或 1，默认为 0，表示操作的轴向

aggregate 函数返回值类型为 DataFrame 对象。

aggregate 函数的使用方法分为以下四种情况。

(1) DataFrame.aggregate(func=func1)：将 DataFrame 的每一列都使用 func1 函数。

(2) DataFrame[['column1', 'column2']].aggregate(func=[func1,func2])：使用 func1、func2 计算 column1 列，使用 func1、func2 计算 column2 列。

(3) DataFrame.aggregate(func={'column1':func1, 'column2':func2})：使用 func1 计算 column1 列，使用 func2 计算 column2 列。

(4) DataFrame.aggregate(func={'column1':func1, 'column2':[func1, func2]})：使用 func1 计算 column1 列，使用 func1、func2 计算 column2 列。

【例 3-50】 使用 aggregate 函数聚合数据。

代码如下：

```
df = pd.DataFrame({'foo': ['one', 'one', 'one', 'two', 'two', 'two'],
                   'bar': ['A', 'B', 'C', 'A', 'B', 'C'],
                   'baz': [1, 2, 3, 4, 5, 6],
                   'zoo': [1.1, 2.2, 3.3, 4.4, 5.5, 6.6]})
data1 = df[['baz','zoo']].aggregate([np.sum,np.mean])
print(' 分别计算 baz、zoo 两列的总和、均值：\n%s' % data1)
data2 = df.aggregate({'baz':np.sum,'zoo':np.mean})
print(' 计算 baz 的总和，zoo 的均值：\n%s' % data2)
```

```
data3 = df.aggregate({'baz':np.sum,'zoo':[np.sum, np.mean]})
print(' 计算 baz 的总和，zoo 的总和、均值：\n%s' % data3)
def DoubleSum(data):
    s = data.sum()*2
    return s
data4 = df.aggregate({'baz':DoubleSum})
print(' 使用自定义函数计算 baz 总和的 2 倍：\n%s' % data4)
```

结果如下：

```
分别计算 baz、zoo 两列的总和、均值：
       baz   zoo
sum   21.0  23.10
mean   3.5   3.85
计算 baz 的总和，zoo 的均值：
baz   21.00
zoo    3.85
dtype: float64
计算 baz 的总和，zoo 的总和、均值：
       baz   zoo
sum   21.0  23.10
mean   NaN   3.85
使用自定义函数计算 baz 总和的 2 倍：
baz   42
dtype: int64
```

例 3-50 中，np.sum、np.mean 在代码运行时会提示“FutureWarning”，为了避免出现该提示，在以后的版本中作出了语法修改，使用 pandas.Series.sum、pandas.Series.mean 代替。

2. apply 函数

apply 函数类似 aggregate 函数，能够将传入 func 的函数应用于每一列。不同之处在于，apply 函数传入 func 的函数只能作用于整个 DataFrame 或者 Series，而无法像 aggregate 一样能对不同字段应用不同函数获取不同结果。

使用 apply 函数对 DataFrameGroupBy 对象进行聚合操作，传入 func 的函数和 aggregate 函数相同，只是使用 aggregate 函数能够实现对不同的字段应用不同的函数，而 apply 函数则不行。

apply 函数语法规则：

```
DataFrame.apply(func: AggFuncType, axis: Axis = 0, raw: bool = False, result_type: Literal["expand", "reduce", "broadcast"] | None = None, args=(), byrow()='compat', engine='python', engine_kwargs=None, **kwargs)
```

apply 函数常用参数及其说明如表 3-27 所示。

表 3-27 apply 函数常用参数及其说明

参数名称	说　明
func	接收函数名，表示应用在每行或每列的函数
axis	接收 {0 or 'index', 1 or 'columns'}，默认为 0。0 或 index，应用函数到每列；1 或 columns，应用函数到每行
raw	接收 bool，默认为 False，用来确定行或列是作为 Series 对象 (False) 还是 ndarray 对象 (True) 进行传递的
result_type	接收 {'expand', 'reduce', 'broadcast', None}，默认为 None，仅在 axis=1 或 columns 时生效
args	接收 tuple，用于传递给 func 的位置参数
**kwargs	用于传递给 func 的关键字参数

apply 函数返回值类型为 DataFrame 对象。

【例 3-51】 使用 apply 函数对 DataFrame 对象中的数据进行聚合操作。

代码如下：

```
df = pd.DataFrame({'baz': [1, 2, 3, 4, 5, 6],
                   'zoo': [1.1, 2.2, 3.3, 4.4, 5.5, 6.6]})
data = df.apply(np.mean)
print(' 计算每列的均值：\n%s' % data)
```

结果如下：

```
计算每列的均值：
baz    3.50
zoo    3.85
dtype: float64
```

3. transform 函数

transform 函数能够对整个 DataFrame 的所有元素进行操作，参数使用与 apply 函数一致。其语法规则如下：

```
DataFrame.transform(func: AggFuncType, axis: Axis = 0, *args, **kwargs ) -> DataFrame | Series
```

transform 函数还能对 DataFrame 分组后的对象 DataFrameGroupBy 进行操作，可以实现组内离差标准化等操作。

【例 3-52】 使用 transform 对 DataFrame 对象中的数据进行聚合操作。

代码如下：

```
df = pd.DataFrame({'foo': ['one', 'one', 'one', 'two', 'two', 'two'],
                   'bar': ['A', 'B', 'C', 'A', 'B', 'C'],
                   'baz': [1, 2, 3, 4, 5, 6],
                   'zoo': [1.1, 2.2, 3.3, 4.4, 5.5, 6.6]})
data1 = df[['baz','zoo']].transform(lambda x:x*2)
print(' 数据扩大两倍：\n%s' % data1)
```

结果如下：

```
数据扩大两倍：
```

```
   baz   zoo
0   2    2.2
1   4    4.4
2   6    6.6
3   8    8.8
4   10   11.0
5   12   13.2
```

3.8 透视表与交叉表

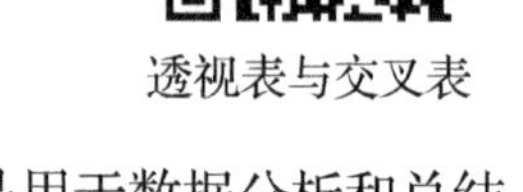

透视表与交叉表

在 Pandas 中，透视表 (Pivot Table) 和交叉表 (Cross Tabulation) 是用于数据分析和总结的重要工具，它们帮助用户从原始数据中提取有意义的统计信息。

3.8.1 透视表

透视表是数据分析中常见的工具之一，根据一个或多个键值对数据进行聚合，根据行或列的分组键将数据划分到各个区域。

在 Pandas 中，除了可以使用 groupby 函数对数据分组聚合实现透视功能外，还提供了更为简单的方法，即使用 pivot_table 函数制作透视表。

透视表就是将原有 DataFrame 的列分别作为行索引和列索引，然后对指定的列应用聚合函数 (多个输入行中计算出一个结果：count、sum、avg、max、min)。

pivot_table 函数语法规则：

```
pandas.pivot_table(data: DataFrame, values=None, index=None, columns=None, aggfunc: AggFuncType = "mean", fill_value=None, margins: bool = False, dropna: bool = True, margins_name: Hashable = "All", observed: bool = False, sort: bool = True) -> DataFrame
```

pivot_table 函数常用参数及其说明如表 3-28 所示。

表 3-28 pivot_table 函数常用参数及其说明

参数名称	说　明
data	接收 DataFrame，无默认，表示创建表的数据
values	接收 str，默认为 None，用于指定想要聚合的数据字段名，默认使用全部数据
index	接收 str 或 list，默认为 None，表示行分组键
columns	接收 str 或 list，默认为 None，表示列分组键
aggfunc	接收 functions，默认为 'mean'，表示聚合函数。 以求和为例，推荐使用格式：字符串 'sum'、pandas.Series.sum；逐步弃用格式：numpy.sum
margins	接收 bool，默认为 True，表示汇总 (Total) 功能的开关，设为 True 后结果集中会出现名为“ALL”的行和列
dropna	接收 bool，默认为 False，表示是否删掉全为 NaN 的列

pivot_table 函数返回值类型为 DataFrame 对象。

【例 3-53】 使用 pivot_table 函数创建透视表。

(1) 在不特殊指定聚合函数 aggfunc 时，默认使用 'mean' 进行聚合运算，运算时会自动过滤掉非数值类型数据。

代码如下：

```
df = pd.DataFrame({'foo': ['one', 'one', 'one', 'two', 'two', 'two'],
                   'bar': ['A', 'B', 'C', 'A', 'B', 'C'],
                   'baz': [1, 2, 3, 4, 5, 6],
                   'zoo': [1.1, 2.2, 3.3, np.nan, 5.5, 6.6]})
detailPivot1 = pd.pivot_table(df[['foo','baz','zoo']],index='foo')
print(' 以 foo 作为分组键创建 baz、zoo 均值的透视表：\n%s' % detailPivot1)
```

结果如下：

```
以 foo 作为分组键创建 baz、zoo 均值的透视表：
     baz   zoo
foo
one    2   2.20
two    5   6.05
```

(2) 可以通过指定 aggfunc 参数修改聚合函数。

代码如下：

```
detailPivot2 = pd.pivot_table(df[['foo','baz','zoo']],index='foo',aggfunc=pd.Series.sum)
print(' 以 foo 作为分组键创建 baz、zoo 总和的透视表：\n%s' % detailPivot2)
```

结果如下：

```
以 foo 作为分组键创建 baz、zoo 总和的透视表：
     baz   zoo
foo
one    6    6.6
two   15   12.1
```

(3) 与 groupby 方法分组的时候相同，pivot_table 函数在创建透视表的时候分组键 index 可以有多个。

代码如下：

```
detailPivot3 = pd.pivot_table(df,index=['foo','bar'],aggfunc=pd.Series.sum)
print(' 以 foo、bar 作为分组键创建 baz、zoo 总和的透视表：\n%s' % detailPivot3)
```

结果如下：

```
以 foo、bar 作为分组键创建 baz、zoo 总和的透视表：
         baz   zoo
foo bar
one A      1   1.1
    B      2   2.2
    C      3   3.3
two A      4   0.0
```

```
B    5    5.5
C    6    6.6
```

(4) 可以通过设置 columns 参数指定列分组。

代码如下：

```
detailPivot4 = pd.pivot_table(df,index='foo',columns='bar',aggfunc=pd.Series.sum)
print(' 以 foo 为行分组键、bar 为列分组键创建透视表：\n%s' % detailPivot4)
```

结果如下：

```
以 foo 为行分组键、bar 为列分组键创建透视表：
     baz          zoo
bar  A  B  C    A    B    C
foo
one  1  2  3    1.1  2.2  3.3
two  4  5  6    0.0  5.5  6.6
```

(5) 当全部数据列数很多时，若只想要显示某列，可以通过指定 values 参数来实现。

代码如下：

```
detailPivot5 = pd.pivot_table(df,index='foo',values='baz',aggfunc=pd.Series.sum)
print(' 以 foo 作为行分组键、baz 作为值创建的透视表：\n%s' % detailPivot5)
```

结果如下：

```
以 foo 作为行分组键、baz 作为值创建的透视表：
     baz
foo
one  6
two  15
```

(6) 当某些数据不存在时，会自动填充 NaN，因此可以指定 fill_value 参数，表示当存在缺失值时，以指定数值进行填充。

代码如下：

```
detailPivot6 = pd.pivot_table(df,index='foo',columns='bar',aggfunc=pd.Series.sum,fill_value=-1)
print(' 空值填 -1 后以 foo 为行分组键、bar 为列分组键创建透视表：\n%s' % detailPivot6)
```

结果如下：

```
空值填 -1 后以 foo 为行分组键、bar 为列分组键创建透视表：
     baz          zoo
bar  A  B  C    A    B    C
foo
one  1  2  3    1.1  2.2  3.3
two  4  5  6    0.0  5.5  6.6
```

(7) 可以更改 margins 参数，查看汇总数据。

代码如下：

```
detailPivot7 = pd.pivot_table(df,index='foo',columns='bar',aggfunc=pd.Series.sum,fill_value = 0,
margins=True)
print(' 添加 margins 后以 foo 为行分组键、bar 为列分组键创建透视表：\n%s' % detailPivot7)
```

结果如下：

```
添加 margins 后以 foo 为行分组键、bar 为列分组键创建透视表：
     baz               zoo
bar  A  B  C  All   A    B    C    All
foo
one  1  2  3  6     1.1  2.2  3.3  6.6
two  4  5  6  11    0.0  5.5  6.6  12.1
All  1  7  9  17    1.1  7.7  9.9  18.7
```

3.8.2　交叉表

交叉表是一种特殊的透视表，主要用于计算分组频率。利用 Pandas 提供的 crosstab 函数可以制作交叉表。

crosstab 函数语法规则：

```
pandas.crosstab(index, columns, values=None, rownames=None, colnames=None, aggfunc=None, margins: bool = False, margins_name: Hashable = "All", dropna: bool = True, normalize: bool | Literal[0, 1, "all", "index", "columns"] = False) -> DataFrame
```

由于交叉表是透视表的一种，其参数基本保持一致，不同之处在于 crosstab 函数中的 index、columns、values 填入的都是对应从 Dataframe 中取出的某一列。crosstab 函数常用参数及其说明如表 3-29 所示。

表 3-29　crosstab 函数常用参数及其说明

参数名称	说　明
index	接收 str 或 list，无默认，表示行索引键
columns	接收 str 或 list，无默认，表示列索引键
values	接收 array，默认为 None，表示聚合数据
aggfunc	接收 function，默认为 None，表示聚合函数。 以求和为例，推荐使用格式：字符串 'sum'、pandas.Series.sum；逐步弃用格式：numpy.sum
rownames	表示行分组键名，无默认
colnames	表示列分组键名，无默认
dropna	接收 bool，默认为 False，表示是否删掉全为 NaN 的列
margins	接收 bool，默认为 True，表示汇总 (Total) 功能的开关，设为 True 后结果集中会出现名为“ALL”的行和列
normalize	接收 bool，默认为 False，表示是否对值进行标准化

crosstab 函数返回值类型为 DataFrame 对象。

【例 3-54】 使用 crosstab 函数创建交叉表。

代码如下：

```
df = pd.DataFrame({'foo': ['one', 'one', 'one', 'two', 'two', 'two'],
```

```
                    'bar': ['A', 'B', 'C', 'A', 'B', 'C'],
                    'baz': [1, 2, 3, 4, 5, 6],
                    'zoo': [1.1, 2.2, 3.3, np.nan, 5.5, 6.6]})
detailCross = pd.crosstab(index=df['foo'],columns=df['bar'],values=df['baz'],aggfunc=pd.Series.sum)
print(' 以 foo 为行分组键、bar 为列分组键，baz 为值的透视表为：\n%s' % detailCross)
```

结果如下：

```
以 foo 为行分组键、bar 为列分组键，baz 为值的透视表为：
bar  A  B  C
foo
one  1  2  3
two  4  5  6
```

3.9 数据合并

数据合并

数据表格的数目非常多，可以通过堆叠合并、主键合并等多种合并方式，将关联的数据信息合并在一张表中。

3.9.1 堆叠合并数据

Pandas 中 concat 函数可以沿着一条轴将多个对象进行堆叠，其使用方式类似数据库中的数据表合并。

1. 横向表堆叠

横向表堆叠，即将两个表沿 x 轴方向拼接在一起。可以使用 concat 函数完成横向表堆叠。concat 函数的基本语法如下：

```
pandas.concat(objs: Iterable[Series | DataFrame] | Mapping[HashableT, Series | DataFrame], *, axis: Axis = 0, join: str = "outer", ignore_index: bool = False, keys: Iterable[Hashable] | None = None, levels=None, names: ist[HashableT] | None = None, verify_integrity: bool = False, sort: bool = False, copy: bool | None = None) -> DataFrame | Series
```

concat 函数常用参数及其说明如表 3-30 所示。

表 3-30 concat 函数常用参数及其说明

参数名称	说明
objs	接收多个 Series、DataFrame、Panel 的组合，无默认，表示参与连接的 Pandas 对象的列表的组合
axis	接收 0 或 1，默认为 0，表示连接的轴向
join	接收 inner 或 outer，默认为 outer，表示其他轴向上的索引是按交集 (inner，内联) 或是并集 (outer，外联) 进行合并

续表

参数名称	说　明
ignore_index	接收 bool，默认为 False，表示是否不保留连接轴上的索引，产生一组新索引 range(total_length)
keys	接收 sequence，默认为 None，表示与连接对象有关的值，用于形成连接轴向上的层次化索引
levels	接收包含多个 sequence 的 list，默认为 None，表示在指定 keys 参数后，指定用作层次化索引各级别上的索引
names	接收 list，默认为 None，表示在设置了 keys 和 levels 参数后，用于创建分层级别的名称
verify_integrity	接收 bool，默认为 False，表示是否检查结果对象新轴上的重复情况。当 verify_integrity 等于 True 时，如果发现结果对象新轴上出现重复项，则会引发异常

concat 函数返回值类型为 DataFrame 或 Series 对象。

当 axis = 1 的时候，concat 作行对齐，然后将不同列名称的两张或多张表合并。当两个表索引不完全一样时，可以使用 join 参数选择是内连接还是外连接。在内连接的情况下，仅仅返回索引重叠部分；而在外连接的情况下，则显示索引的并集部分数据，不足的地方使用空值填补。

当两张表完全一样时，不论 join 参数取值是 inner 还是 outer，结果都是将两个表完全按照 x 轴拼接起来。横向表堆叠示意图如图 3-4 所示。

表1

	A	B	C	D
1	A1	B1	C1	D1
2	A2	B2	C2	D2
3	A3	B3	C3	D3
4	A4	B4	C4	D4

表2

	B	D	F
2	B2	D2	F2
4	B4	D4	F4
6	B6	D6	F6
8	B8	D8	F8

合并后 表3

	A	B	C	D	B	D	F
1	A1	B1	C1	D1	NaN	NaN	NaN
2	A2	B2	C2	D2	B2	D2	F2
3	A3	B3	C3	D3	NaN	NaN	NaN
4	A4	B4	C4	D4	B4	D4	F4
6	NaN	NaN	NaN	NaN	B6	D6	F6
8	NaN	NaN	NaN	NaN	B8	D8	F8

图 3-4　横向表堆叠示意图

【例 3-55】 使用 concat 函数进行横向表堆叠。

代码如下：

```
df1 = pd.DataFrame({'A':['A1','A2','A3','A4'],
                    'B':['B1','B2','B3','B4'],
                    'C':['C1','C2','C3','C4'],
                    'D':['D1','D2','D3','D4']},index=[1,2,3,4])
df2 = pd.DataFrame({'B':['B2','B4','B6','B8'],
                    'D':['D2','D4','D6','D8'],
                    'F':['F2','F4','F6','F8']},index=[2,4,6,8])
print(df1)
```

```
print(df2)
print(' 合并 df1 的大小为 %s，df2 的大小为 %s。'%(df1.shape,df2.shape))
print(' 内连接合并后的数据框大小为：',pd.concat([df1,df2],axis=1,join='inner').shape)
print(' 内连接合并后的数据为：\n%s' % pd.concat([df1,df2],axis=1,join='inner'))
print(' 外连接合并后的数据框大小为：',pd.concat([df1,df2],axis=1,join='outer').shape)
print(' 外连接合并后的数据为：\n%s' % pd.concat([df1,df2],axis=1,join='outer'))
```

结果如下：

```
    A   B   C   D
1   A1  B1  C1  D1
2   A2  B2  C2  D2
3   A3  B3  C3  D3
4   A4  B4  C4  D4
    B   D   F
2   B2  D2  F2
4   B4  D4  F4
6   B6  D6  F6
8   B8  D8  F8
合并 df1 的大小为 (4, 4)，df2 的大小为 (4, 3)。
内连接合并后的数据框大小为： (2, 7)
内连接合并后的数据为：
    A   B   C   D   B   D   F
2   A2  B2  C2  D2  B2  D2  F2
4   A4  B4  C4  D4  B4  D4  F4
外连接合并后的数据框大小为： (6, 7)
外连接合并后的数据为：
     A    B    C    D    B    D    F
1    A1   B1   C1   D1   NaN  NaN  NaN
2    A2   B2   C2   D2   B2   D2   F2
3    A3   B3   C3   D3   NaN  NaN  NaN
4    A4   B4   C4   D4   B4   D4   F4
6    NaN  NaN  NaN  NaN  B6   D6   F6
8    NaN  NaN  NaN  NaN  B8   D8   F8
```

2. 纵向表堆叠

在默认情况下，即 axis = 0 时，concat 函数用作列对齐，将不同行索引的两张或多张表纵向合并。在两张表的列名并不完全相同的情况下，当 join 参数取值为 inner 时，返回的仅仅是列名交集所代表的列；取值为 outer 时，则返回的是两者列名的并集所代表的列。

不论 join 参数取值是 inner 还是 outer，结果都是将两个表完全按照 y 轴拼接起来。纵向表堆叠示意图如图 3-5 所示。

表1

	A	B	C	D
1	A1	B1	C1	D1
2	A2	B2	C2	D2
3	A3	B3	C3	D3
4	A4	B4	C4	D4

表2

	B	D	F
2	B2	D2	F2
4	B4	D4	F4
6	B6	D6	F6
8	B8	D8	F8

合并后 表3

	A	B	C	D	F
1	A1	B1	C1	D1	NaN
2	A2	B2	C2	D2	NaN
3	A3	B3	C3	D3	NaN
4	A4	B4	C4	D4	NaN
2	NaN	B2	NaN	D2	F2
4	NaN	B4	NaN	D4	F4
6	NaN	B6	NaN	D6	F6
8	NaN	B8	NaN	D8	F8

图 3-5 纵向表堆叠示意图

【例 3-56】 使用 concat 函数进行纵向表堆叠 (df1 和 df2 为例 3-55 中的数据)。

代码如下：

```
print(' 内连接纵向合并后的数据框大小为：',pd.concat([df1,df2],axis=0,join='inner').shape)
print(' 内连接纵向合并后的数据为：\n%s' % pd.concat([df1,df2],axis=0,join='inner'))
print(' 外连接纵向合并后的数据框大小为：',pd.concat([df1,df2],axis=0,join='outer').shape)
print(' 外连接纵向合并后的数据为：\n%s' % pd.concat([df1,df2],axis=0,join='outer'))
```

结果如下：

```
内连接纵向合并后的数据框大小为： (8, 2)
内连接纵向合并后的数据为：
    B   D
1   B1  D1
2   B2  D2
3   B3  D3
4   B4  D4
2   B2  D2
4   B4  D4
6   B6  D6
8   B8  D8
外连接纵向合并后的数据框大小为： (8, 5)
外连接纵向合并后的数据为：
     A    B    C    D    F
1    A1   B1   C1   D1   NaN
2    A2   B2   C2   D2   NaN
3    A3   B3   C3   D3   NaN
4    A4   B4   C4   D4   NaN
2    NaN  B2   NaN  D2   F2
4    NaN  B4   NaN  D4   F4
6    NaN  B6   NaN  D6   F6
8    NaN  B8   NaN  D8   F8
```

3.9.2 主键合并数据

主键合并，即通过一个或多个键将两个数据集的行连接起来。主键合并的过程类似于 SQL 中的 JOIN 关键字。针对同一个主键存在两张包含不同字段的表，将其根据某几个字段一一对应拼接起来，结果集列数为这两张表的列数和减去连接键的数量，如图 3-6 所示。

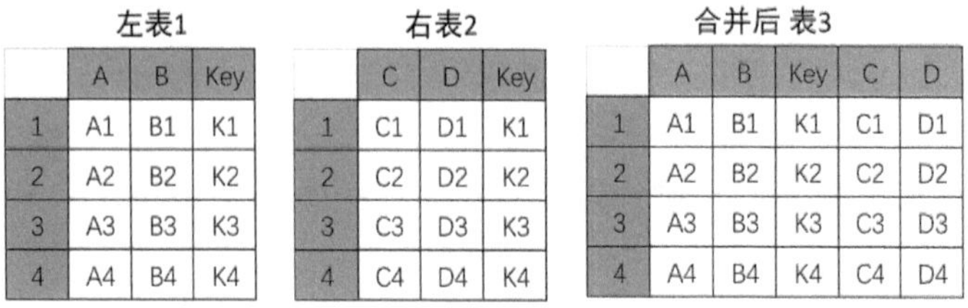

左表1

	A	B	Key
1	A1	B1	K1
2	A2	B2	K2
3	A3	B3	K3
4	A4	B4	K4

右表2

	C	D	Key
1	C1	D1	K1
2	C2	D2	K2
3	C3	D3	K3
4	C4	D4	K4

合并后 表3

	A	B	Key	C	D
1	A1	B1	K1	C1	D1
2	A2	B2	K2	C2	D2
3	A3	B3	K3	C3	D3
4	A4	B4	K4	C4	D4

图 3-6 主键合并示意图

与数据库的 JOIN 关键字一样，merge 函数也有左连接 (left)、右连接 (right)、内连接 (inner) 和外连接 (outer)。但比起数据库 SQL 语言中的 JOIN 关键字，merge 函数还有其自身独到之处，例如可以在合并过程中对数据集中的数据进行排序等。

merge 函数语法规则：

pandas.merge(left: DataFrame | Series, right: DataFrame | Series, how: MergeHow = "inner", on: IndexLabel | AnyArrayLike | None = None, left_on: IndexLabel | AnyArrayLike | None = None, right_on: IndexLabel | AnyArrayLike | None = None, left_index: bool = False, right_index: bool = False, sort: bool = False, suffixes: Suffixes = ("_x", "_y"), copy: bool | None = None, indicator: str | bool = False, validate: str | None = None) -> DataFrame

根据 merge 函数中的参数说明并按照需求修改相关参数，就可以多种方法实现主键合并。

merge 函数常用参数及其说明如表 3-31 所示。

表 3-31 merge 函数常用参数及其说明

参数名称	说　明
left	接收 DataFrame 或 Series，无默认，表示要添加的新数据
right	接收 DataFrame 或 Series，无默认，表示要添加的新数据
how	接收 inner、outer、left、right，默认为 inner，表示数据的连接方式
on	接收 str 或 sequence，默认为 None，表示两个数据合并的主键 (必须一致)
left_on	接收 str 或 sequence，默认为 None，表示 left 参数接收数据用于合并的主键
right_on	接收 str 或 sequence，默认为 None，表示 right 参数接收数据用于合并的主键
left_index	接收 bool，默认为 False，表示是否将 left 参数接收数据的 index 作为连接主键
right_index	接收 bool，默认为 False，表示是否将 right 参数接收数据的 index 作为连接主键
sort	接收 bool，默认为 False，表示是否根据连接键对合并后的数据进行排序
suffixes	接收 tuple，表示用于追加到 left 和 right 参数接收数据重叠列名的尾缀默认为 ('_x', '_y')

merge 函数返回值类型为 DataFrame 对象。

【例 3-57】 使用 merge 函数合并主键。

代码如下：

```
df1 = pd.DataFrame({'A':['A1','A2','A3','A4'],
                    'B':['B1','B2','B3','B4'],
                    'Key':['k1','k2','k3','k4']},index=[1,2,3,4])
df2 = pd.DataFrame({'C':['C1','C2','C3','C4'],
                    'D':['D1','D2','D3','D4'],
                    'Key':['k1','k2','k3','k4']},index=[1,2,3,4])
print(df1)
print(df2)
mergeFrame = pd.merge(left=df1,right=df2,left_on='Key',right_on='Key')
print(' 主键合并后的数据为：\n%s' % mergeFrame)
```

结果如下：

```
    A   B  Key
1   A1  B1  k1
2   A2  B2  k2
3   A3  B3  k3
4   A4  B4  k4
    C   D  Key
1   C1  D1  k1
2   C2  D2  k2
3   C3  D3  k3
4   C4  D4  k4
主键合并后的数据为：
    A   B  Key   C   D
0   A1  B1  k1   C1  D1
1   A2  B2  k2   C2  D2
2   A3  B3  k3   C3  D3
3   A4  B4  k4   C4  D4
```

3.9.3 重叠合并数据

在数据分析和处理过程中，若出现两份数据的内容几乎一致的情况，但是某些特征在其中一张表上是完整的，而在另外一张表上是缺失的，则可以用 combine_first 函数进行重叠合并数据，其原理如图 3-7 所示。

表1

	0	1	2
0	NaN	3.0	5.0
1	NaN	4.6	NaN
2	NaN	7.0	NaN

表2

	0	1	2
1	42	NaN	8.2
2	10	7.0	4.0

合并后 表3

	0	1	2
0	NaN	3.0	5.0
1	42	4.6	8.2
2	10	7.0	4.0

图 3-7 重叠合并示意图

combine_first 函数语法规则：

```
DataFrame.combine_first(other: DataFrame) -> DataFrame
```

其中，参数 other：接收 DataFrame，无默认，表示参与重叠合并的另一个 DataFrame。

【例 3-58】 使用 combine_first 函数进行重叠合并数据。

代码如下：

```
df1 = pd.DataFrame({0:[np.nan,np.nan,np.nan],
                    1:[3.0,4.6,7.0],
                    2:[5.0,np.nan,np.nan]})
df2 = pd.DataFrame({0:[42,10],
                    1:[np.nan,7.0],
                    2:[8.2,4.0]})
print(df1)
print(df2)
print(' 重叠合并后的数据为：\n%s' % df1.combine_first(df2))
```

结果如下：

```
     0    1    2
0  NaN  3.0  5.0
1  NaN  4.6  NaN
2  NaN  7.0  NaN
     0    1    2
0   42  NaN  8.2
1   10  7.0  4.0
重叠合并后的数据为：
      0    1    2
0  42.0  3.0  5.0
1  10.0  4.6  4.0
2   NaN  7.0  NaN
```

3.10 数据清洗

数据重复会导致数据的方差变小，数据分布发生较大变化；数据缺失会导致样本信息减少，不仅增加了数据分析的难度，而且会导致数据分析的结果产生偏差；异常值则会导致“伪回归”。可以通过数据清洗解决这些问题。

3.10.1 检测与处理重复值

检测与处理重复值

当数据中出现了重复，大多数情况下需要进行删除。Pandas 提供了 drop_duplicates 函数检测与处理行重复，corr 函数检测与处理列重复。

1. 记录重复

记录重复，即存在某几个记录在一个或者多个特征上的值完全相同，可以理解为一列数据中存在重复值。可采用如下方法进行去重操作。

方法一，利用列表 (list) 去重，自定义去重函数，语法如下：

```
def delRep(list1):
    list2=[]
    for i in list1:
        if i not in list2:
            list2.append(i)
    return list2
```

方法二，利用集合 (set) 的元素是唯一的特性去重，语法如下：

```
data_set=set(data)
```

比较上述两种方法可以发现，方法一代码冗长，方法二代码简单了许多，但会导致数据的排列发生改变。

方法三，Pandas 提供了一个名为 drop_duplicates 的去重方法，该方法只对 DataFrame 或者 Series 对象有效。这种方法不会改变数据原始排列，并且兼具代码简洁和运行稳定的特点。该方法不仅支持单一特征的数据去重，还能够依据 DataFrame 的其中一个或者几个特征进行去重操作。drop_duplicates 函数语法规则根据访问对象的不同，可以分为以下两种情况：

(1) 使用 Series 对象调用 drop_duplicates 函数，语法规则如下：

```
Series.drop_duplicates(*, keep: DropKeep = "first", inplace: bool = False, ignore_index: bool = False) -> Series | None
```

Series.drop_duplicates 函数常用参数及其说明如表 3-32 所示。

表 3-32 Series.drop_duplicates 函数常用参数及其说明

参数名称	说　明
keep	接收 {'first', 'last', False}，默认为 first，用于确定要保留的重复项 (如果有)。 'first'：删除除第一次出现之外的重复项。 'last'：删除除上次出现之外的重复项。 False：删除所有重复项
inplace	接收 bool，默认为 False。如果为 True，则就地执行操作并返回 None
ignore_index	接收 bool，默认为 False。如果为 True，则生成的轴将被标记为 0、1、…、n－1

如果参数 inplace=False，则 Series.drop_duplicates 函数返回删除了重复数据的 Series；如果参数 inplace=True，则返回 None。

【例 3-59】 使用 Series.drop_duplicates 函数删除重复数据。

代码如下：

```
ser = pd.Series([' 富强 ',' 民主 ',' 文明 ',' 和谐 ',' 自由 ',' 平等 ',' 公正 ',' 法治 ',' 爱国 ',' 敬业 ',' 诚信 ',
' 友善 ',' 自由 ',' 平等 ',' 公正 ',' 法治 '], name = ' 社会主义核心价值观 ')
print('Series 删除重复数据：\n%s' % ser.drop_duplicates())
print('Series 删除重复数据：\n%s' % ser.drop_duplicates(keep='last'))
print('Series 删除重复数据：\n%s' % ser.drop_duplicates(keep=False))
```

结果如下：

```
Series 删除重复数据:
0    富强
1    民主
2    文明
3    和谐
4    自由
5    平等
6    公正
7    法治
8    爱国
9    敬业
10   诚信
11   友善
Name: 社会主义核心价值观 , dtype: object
Series 删除重复数据:
0    富强
1    民主
2    文明
3    和谐
8    爱国
9    敬业
10   诚信
11   友善
12   自由
13   平等
14   公正
15   法治
Name: 社会主义核心价值观 , dtype: object
Series 删除重复数据:
0    富强
1    民主
2    文明
3    和谐
8    爱国
9    敬业
10   诚信
11   友善
Name: 社会主义核心价值观 , dtype: object
```

(2) 使用 DataFrame 对象调用 drop_duplicates 函数，语法规则如下：

DataFrame.drop_duplicates(subset: Hashable | Sequence[Hashable] | None = None, *, keep: DropKeep =

"first", inplace: bool = False, ignore_index: bool = False) -> DataFrame | None

DataFrame.drop_duplicates 函数常用参数及其说明如表 3-33 所示。

表 3-33 DataFrame.drop_duplicates 函数常用参数及其说明

参数名称	说　明
subset	接收一个列标签或列标签序列，可选，仅考虑某些列来标识重复项，默认情况下使用所有列
keep	接收 {'first', 'last', "False"}，默认为 first，用于确定要保留的重复项 (如果有)。 'first'：删除除第一次出现之外的重复项。 'last'：删除除上次出现之外的重复项。 "False"：删除所有重复项
inplace	接收 bool，默认为 False，表示是否修改 DataFrame 而不是创建新 DataFrame
ignore_index	接收 bool，默认为 False。如果为 True，则生成的轴将被标记为 0、1、…、n - 1

如果参数 inplace=False，则 DataFrame.drop_duplicates 函数返回删除了重复行的 DataFrame；如果参数 inplace=True，则返回 None。考虑某些列是可选的，索引 (包括时间索引) 将被忽略。

【例 3-60】 使用 DataFrame.drop_duplicates 函数删除重复数据。

代码如下：

```
df = pd.DataFrame({' 哈尔滨 ': [' 亚洲冬季运动会 ', ' 亚洲冬季运动会 ', ' 冰雪大世界 ', ' 冰雪大世界 ', ' 冰雪大世界 '],
                   ' 口号 ': [' 冰雪同梦 ', ' 冰雪同梦 ', ' 冰雪同梦 ', ' 亚洲同心 ', ' 亚洲同心 '],
                   ' 热度 ': [10, 9, 9.6, 9.1, 9.3]})
print('DataFrame 删除重复数据：\n%s' % df.drop_duplicates())
print('DataFrame 删除重复数据：\n%s' % df.drop_duplicates(subset=[' 哈尔滨 ']))
print('DataFrame 删除重复数据：\n%s' % df.drop_duplicates(subset=[' 哈尔滨 ', ' 口号 '], keep='last'))
```

结果如下：

```
DataFrame 删除重复数据：
       哈尔滨        口号    热度
0  亚洲冬季运动会  冰雪同梦  10.0
1  亚洲冬季运动会  冰雪同梦   9.0
2  冰雪大世界      冰雪同梦   9.6
3  冰雪大世界      亚洲同心   9.1
4  冰雪大世界      亚洲同心   9.3
DataFrame 删除重复数据：
       哈尔滨        口号    热度
0  亚洲冬季运动会  冰雪同梦  10.0
2  冰雪大世界      冰雪同梦   9.6
DataFrame 删除重复数据：
       哈尔滨        口号    热度
```

```
1  亚洲冬季运动会  冰雪同梦  9.0
2  冰雪大世界      冰雪同梦  9.6
4  冰雪大世界      亚洲同心  9.3
```

2. 特征重复

结合相关的数学和统计学知识，去除连续型特征重复可以利用特征间的相似度将两个相似度为 1 的特征去除一个。在 Pandas 中相似度的计算方法为 corr 函数，使用该方法计算相似度时，默认为 pearson 法，可以通过 method 参数调节，目前还支持 spearman 法和 kendall 法。

(1) 使用 Series 对象调用 corr 函数，语法规则如下：

```
Series.corr(other: Series, method: CorrelationMethod = "pearson", min_periods: int | None = None) -> float
```

计算调用 corr 函数的 Series 对象和 other 参数的 Series 对象两者之间的相关性时，不包括缺失值。两个 Series 对象不需要相同的长度，并且在应用相关函数之前将在内部对齐。

Series.corr 函数常用参数及其说明如表 3-34 所示。

表 3-34　Series.corr 函数常用参数及其说明

参数名称	说　明
other	接收 Series，用于计算相关性的 Series
method	接收 {'pearson', 'kendall', 'spearman'} 或 callable。 'pearson'：皮尔森相关系数。 'kendall'：肯德尔相关系数。 'spearman'：斯皮尔曼相关系数。 callable：可调用，输入两个一维 ndarrays 对象，并返回一个浮点数。 **注意**：从 corr 函数返回的矩阵的对角线均为 1，并且无论可调用对象的行为如何，它都是对称的
min_periods	接收 int，可选，用于获得有效结果所需的最小观测值数

Series.corr 函数返回浮点型数据，为两个 Series 对象的相关系数。

【例 3-61】 使用 corr 函数计算两个 Series 对象的相关系数。

代码如下：

```
def histogram_intersection(a, b):
    v = np.minimum(a, b).sum().round(decimals=1)
    return v
s1 = pd.Series([.2, .0, .6, .2])
s2 = pd.Series([.3, .6, .0, .1])
print(' 计算两个 Series 的相关系数 (method=pearson)', s1.corr(s2, method='pearson'))
print(' 计算两个 Series 的相关系数 (method=kendall)', s1.corr(s2, method='kendall'))
print(' 计算两个 Series 的相关系数 (method=spearman)', s1.corr(s2, method='spearman'))
print(' 计算两个 Series 的相关系数 (method=callable)', s1.corr(s2, method=histogram_intersection))
```

结果如下：

```
计算两个 Series 的相关系数 (method=pearson) -0.85106449634699
计算两个 Series 的相关系数 (method=kendall) -0.912870929175277
计算两个 Series 的相关系数 (method=spearman) -0.9486832980505139
计算两个 Series 的相关系数 (method=callable) 0.3
```

(2) 使用 DataFrame 对象调用 corr 函数，语法规则如下：

```
DataFrame.corr(method: CorrelationMethod = "pearson", min_periods: int = 1, numeric_only: bool = False) -> DataFrame
```

计算列的成对相关性时，不包括 NaN 和 null 值。

DataFrame.corr 函数常用参数及其说明如表 3-35 所示。

表 3-35 DataFrame.corr 函数常用参数及其说明

参数名称	说　明
method	接收 {'pearson', 'kendall', 'spearman'} 或 callable。 'pearson'：皮尔森相关系数。 'kendall'：肯德尔相关系数。 'spearman'：斯皮尔曼相关系数。 callable：可调用，输入两个一维 ndarrays 对象，并返回一个浮点数。 **注意**：从 corr 函数返回的矩阵的对角线均为 1，并且无论可调用对象的行为如何，它都是对称的
min_periods	接收 int，可选，用于获得有效结果所需的最小观测值数，目前仅适用于 pearson 和 spearman 相关系数
numeric_only	接收 bool，默认为 False。

DataFrame.corr 函数返回 DataFrame 对象，为相关系数矩阵。

【例 3-62】 使用 corr 函数计算 DataFrame 对象各列的相关系数。

代码如下：

```
df1 = pd.DataFrame([(1, 1), (2, np.nan), (np.nan, 3), (4, 4)],columns = ['dogs', 'cats'])
print(' 计算 DataFrame 各列的相关系数 (method=pearson)\n%s' % df1.corr(min_periods=3))
def histogram_intersection(a, b):
    v = np.minimum(a, b).sum().round(decimals=1)
    return v
df2 = pd.DataFrame([(.2, .3), (.0, .6), (.6, .0), (.2, .1)],columns = ['dogs', 'cats'])
print(' 计算 DataFrame 各列的相关系数 (method=callable)\n%s' % df2.corr(method=histogram_intersection))
```

结果如下：

```
计算 DataFrame 各列的相关系数 (method=pearson)
      dogs  cats
dogs   1.0   NaN
cats   NaN   1.0
计算 DataFrame 各列的相关系数 (method=callable)
      dogs  cats
```

```
dogs    1.0    0.3
cats    0.3    1.0
```

但是通过相似度矩阵去重存在一个弊端，该方法只能对数值型重复特征去重，而在类别型特征之间无法通过计算相似系数来衡量相似度。

3.10.2 检测与处理缺失值

检测与处理缺失值

缺失值是指数据集中某个或某些属性的值是不完整的。Pandas 中提供了一些用于检查或处理缺失值的函数，一般采用删除、填充等方式对缺失值进行处理。

1. 检测缺失值

数据中的某个或某些特征的值是不完整的，这些值称为缺失值。Pandas 提供了识别缺失值的 isna 函数以及识别非缺失值的 notna 函数，这两种方法在使用时返回的都是布尔值 True 和 False 组成的 Series 或 DataFrame。isna 函数判断 NaN 为 True、非 NaN 为 False，notna 函数之间结果正好相反，因此使用其中任意一个都可以判断出数据中缺失值的位置。

结合 sum 函数和 isna、notna 函数，可以检测数据中缺失值的分布以及数据中一共含有多少个缺失值。两个函数的基本使用方法和别名函数如下：

(1) Series.isna() 或称为 Series.isnull()，返回 Series。

(2) Series.notna() 或称为 Series.notnull()，返回 Series。

【例 3-63】 检测 Series 缺失值与非缺失值。

代码如下：

```
ser = pd.Series([.2, .0, .6, .2, np.nan, 1, np.nan])
print(' 检测 Series 的缺失值 ',ser.isna().sum())
print(ser.isna())
print(' 检测 Series 的非缺失值 ',ser.notna().sum())
print(ser.notna())
```

结果如下：

```
检测 Series 的缺失值 2
0    False
1    False
2    False
3    False
4    True
5    False
6    True
dtype: bool
检测 Series 的非缺失值 5
0    True
1    True
```

```
2      True
3      True
4      False
5      True
6      False
dtype: bool
```

(3) DataFrame.isna() 或称为 DataFrame.isnull()，返回 DataFrame。

(4) DataFrame.notna() 或称为 DataFrame.notnull()，返回 DataFrame。

【例 3-64】 检测 DataFrame 缺失值与非缺失值。

代码如下：

```
df = pd.DataFrame([(.2, .3), (np.nan, .6), (np.nan, .0), (.2, np.nan)],columns = ['c1', 'c2'])
print(' 检测 DataFrame 的缺失值 ',df.isna().sum())
print(df.isna())
print(' 检测 DataFrame 的非缺失值 ',df.notna().sum())
print(df.notna())
```

结果如下：

```
检测 DataFrame 的缺失值 c1    2
c2      1
dtype: int64
        c1      c2
0    False   False
1     True   False
2     True   False
3    False    True
检测 DataFrame 的非缺失值 c1    2
c2   3
dtype: int64
        c1      c2
0     True    True
1    False    True
2    False    True
3     True   False
```

2. 删除缺失值

删除法分为删除观测记录和删除特征两种。删除法属于利用减少样本量来换取信息完整度的一种方法，是一种最简单的缺失值处理方法。Pandas 中提供了简便地删除缺失值的 dropna 函数，该函数既可以删除观测记录，也可以删除特征。

(1) 使用 dropna 函数删除 Series 对象缺失值，语法规则如下：

```
Series.dropna(*, axis: Axis = 0, inplace: bool = False, how: AnyAll | None = None, ignore_index: bool = False) -> Series | None
```

Series.dropna 函数常用参数及其说明如表 3-36 所示。

表 3-36　Series.dropna 函数常用参数及其说明

参数名称	说　明
axis	接收 {0 or 'index'}，闲置，与 DataFrame 兼容所需的参数
inplace	接收 bool，默认为 False。如果为 True，则修改 Series 对象的值并返回 None
how	接收 str，可选，未使用，保留以保持兼容性
ignore_index	接收 bool，默认为 False。如果为 True，则生成的轴将被标记为 0、1、…、n－1

如果参数 inplace=False，则 Series.dropna 函数返回移除缺失值的新的 Series 对象；如果参数 inplace=True，则 Series.dropna 函数在原 Series 对象上执行删除缺失值操作，并返回 None。

【例 3-65】 使用 dropna 函数删除 Series 对象缺失值。

代码如下：

```
ser = pd.Series([np.NaN, 2, pd.NaT, '', None, 'I stay'])
print(' 删除 Series 对象缺失值：\n%s' % ser.dropna())
print(ser)
print(' 删除 Series 对象缺失值：\n%s' % ser.dropna(inplace=True))
print(ser)
```

结果如下：

```
删除 Series 对象缺失值：
1       2
3
5   I stay
dtype: object
0      NaN
1       2
2      NaT
3
4     None
5   I stay
dtype: object
删除 Series 对象缺失值：
None
1       2
3
5   I stay
dtype: object
```

(2) 使用 dropna 函数删除 DataFrame 对象缺失值，语法规则如下：

```
DataFrame.dropna(*, axis: Axis = 0, how: AnyAll | lib.NoDefault = lib.no_default, thresh: int | lib.
```

NoDefault = lib.no_default, subset: IndexLabel | None = None, inplace: bool = False, ignore_index: bool = False) -> DataFrame | None

DataFrame.dropna 函数常用参数及其说明如表 3-37 所示。

表 3-37 DataFrame.dropna 函数常用参数及其说明

参数名称	说明
axis	接收 {0 or 'index', 1 or 'columns'}，默认为 0，用于确定删除包含缺失值的行或列。 0 or 'index'：删除包含缺失值的行。 1 or 'columns'：删除包含缺失值的列
how	接收 {'any', 'all'}，默认为 any，用于确定是否从 DataFrame 中删除行或列，至少有一个 NaN 或全部为 NaN。 'any'：如果存在任何 NaN 值，则删除该行或列。 'all'：如果所有值都是 NaN，则删除该行或该列
thresh	int，可选，指定需要 NaN 的数量，不能与 how 参数结合使用
subset	列标签或标签序列，可选，表示要考虑的其他轴上的标签。例如，如果要删除行，则列表为包含的列名
inplace	接收 bool，默认为 False，表示是否修改 DataFrame 而不是创建新 DataFrame
ignore_index	接收 bool，默认为 False。如果为 True，则生成的轴将被标记为 0、1、…、n－1

如果参数 inplace=False，则 DataFrame.dropna 函数返回移除缺失值的新的 DataFrame 对象；如果参数 inplace=True，则 DataFrame.dropna 函数在原 DataFrame 对象上执行删除缺失值操作，并返回 None。

【例 3-66】 使用 dropna 函数删除 DataFrame 对象缺失值。

代码如下：

```
df = pd.DataFrame({" 景区 ": [' 哈尔滨防洪纪念塔 ', ' 东北烈士纪念馆 ', ' 哈尔滨烈士陵园 '],
                   " 位置 ": [np.nan, ' 一曼街 241 号 ', ' 体育街 1 号 '],
                   " 时间 ": [pd.NaT, pd.Timestamp("1948-10-10"),pd.NaT]})
print(df)
print(' 删除 DataFrame 对象缺失值：\n%s' % df.dropna())
print(' 删除 DataFrame 对象缺失值：\n%s' % df.dropna(axis='columns'))
print(' 删除 DataFrame 对象缺失值：\n%s' % df.dropna(how='all'))
print(' 删除 DataFrame 对象缺失值：\n%s' % df.dropna(subset=[' 景区 ', ' 位置 ']))
```

结果如下：

```
         景区          位置         时间
0  哈尔滨防洪纪念塔        NaN        NaT
1   东北烈士纪念馆   一曼街 241 号  1948-10-10
2   哈尔滨烈士陵园    体育街 1 号        NaT
删除 DataFrame 对象缺失值：
         景区          位置         时间
1  东北烈士纪念馆   一曼街 241 号  1948-10-10
```

```
删除DataFrame对象缺失值：
        景区
0  哈尔滨防洪纪念塔
1    东北烈士纪念馆
2  哈尔滨烈士陵园
删除DataFrame对象缺失值：
        景区          位置         时间
0  哈尔滨防洪纪念塔      NaN          NaT
1    东北烈士纪念馆  一曼街241号  1948-10-10
2    哈尔滨烈士陵园   体育街1号         NaT
删除DataFrame对象缺失值：
        景区          位置         时间
1  东北烈士纪念馆  一曼街241号  1948-10-10
2  哈尔滨烈士陵园   体育街1号         NaT
```

3. 替换缺失值

替换法是指用一个特定的值替换缺失值。特征可分为数值型和类别型，两者出现缺失值时的处理方法是不同的。缺失值所在特征为数值型时，通常利用它的均值、中位数、众数等描述其集中趋势的统计量来代替缺失值。缺失值所在特征值为类别型时，选择使用众数来替换缺失值。

Pandas库中提供的缺失值替换方法为fillna函数。其语法规则如下：

```
DataFrame或Series.fillna(value: Hashable | Mapping | Series | DataFrame = None, method: FillnaOptions | None = None, axis: Axis | None = None, inplace: bool = False, limit: int | None = None, downcast: dict | None = None) ->DataFrame | Series | None
```

fillna函数常用参数及其说明如表3-38所示。

表3-38 fillna函数常用参数及其说明

参数名称	说明
value	接收Hashable、Mapping、Series或者DataFrame，无默认，表示用来替换缺失值的值
method	接收特定str，默认为None。method等于backfill或bfill表示使用下一个非缺失值填补缺失值；method等于pad或ffill则表示使用上一个非缺失值填补缺失值
axis	接收0或1，默认为None，表示轴向
inplace	接收bool，默认为False，表示是否在原数据上进行操作
limit	接收int，默认为None，表示填补缺失值个数上限，超过则不进行填补

如果参数inplace=False，则根据调用对象的不同，返回填充缺失值的新的DataFrame对象或Series对象；如果参数inplace=True，则fillna函数在原DataFrame对象或Series对象上执行删除缺失值操作，并返回None。

【例3-67】 使用fillna函数填充缺失值。

代码如下：

```
ser = pd.Series([np.NaN, 2, pd.NaT, '', None, 'I love China'])
```

```
print(' 填充 Series 对象缺失值：\n%s' % ser.fillna(value=0))
df = pd.DataFrame({" 景区 ": [' 哈尔滨防洪纪念塔 ', ' 东北烈士纪念馆 ', ' 哈尔滨烈士陵园 '],
                   " 位置 ": [np.nan, ' 一曼街 241 号 ', ' 体育街 1 号 '],
                   " 时间 ": [pd.NaT, pd.Timestamp("1948-10-10"),pd.NaT]})
print(' 填充 DataFrame 对象缺失值：\n%s' % df.fillna(value=0))
```

结果如下：

```
填充 Series 对象缺失值：
0          0
1          2
2          0
3
4          0
5  I love China
dtype: object
填充 DataFrame 对象缺失值：
          景区            位置                时间
0  哈尔滨防洪纪念塔          0                   0
1    东北烈士纪念馆   一曼街 241 号   1948-10-10 00:00:00
2    哈尔滨烈士陵园     体育街 1 号               0
```

检测与处理异常值

3.10.3 检测与处理异常值

异常值是指数据中个别值的数值明显偏离其余的数值，有时也称为离群点。检测异常值就是检验数据中是否有录入错误以及是否含有不合理的数据。

异常值的存在对数据分析十分危险，如果计算分析过程的数据有异常值，那么会对结果产生不良影响，从而导致分析结果产生偏差乃至错误。

常用的异常值检测主要分为 3σ 原则和箱线图两种方法。

1. 3σ 原则

3σ 原则又称为拉依达法则。该法则先假设一组检测数据只含有随机误差，对原始数据进行计算处理得到标准差，然后按一定的概率确定一个区间，认为误差超过这个区间的就属于异常值。这种判别处理方法仅适用于对正态或近似正态分布的样本数据进行处理。3σ 原则如表 3-39 所示，其中 σ 代表标准差，μ 代表均值，$x = \mu$ 为图形的对称轴。数据的数值分布几乎全部集中在区间 $(\mu - 3\sigma, \mu + 3\sigma)$ 内，超出这个范围的数据仅占不到 0.3%。根据小概率原理，可以认为超出 3σ 的部分数据为异常数据。

表 3-39 3σ 原则

数值分布	在数据中的占比
$(\mu - \sigma, \mu + \sigma)$	0.6827
$(\mu - 2\sigma, \mu + 2\sigma)$	0.9545
$(\mu - 3\sigma, \mu + 3\sigma)$	0.9973

【例 3-68】 定义 3σ 原则识别异常值函数。

代码如下：

```
def outRange(Ser):
    boolInd = (Ser.mean()-3*Ser.std()>Ser) |(Ser.mean()+3*Ser.var()< Ser)
    index = np.arange(Ser.shape[0])[boolInd]
    outrange = Ser.iloc[index]
    return outrange
ser = pd.Series(data=np.hstack((np.random.randn(100),np.array([-500,-300]))))
outlier = outRange(ser)
print(outlier)
print(' 使用 3σ 原则判定异常值个数为：',outlier.shape[0])
print(' 异常值的最大值为：',outlier.max())
print(' 异常值的最小值为：',outlier.min())
```

结果如下：

```
100   -500.0
101   -300.0
dtype: float64
使用 3σ 原则判定异常值个数为：2
异常值的最大值为：-300.0
异常值的最小值为：-500.0
```

2. 箱线图

箱线图提供了识别异常值的一个标准，即异常值通常被定义为小于 QL−1.5IQR 或大于 QU+1.5IQR 的值。

QL 称为下四分位数，表示全部观察值中有四分之一的数据取值比它小。

QU 称为上四分位数，表示全部观察值中有四分之一的数据取值比它大。

IQR 称为四分位数间距，是上四分位数 QU 与下四分位数 QL 之差，其间包含了全部观察值的一半。

箱线图依据实际数据绘制，真实、直观地表现出了数据分布的本来面貌，且没有对数据作任何限制性要求，其判断异常值的标准以四分位数和四分位数间距为基础。

四分位数给出了数据分布的中心、散布和形状的某种指示，具有一定的鲁棒性，即 25% 的数据可以变得任意远而不会很大地扰动四分位数，所以异常值通常不能对这个标准施加影响。鉴于此，箱线图识别异常值的结果比较客观，因此在识别异常值方面具有一定的优越性。

【例 3-69】 使用四分位数计算异常值。

代码如下：

```
ser = pd.Series(data=np.hstack((np.random.randn(10),np.array([-500,-300]))))
QL = ser.quantile(0.25)
QU = ser.quantile(0.75)
print(' 下四分位数：%s, 上四分位数：%s' % (QL, QU))
```

```
print(' 小于下四分位数：\n%s' % (ser< QL))
print(' 大于上四分位数：\n%s' % (ser> QU))
```

结果如下：

```
下四分位数：-1.9466971015661838, 上四分位数：0.25571495923026266
小于下四分位数：
0       False
1       False
2       False
3       False
4       False
5       True
6       False
7       False
8       False
9       False
10      True
11      True
dtype: bool
大于上四分位数：
0       False
1       True
2       False
3       True
4       False
5       False
6       False
7       False
8       True
9       False
10      False
11      False
dtype: bool
```

数据标准化

3.11 数据标准化

不同特征之间往往具有不同的量纲，由此造成的数值间的差异可能很大，在涉及空间距离计算或梯度下降法等情况时，不对其进行处理会影响到数据分析结果的准确性。

为了消除特征之间量纲和取值范围差异可能造成的影响，需要对数据进行标准化处理，也称作规范化处理。

3.11.1 离差标准化数据

离差标准化是对原始数据的一种线性变换，结果是将原始数据的数值映射到 [0, 1] 区间，转换公式为 $X^* = (X - \min)/(\max - \min)$。其中，max 为样本数据的最大值，min 为样本数据的最小值，max − min 为极差。离差标准化保留了原始数据值之间的联系，是消除量纲和数据取值范围影响最简单的方法。

【例 3-70】 自定义离差标准化函数。

代码如下：

```
def MinMaxScale(data):
    data=(data-data.min())/(data.max()-data.min())
    return data
df = pd.DataFrame({'col1': [1, 3, 5, 7, 9],'col2': [7, 4, 35, 14, 56]})
data1=MinMaxScale(df['col1'])
data2=MinMaxScale(df['col2'])
data3=pd.concat([data1,data2],axis=1)
print(' 离差标准化之前的数据为：\n',df)
print(' 离差标准化之后的数据为：\n',data3)
```

结果如下：

```
离差标准化之前的数据为：
   col1  col2
0    1     7
1    3     4
2    5    35
3    7    14
4    9    56
离差标准化之后的数据为：
   col1      col2
0  0.00  0.057692
1  0.25  0.000000
2  0.50  0.596154
3  0.75  0.192308
4  1.00  1.000000
```

数据的整体分布情况并不会随离差标准化而发生改变，原先取值较大的数据，在做完离差标准化后的值依旧较大。当数据和最小值相等的时候，通过离差标准化可以发现数据变为 0。若数据极差过大就会出现数据在离差标准化后数据之间的差值非常小的情况。同时，还可以看出离差标准化的缺点：若数据集中某个数值很大，则离差标准化的值就会接近于 0，并且相互之间差别不大。若将来遇到超过目前属性 [min, max] 取值范围的时候，会引起系统出错，这时便需要重新确定 min 和 max。

3.11.2 标准差标准化数据

标准差标准化也叫零均值标准化或分数标准化，是当前使用最广泛的数据标准化方法。经过该方法处理的数据均值为 0，标准差为 1，转换公式为 $X^* = (x - \bar{x})/\delta$。其中，$\bar{x}$ 为原始数据的均值，δ 为原始数据的标准差。

【例 3-71】 自定义标准差标准化函数。

代码如下：

```
def StandardScaler(data):
    data=(data-data.mean())/data.std()
    return data
df = pd.DataFrame({'col1': [1, 3, 5, 7, 9],'col2': [7, 4, 35, 14, 56]})
data1=StandardScaler(df['col1'])
data2=StandardScaler(df['col2'])
data3=pd.concat([data1,data2],axis=1)
print(' 标准差标准化之前的数据为：\n',df)
print(' 标准差标准化之后的数据为：\n',data3)
```

结果如下：

```
标准差标准化之前的数据为：
   col1  col2
0    1     7
1    3     4
2    5    35
3    7    14
4    9    56
标准差标准化之后的数据为：
        col1       col2
0  -1.264911  -0.737355
1  -0.632456  -0.873902
2   0.000000   0.537085
3   0.632456  -0.418745
4   1.264911   1.492915
```

通过比较例 3-70 和例 3-71 两者的结果可以发现，标准差标准化后的值区间不局限于 [0, 1]，并且存在负值。同时也不难发现，标准差标准化和离差标准化一样不会改变数据分布情况。

3.11.3 小数定标标准化数据

通过移动数据的小数位数，将数据映射到区间 [-1, 1] 之间，移动的小数位数取决于数据绝对值的最大值，转化公式为 $X^* = X/10^k$。

【例 3-72】 自定义小数定标标准化函数。

代码如下：

```
def DecimalScaler(data):
    data=data/10**np.ceil(np.log10(data.abs().max()))
    return data
df = pd.DataFrame({'col1': [1, 3, 5, 7, 9],'col2': [7, 4, 35, 14, 56]})
data1=DecimalScaler(df['col1'])
data2=DecimalScaler(df['col2'])
data3=pd.concat([data1,data2],axis=1)
print(' 小数定标标准化之前的数据为：\n',df)
print(' 小数定标标准化之后的数据为：\n',data3)
```

结果如下：

```
小数定标标准化之前的数据为：
   col1  col2
0    1     7
1    3     4
2    5    35
3    7    14
4    9    56
小数定标标准化之后的数据为：
   col1  col2
0   0.1  0.07
1   0.3  0.04
2   0.5  0.35
3   0.7  0.14
4   0.9  0.56
```

本节介绍的三种标准化方法各有优势：离差标准化方法简单，便于理解，标准化后的数据限定在 [0, 1] 区间内。标准差标准化受到数据分布的影响较小。小数定标标准化方法的适用范围广，并且受到数据分布的影响较小，相比较于前两种方法而言该方法适用程度适中。

数据转换

3.12 数 据 转 换

数据分析的预处理工作还包括数据变换的过程。数据经过清洗、合并、标准化后依旧不能直接拿来作分析建模，还需要对数据进行一些合理转换，使之符合分析要求。

3.12.1 哑变量处理类别数据

数据分析模型中有相当一部分的算法模型都要求输入的特征为数值型，但实际数据中特征的类型不一定只有数值型，还会存在相当一部分的类别型，这部分的特征需要经过哑变量处理才可以放入模型之中。

哑变量 (Dummy Variable)，又称为虚拟变量、虚设变量或名义变量。从名称上可知哑变量是人为虚设的变量，通常取值为 0 或 1，用来反映某个变量的不同属性。对于有 n 个分类属性的自变量，通常需要选取 1 个分类作为参照，因此可以产生 n－1 个哑变量。

哑变量处理的原理示例如图 3-8 所示。根据“景区”包含的数据，可以分为中央大街、圣索菲亚教堂、东北烈士纪念馆、防洪纪念塔、冰雪大世界 5 个类别，即设定 5 个哑变量，每个哑变量均有 1 或 0 两个取值对应“是”和“非”。

哑变量处理前

	景区
1	中央大街
2	圣索菲亚教堂
3	东北烈士纪念馆
4	防洪纪念塔
5	冰雪大世界
6	防洪纪念塔
7	圣索菲亚教堂
8	东北烈士纪念馆
9	中央大街
10	冰雪大世界

哑变量处理后

	景区_中央大街	景区_圣索菲亚教堂	景区_东北烈士纪念馆	景区_防洪纪念塔	景区_冰雪大世界
1	1	0	0	0	0
2	0	1	0	0	0
3	0	0	1	0	0
4	0	0	0	1	0
5	0	0	0		1
6	0	0	0	1	0
7	0	1	0	0	0
8	0	0	1	0	0
9	1	0	0	0	0
10	0	0	0	0	1

图 3-8　哑变量处理的原理示例

Pandas 库中的 get_dummies 函数对类别型特征进行哑变量处理。其语法规则如下：

Pandas.get_dummies(data, prefix=None, prefix_sep: str | Iterable[str] | dict[str, str] = "_", dummy_na: bool = False, columns=None, sparse: bool = False, drop_first: bool = False, dtype: NpDtype | None = None) -> DataFrame

get_dummies 函数常用参数及其说明如表 3-40 所示。

表 3-40　get_dummies 函数常用参数及其说明

参数名称	说　明
data	接收 array_like、Series、DataFrame，表示需要哑变量处理的数据
prefix	接收 str、str 的列表或者 str 的 dict，默认为 None，表示哑变量化后列名的前缀
prefix_sep	接收 str，默认为 _，表示前缀的连接符
dummy_na	接收 bool，默认为 False，表示是否为 NaN 值添加一列
columns	接收 list_like，表示 DataFrame 中需要编码的列名，默认为 None 表示对所有 object 和 category 类型进行编码
sparse	接收 bool，默认为 False，表示虚拟列是否是稀疏的
drop_first	接收 bool，默认为 False，表示是否通过从 k 个分类级别中删除第一级来获得 k－1 个分类级别

get_dummies 函数返回哑变量组成的 DataFrame 对象。如果参数 data 包含除哑变量以外的其他列，则这些列将被原封不动地添加到结果的前面。

【例 3-73】 使用 get_dummies 函数计算哑变量。

代码如下：

```
df1 = pd.DataFrame({' 景区 ':[' 中央大街 ',' 圣索菲亚教堂 ',' 东北烈士纪念馆 ',' 防洪纪念塔 ',' 冰雪大世界 ',' 防洪纪念塔 ',' 圣索菲亚教堂 ',' 东北烈士纪念馆 ',' 中央大街 ',' 冰雪大世界 ']},
                    index=[i+1 for i in range(10)])
print(' 哑变量处理前的数据为：\n%s' % df1)
print(' 哑变量处理后的数据为：\n%s' % pd.get_dummies(df1))
df2 = pd.DataFrame({'A': ['a', 'b', 'a'],'B': ['b', 'a', 'c'],'C': [1, 2, 3]})
print(' 哑变量处理前的数据为：\n%s' % df2)
print(' 哑变量处理后的数据为：\n%s' % pd.get_dummies(df2, prefix=['col1', 'col2']))
```

结果如下：

```
哑变量处理前的数据为：
      景区
1    中央大街
2  圣索菲亚教堂
3  东北烈士纪念馆
4   防洪纪念塔
5   冰雪大世界
6   防洪纪念塔
7  圣索菲亚教堂
8  东北烈士纪念馆
9    中央大街
10  冰雪大世界
哑变量处理后的数据为：
  景区_东北烈士纪念馆 景区_中央大街 景区_冰雪大世界 景区_圣索菲亚教堂 景区_防洪纪念塔
1       False        True       False       False       False
2       False        False      False       True        False
3       True         False      False       False       False
4       False        False      False       False       True
5       False        False      True        False       False
6       False        False      False       False       True
7       False        False      False       True        False
8       True         False      False       False       False
9       False        True       False       False       False
10      False        False      True        False       False
哑变量处理前的数据为：
   A  B  C
```

```
0  a  b  1
1  b  a  2
2  a  c  3
```

哑变量处理后的数据为：

```
   C  col1_a  col1_b  col2_a  col2_b  col2_c
0  1   True   False   False   True    False
1  2   False  True    True    False   False
2  3   True   False   False   False   True
```

对于一个类别型特征，若其取值有 m 个，则经过哑变量处理后就变成了 m 个二元特征，并且这些特征互斥，每次只有一个激活，这使得数据变得稀疏。

对类别型特征进行哑变量处理主要解决了部分算法模型无法处理类别型数据的问题，这在一定程度上起到了扩充特征的作用。由于数据变成了稀疏矩阵的形式，因此也加速了算法模型的运算速度。

3.12.2 离散化连续型数据

某些模型算法，特别是某些分类算法如 ID3 决策树算法和 Apriori 算法等，要求数据是离散的，此时就需要将连续型特征 (数值型) 变换成离散型特征 (类别型)。

连续特征的离散化就是在数据的取值范围内设定若干个离散的划分点，将取值范围划分为一些离散化的区间，最后用不同的符号或整数值代表落在每个子区间中的数据值。

因此离散化涉及两个子任务，即确定分类数以及如何将连续型数据映射到这些类别型数据上。其原理示例如图 3-9 所示。

离散化处理前

	年龄
1	18
2	23
3	35
4	54
5	42
6	21
7	60
8	63
9	41
10	38

离散化处理后

	年龄
1	(17.955, 27]
2	(17.955, 27]
3	(27, 36]
4	(45, 54]
5	(36, 54]
6	(17.955, 27]
7	(54, 63]
8	(54, 63]
9	(36, 54]
10	(36, 54]

图 3-9　离散化处理的原理示例

1. 等宽法

将数据的值域分成具有相同宽度的区间，区间的个数由数据本身的特点决定或者由用户指定，与制作频率分布表类似。Pandas 提供了 cut 函数，可以进行连续型数据的等宽离散化，其基础语法格式如下：

Pandas.cut(x, bins, right: bool = True, labels=None, retbins: bool = False, precision: int = 3, include_lowest: bool = False, duplicates: str = "raise", ordered: bool = True)

cut 函数常用参数及其说明如表 3-41 所示。

表 3-41 cut 函数常用参数及其说明

参数名称	说　明
x	接收 array_like，表示需要进行离散化处理的数据，必须为一维
bins	接收 int、标量序列或 IntervalIndex。 int：参数 x 范围内包含的等宽数目，x 在边界扩展 0.1%，以包括 x 的最小值和最大值。 标量序列：进行切分的区间，每两个数间隔为一个区间，定义宽度可以不均匀的区间，不扩展 x 的范围。 IntervalIndex：直接使用 IntervalIndex 定义的区间对数据进行分组，所划分的区间不能有交集
right	接收 bool，默认为 True，表示右侧是否为闭区间
labels	接收 array 或 False，默认为 None，表示离散化后各个类别的名称
retbins	接收 bool，默认为 False，表示是否返回区间标签
precision	接收 int，默认为 3，表示标签的精度
include_lowest	接收 bool，默认为 False，表示第一个间隔是否包含最小值
duplicates	接收 {default 'raise', 'drop'}，可选。如果 bin 边界不是唯一的，则触发 ValueError 或删除非唯一边
ordered	接收 bool，默认为 True，表示标签是否排序

cut 函数返回一个类似数组的对象，表示每个值“x”的相应 bin。cut 函数返回对象中存储数据的类型取决于参数“labels”的值。

(1) labels 为 None，如果参数 x 为 Series 对象则返回一个 Series 对象，其余的输入则返回一个 Categorical 类型。存储在其中的值是 Interval dtype。

(2) labels 为标量序列，如果参数 x 为 Series 对象则返回一个 Series 对象，其余的输入则返回一个 Categorical 类型。存储在其中的值是序列中的任何类型。

(3) labels 为 False，则返回一个整数组成的 ndarray 对象。

【例 3-74】 使用 cut 函数实现等宽法离散化。

代码如下：

```
DataCut1 = pd.cut(np.array([1, 7, 5, 4, 6, 3]), 3)
print('1) 离散化为三个大小相等的 bins：')
print(DataCut1)
DataCut2 = pd.cut(np.array([1, 7, 5, 4, 6, 3]), 3, retbins=True)
print('2) 离散化为三个大小相等的 bins：')
print(DataCut2)
DataCut3 = pd.cut(np.array([1, 7, 5, 4, 6, 3]), 3, labels=["bad", "medium", "good"])
print('3) 使用特定标签离散化：')
```

```
print(DataCut3)
DataCut4 = pd.cut(np.array([1, 7, 5, 4, 6, 3]), 3, labels=["B", "A", "B"], ordered=False)
print('4)ordered=False 返回无序标签 ( 此参数可用于允许非唯一标签 )：')
print(DataCut4)
DataCut5 = pd.cut([0, 1, 1, 2], bins=4, labels=False)
print('5)labels=False 仅返回 bins：')
print(DataCut5)
s = pd.Series(np.array([2, 4, 6, 8, 10]),index=['a', 'b', 'c', 'd', 'e'])
DataCut6 = pd.cut(s, 3)
print('6) 输入 Series 返回带有 categorical dtype 的 Series：')
print(DataCut6)
s = pd.Series(np.array([2, 4, 6, 8, 10]),index=['a', 'b', 'c', 'd', 'e'])
DataCut7 = pd.cut(s, [0, 2, 4, 6, 8, 10], labels=False, retbins=True, right=False)
print('7) 输入 Series 返回带有映射值的 Series：')
print(DataCut7)
DataCut8 = pd.cut(s, [0, 2, 4, 6, 10, 10], labels=False, retbins=True,right=False, duplicates='drop')
print('8) 当 bin 不唯一时，使用 "drop" 选项：')
print(DataCut8)
bins = pd.IntervalIndex.from_tuples([(0, 1), (2, 3), (4, 5)])
DataCut9 = pd.cut([0, 0.5, 1.5, 2.5, 4.5], bins)
print('9) 输入 IntervalIndex 类型：')
print(DataCut9)
```

结果如下：

```
1) 离散化为三个大小相等的 bins:
[(0.994, 3.0], (5.0, 7.0], (3.0, 5.0], (3.0, 5.0], (5.0, 7.0], (0.994, 3.0]]
Categories (3, interval[float64, right]): [(0.994, 3.0] < (3.0, 5.0] < (5.0, 7.0]]
2) 离散化为三个大小相等的 bins:
([(0.994, 3.0], (5.0, 7.0], (3.0, 5.0], (3.0, 5.0], (5.0, 7.0], (0.994, 3.0]]
Categories (3, interval[float64, right]): [(0.994, 3.0] < (3.0, 5.0] < (5.0, 7.0]], array([0.994, 3.   , 5.   , 7.   ]))
3) 使用特定标签离散化:
['bad', 'good', 'medium', 'medium', 'good', 'bad']
Categories (3, object): ['bad' < 'medium' < 'good']
4) ordered=False 返回无序标签 ( 此参数可用于允许非唯一标签 ):
['B', 'B', 'A', 'A', 'B', 'B']
Categories (2, object): ['A', 'B']
5) labels=False 仅返回 bins:
[0 1 1 3]
6) 输入 Series 返回带有 categorical dtype 的 Series:
a    (1.992, 4.667]
b    (1.992, 4.667]
c    (4.667, 7.333]
```

```
d    (7.333, 10.0]
e    (7.333, 10.0]
dtype: category
Categories (3, interval[float64, right]): [(1.992, 4.667] < (4.667, 7.333] < (7.333, 10.0]]
```

7) 输入 Series 返回带有映射值的 Series：

```
(a   1.0
b   2.0
c   3.0
d   4.0
e   NaN
dtype: float64, array([ 0,  2,  4,  6,  8, 10]))
```

8) 当 bin 不唯一时，使用“drop”选项：

```
(a   1.0
b   2.0
c   3.0
d   3.0
e   NaN
dtype: float64, array([ 0,  2,  4,  6, 10]))
```

9) 输入 IntervalIndex 类型：

```
[NaN, (0.0, 1.0], NaN, (2.0, 3.0], (4.0, 5.0]]
Categories (3, interval[int64, right]): [(0, 1] < (2, 3] < (4, 5]]
```

使用等宽法离散化的缺陷：等宽法离散化对数据分布具有较高要求，若数据分布不均匀，那么各个类的数目也会变得非常不均匀，部分区间内数据量很多，而另外一些区间内数据量极少，这会严重损坏所建立的模型。

2. 等频法

cut 函数虽然不能直接实现等频离散化，但是可以通过定义将相同数量的记录放进每个区间。

等频法离散化的方法相比较于等宽法离散化而言，避免了数据分类分布不均匀的问题，但同时却也有可能将数值非常接近的两个值分到不同的区间以满足每个区间中固定的数据个数。

【例 3-75】 自定义等频法离散化函数。

代码如下：

```
def SameRateCut(data,k):
    w=data.quantile(np.arange(0,1+1.0/k,1.0/k))          # 等分位
    # print('w:',w)
    data=pd.cut(data,w)
    # print('data:',data)
    return data
ser = pd.Series(data=np.array([1, 7, 5, 4, 6, 3]))
```

```
result=SameRateCut(ser,3)
print(' 等频法离散化后数据分布为：\n%s' % result)
```

结果如下：

```
等频法离散化后数据分布为：
0               NaN
1      (5.333, 7.0]
2    (3.667, 5.333]
3    (3.667, 5.333]
4      (5.333, 7.0]
5      (1.0, 3.667]
dtype: category
Categories (3, interval[float64, right]): [(1.0, 3.667] < (3.667, 5.333] < (5.333, 7.0]]
```

第4章 SciPy 科学计算

有圆城不知周径，四门中开，北外三里有乔木，出南门便折东行九里，乃见木。欲知城周径各几何？

——《数书九章·卷八》

南宋数学家秦九韶所著的《数书九章》是中国古代数学史上的著名篇章。该书汇集了历学、数学、星象、音律及营造等资料，代表了中世纪中国乃至世界数学的先进水平。秦九韶是站在“数学建模”的高度深入研究各类数学问题的，是一位具有实事求是的科学精神与创新精神的数学家。其提出的大衍求一术(不定方程的中国独特解法)及高次代数方程的数值解法，在世界数学史上占有崇高的地位。

SciPy 是高端科学计算工具包，用于数学、科学、工程学等领域，功能包括最优化、线性代数、积分、插值、拟合、特殊函数、快速傅里叶变换、信号处理、图像处理、常微分方程求解器等。

本章任务目标包括：

(1) 识别 SciPy 常数和单位。

(2) 分析数学问题，应用 SciPy 线性代数解决问题。

(3) 分析数据集，应用 SciPy 聚类分析解决问题，并评价聚类的分析效果。

(4) 分析数据集，应用 SciPy 插值解决问题，评价不同插值的效果。

(5) 分析数据集，选择合适的 SciPy 数值优化方法解决问题。

(6) 分析数据集，选择合适的 SciPy 统计函数解决问题。

SciPy 主命名空间

4.1 SciPy 主命名空间

根据设计，SciPy 主命名空间中的对象很少，仅包含显示与测试、构建信息和版本控制相关的通用功能，并且存在一个不适合任何一个子模块的类 (LowLevelCallable)。SciPy 主命名空间函数 / 属性及其说明如表 4-1 所示。

表 4-1 SciPy 主命名空间函数 / 属性及其说明

函数 / 属性	说　明
LowLevelCallable(function[, user_data, …])	低级回调函数
show_config([mode])	显示构建和正在使用 SciPy 的库和系统信息
test()	对此命名空间运行测试
__version__	SciPy 版本

SciPy 子模块命名空间中所有内容都是公开的，建议使用命名空间导入函数。例如，curve_fit 函数（在 Lib/site-packages/scipy/optimize/_minpack_py.py 文件中定义），导入方式如下：

```
import scipy
result = scipy.optimize.curve_fit(...)
```

或者，也可以将子模块用作命名空间，语法如下：

```
from scipy import optimize
result = optimize.curve_fit(...)
```

注意：对于 scipy.io 更推荐使用 import scipy，因为 io 也是 Python stdlib 中模块的名称。

SciPy 模块列表及其说明如表 4-2 所示，每个子模块都是公共的。

表 4-2 SciPy 模块列表及其说明

模块名称	说　明
scipy.cluster	聚类分析功能。子模块：scipy.cluster.vq、scipy.cluster.hierarchy
scipy.constants	数学常数和物理常量
scipy.datasets	加载 SciPy 数据集
scipy.fft	离散傅里叶变换、离散正余弦变换及快速汉克尔变换
scipy.fftpack	离散傅里叶变换（旧版）。此子模块被视为旧模块，将不再接收更新，在未来的 SciPy 版本中被删除。新代码应使用 fft
scipy.integrate	积分和常微分方程
scipy.interpolate	插值
scipy.io	科学数据格式读写。子模块：scipy.io.arff、scipy.io.matlab、scipy.io.wavfile
scipy.linalg	线性代数功能。子模块：scipy.linalg.blas、scipy.linalg.cython_blas、scipy.linalg.lapack、scipy.linalg.cython_lapack、scipy.linalg.interpolative
scipy.misc	实用程序例程。自 1.10.0 版起不推荐使用，目前此模块已弃用，将在 SciPy v2.0.0 中完全删除
scipy.ndimage	N 维图像处理与插值
scipy.odr	正交距离回归
scipy.optimize	数值优化。子模块：scipy.optimize.cython_optimize
scipy.signal	信号处理。子模块：scipy.signal.windows
scipy.sparse	稀疏矩阵、线性代数和图形算法。子模块：scipy.sparse.linalg、scipy.sparse.csgraph
scipy.spatial	空间数据结构和算法。子模块：scipy.spatial.distance、scipy.spatial.transform
scipy.special	特殊函数功能
scipy.stats	统计函数。子模块：scipy.stats.contingency、scipy.stats.distributions、scipy.stats.mstats、scipy.stats.qmc、scipy.stats.sampling

SciPy 的所有子模块放置在 Python 安装目录“Python 版本号 \Lib\site-packages\scipy”

中，可以通过查看“Python版本号\Lib\site-packages\scipy\模块名称__init__.py”文件，获得“模块名称”包含的主要参考文档。

可以通过魔法属性“__all__”获取模块公开的接口，使用魔法属性“__doc__”获取文档字符串。

【例4-1】 使用魔法属性查看SciPy模块公开接口与内置文档。

代码如下：

```
print(scipy.__all__)
print(scipy.__doc__)
```

结果如下：

```
['cluster', 'constants', 'datasets', 'fft', 'fftpack', 'integrate', 'interpolate', 'io', 'linalg', 'misc', 'ndimage', 'odr', 'optimize', 'signal', 'sparse', 'spatial', 'special', 'stats', 'LowLevelCallable', 'test', 'show_config', '__version__']

SciPy: A scientific computing package for Python
================================================

Documentation is available in the docstrings and
online at https://docs.scipy.org.

Subpackages
-----------
Using any of these subpackages requires an explicit import. For example,
``import scipy.cluster``.

::

cluster        --- Vector Quantization / Kmeans
constants      -- Physical and mathematical constants and units
datasets       --- Dataset methods
fft            --- Discrete Fourier transforms
fftpack        --- Legacy discrete Fourier transforms
integrate      --- Integration routines
interpolate    --- Interpolation Tools
io             --- Data input and output
linalg         --- Linear algebra routines
misc           --- Utilities that don't have another home
ndimage        --- N-D image package
odr            --- Orthogonal Distance Regression
optimize       --- Optimization Tools
signal         --- Signal Processing Tools
```

```
sparse            --- Sparse Matrices
spatial           --- Spatial data structures and algorithms
special           --- Special functions
stats             --- Statistical Functions

Public API in the main SciPy namespace
--------------------------------------
::

__version__       --- SciPy version string
LowLevelCallable --- Low-level callback function
show_config       --- Show scipy build configuration
test              --- Run scipy unittests
```

SciPy 常数和单位

4.2 SciPy 常数和单位

SciPy 物理和数学的常数与单位由子模块 scipy.constants 提供。scipy.constants 模块常用数学常数与物理常量如表 4-3 所示。

表 4-3 scipy.constants 模块常用数学常数与物理常量

类　别	属　性	说　明
数学常数	pi	圆周率
	golden	黄金比率
	golden_ratio	黄金比率
物理常量	speed_of_light	真空中的光速
	g	标准重力加速度
	e	基本电荷常数

【例 4-2】 获取常用数学常数与物理常量。

代码如下：

```
from scipy import constants
print(constants.pi)
print(constants.golden)
print(constants.golden_ratio)
print(constants.speed_of_light)
print(constants.g)
print(constants.e)
```

结果如下：

```
3.141592653589793
```

```
1.618033988749895
1.618033988749895
299792458.0
9.80665
1.602176634e-19
```

除基本物理常量外，scipy.constants 模块还包含了 2018 CODATA 中的物理常量，可以通过表 4-4 中的方法查看物理常量的信息。

表 4-4 scipy.constants 模块查看物理常量信息的功能函数

函数名	说　明
value(key)	按照 key 检索 physical_constants 并返回具体的值
unit(key)	按照 key 检索 physical_constants 并返回单位
precision(key)	按照 key 检索 physical_constants 并返回相对精度
find([sub, disp])	根据给定的字符串查找 physical_constants，并返回包含指定字符串的列表
physical_constants[name]	以元组的形式返回指定 physical_constants 的信息 value、unit、uncertainty，即值、单位、不确定性

scipy.constants 的物理常量字符串包括几十个，以字符串“alpha particle mass”为例，演示表 4-4 中函数的使用方法。

【例 4-3】 查询物理常量信息。

代码如下：

```
print(' 查询物理常量 "alpha particle mass" 的信息：')
print(' 查询值：',constants.value('alpha particle mass'))
print(' 查询单位：',constants.unit('alpha particle mass'))
print(' 查询相对精度：',constants.precision('alpha particle mass'))
print(' 查询所有包含 "alpha" 的物理常量：')
print(constants.find('alpha'))
print(' 查询物理常量字典：',constants.physical_constants['alpha particle mass'])
```

结果如下：

```
查询物理常量 "alpha particle mass" 的信息：
查询值： 6.6446573357e-27
查询单位： kg
查询相对精度： 3.009937004959646e-10
查询所有包含 "alpha" 的物理常量：
['alpha particle mass', 'alpha particle mass energy equivalent', 'alpha particle mass energy equivalent in MeV', 'alpha particle mass in u', 'alpha particle molar mass', 'alpha particle relative atomic mass', 'alpha particle-electron mass ratio', 'alpha particle-proton mass ratio', 'electron to alpha particle mass ratio']
查询物理常量字典：(6.6446573357e-27, 'kg', 2e-36)
```

除上述内容外，scipy.constants 还提供了多种单位常量，包括 SI prefixes(标准国际单位制词头，quetta、ronna、yotta 等)、二进制单位 (kibi、mebi、gibi 等)、质量单位 (gram、metric_ton、grain 等)、角度换算 (degree、arcmin、arcminute 等)、时间单位 (minute、hour、day 等)、长度单位 (inch、foot、yard 等)、压强单位 (atm、atmosphere、bar 等)、面积单位 (hectare、acre)、体积单位 (liter、litre、gallon 等)、速度单位 (kmh、mph、mach)、温度单位 (zero_Celsius、degree_Fahrenheit)、能量单位 (eV、electron_volt、calorie)、功率单位 (hp、horsepower)、力学单位 (dyn、dyne、lbf 等)。这些单位常量均可通过“scipy.constants. 属性”的形式获取具体数值。

4.3 SciPy 线性代数

SciPy 线性代数

SciPy 的线性代数函数由模块 scipy.linalg 提供，包含了积分和常微分方程的相关计算。scipy.linalg 导入了 numpy.linalg 大部分线性代数函数，同时提供了更多或略有不同的功能。scipy.linalg 模块提供的线性代数功能函数，都需要一个可以转换为二维数组的对象，它的输出也是一个二维数组。

4.3.1 矩阵的基本运算

矩阵的基本运算是线性代数的基本操作，它包括矩阵的逆运算、矩阵行列式值、范数等运算操作。这些基本运算在工程领域中有广泛的应用。下面给出部分运算的应用示例。

1. 逆运算

inv 函数用于计算一个矩阵的逆，其语法规则如下：

```
scipy.linalg.inv(a, overwrite_a=False, check_finite=True)
```

inv 函数常用参数及其说明如表 4-5 所示。

表 4-5 inv 函数常用参数及其说明

参数名称	说 明
a	接收 array_like，表示等待计算的方形矩阵
overwrite_a	接收 bool，可选，默认为 False，表示丢弃 a 中的数据 (可能会提高性能)
check_finite	接收 bool，可选，表示是否检查输入矩阵仅包含有限数。禁用该参数可能会提高性能，但如果输入确实包含无穷大或 NaN，则可能会导致程序崩溃、非终止

inv 函数返回值类型为 ndarray 对象，为数组 a 的逆矩阵。如果 a 是单数，则会引发 LinAlgError 异常；如果 a 不是方形或不是二维，则会引发 ValueError 异常。

【例 4-4】 计算矩阵 $\begin{bmatrix} 1 & 2 \\ 3 & 4 \end{bmatrix}$ 的逆。

代码如下：

```
import numpy as np
from scipy import linalg
a = np.array([[1., 2.], [3., 4.]])
```

```
a_inv = linalg.inv(a)
print('a 矩阵的逆矩阵为：\n%s' % a_inv)
```

结果如下：

```
a 矩阵的逆矩阵为：
[[-2.  1.]
[1.5  -0.5]]
```

2. 行列式

det 函数用于计算矩阵的行列式。行列式是一个标量，它是相关方阵系数的函数。奇异矩阵的行列式值为零。det 函数语法规则如下：

```
scipy.linalg.det(a, overwrite_a=False, check_finite=True)
```

det 函数常用参数及其说明如表 4-6 所示。

表 4-6 det 函数常用参数及其说明

参数名称	说　明
a	接收 array_like，形如 (..., M, M)，用于计算行列式的数组
overwrite_a	接收 bool，可选 False，表示允许覆盖 a 中的数据 (可能会提高性能)
check_finite	接收 bool，可选，表示是否检查输入矩阵仅包含有限数。禁用该参数可能会提高性能，但如果输入确实包含无穷大或 NaN，则可能会导致程序崩溃、非终止

det 函数返回 a 的行列式。若 a 形状为 (p, q, m, m)，则输出行列式形状为 (p,q)。如果 a 所有维度均为 1，则返回一个标量。

【例 4-5】 使用 det 函数计算矩阵的行列式。

代码如下：

```
import numpy as np
from scipy import linalg
a = np.array([[1,2,3], [4,5,6], [7,8,9]])
print(linalg.det(a))
b = np.array([[0,2,3], [4,5,6], [7,8,9]])
print(linalg.det(b))
c = np.array([[[[1., 2.], [3., 4.]],
              [[5., 6.], [7., 8.]]],
              [[[9., 10.], [11., 12.]],
              [[13., 14.], [15., 16.]]],
              [[[17., 18.], [19., 20.]],
              [[21., 22.], [23., 24.]]]])
print(linalg.det(c))
print(linalg.det(c[0, 0]))
```

结果如下：

```
0.0
3.0
```

```
[[-2. -2.]
 [-2. -2.]
 [-2. -2.]]
-2.0
```

3. 矩阵或向量的范数

norm 函数能够返回 8 个不同矩阵范数中的一个，或无限多个向量范数中的一个，具体取决于 ord 参数的值。ord 表示范数的种类，例如，1 范数、2 范数、∞范数，对于秩不同于 1 或 2 的张量，仅支持 ord=None。norm 函数语法规则如下：

```
scipy.linalg.norm(a, ord=None, axis=None, keepdims=False, check_finite=True)
```

norm 函数常用参数及其说明如表 4-7 所示。

表 4-7 norm 函数常用参数及其说明

参数名称	说　明
a	接收 array_like，表示输入数组。如果 axis 为 None，则 a 必须为一维或二维，除非 ord 为 None。如果 axis 和 ord 都为 None，则将返回 a.ravel 的 2 范数
ord	接收 {int, inf, -inf, 'fro', 'nuc', None}，可选，表示范数的顺序。其中，inf 表示 NumPy 的 inf 对象
axis	接收 {int, 2-tuple of ints, None}，可选。如果 axis 是整数，则指定要计算向量范数的 a 轴。如果 axis 是二元组，则指定保存二维矩阵的轴，并计算这些矩阵的矩阵范数。如果 axis 为 None，则返回向量范数（当 a 为一维时）或矩阵范数（当 a 为二维时）

严格来说，对于 ord≤0 的值，计算结果不是数学意义上的“范数”，但它仍然对各种数值目的有一定的作用。norm 函数的参数 ord 取值说明如表 4-8 所示。

表 4-8 参数 ord 取值说明

ord 取值	矩阵的范数	向量的范数
None	Frobenius norm	2-norm
'fro'	Frobenius norm	
'nuc'	nuclear norm	
inf	max(sum(abs(a), axis=1))	max(abs(a))
-inf	min(sum(abs(a), axis=1))	min(abs(a))
0		sum(a != 0)
1	max(sum(abs(a), axis=0))	as below
−1	min(sum(abs(a), axis=0))	as below
2	2-norm (largest sing. value)	as below
−2	smallest singular value	as below
other		sum(abs(a)**ord)**(1./ord)

Frobenius 范数为$\|A\|_F = \left|\sum_{i,j} \text{Abs}(a_{ij})^2\right|^{\frac{1}{2}}$，nuclear 范数是奇异值的总和。Frobenius 范数和 nuclear 范数都是矩阵的范数，但它们分别属于不同的范数类别。Frobenius 范数属于二阶范数，主要衡量矩阵元素的大小。而 nuclear 属于特殊的范数，也称为矩阵 1 范数，其关注矩阵的秩和奇异值。Frobenius 范数和 nuclear 范数只对矩阵存在。

【例 4-6】 使用 norm 函数计算范数。

代码如下：

```
import numpy as np
from scipy.linalg import norm
a = np.arange(9) - 4.0
b = a.reshape((3, 3))
print(a)
print(b)
print(norm(a))
print(norm(b))
print(norm(b, 'fro'))
print(norm(a, np.inf))
print(norm(b, np.inf))
print(norm(a, -np.inf))
print(norm(b, -np.inf))
print(norm(a, 1))
print(norm(b, 1))
print(norm(a, -1))
print(norm(b, -1))
print(norm(a, 2))
print(norm(b, 2))
print(norm(a, -2))
print(norm(b, -2))
print(norm(a, 3))
print(norm(a, -3))
```

结果如下：

```
[-4. -3. -2. -1.  0.  1.  2.  3.  4.]
[[-4. -3. -2.]
 [-1.  0.  1.]
 [ 2.  3.  4.]]
7.745966692414834
7.745966692414834
7.745966692414834
4.0
```

```
9.0
0.0
2.0
20.0
7.0
0.0
6.0
7.745966692414834
7.348469228349534
0.0
1.8570331885190565e-16
5.848035476425731
0.0
```

4.3.2 特征值计算

eig 函数用于求解方型矩阵的普通或广义特征值问题。其语法规则如下：

scipy.linalg.eig(a,b=None,left=False,right=True,overwrite_a=False,overwrite_b=False, check_finite=True, homogeneous_eigvals=False)

求一般矩阵的特征值 w，以及右或左特征向量的语法如下：

```
a      vr[:,i]= w[i]          b      vr[:,i]
a.H    vl[:,i]= w[i].conj()   b.H    vl[:,i]
```

其中：H 表示 Hermitian conjugation。

eig 函数常用参数及其说明如表 4-9 所示。

表 4-9　eig 函数常用参数及其说明

参数名称	说　明
a	接收形如 (M, N) 的矩阵，用于计算其特征值和特征向量的复数或实数矩阵
b	接收形如 (M, N) 的矩阵，可选，表示广义特征值问题中的右侧矩阵，默认值为 None，假定为单位矩阵
left	接收 bool，可选，默认为 False，表示是否计算并返回左特征向量
right	接收 bool，可选，默认为 True，表示是否计算并返回右特征向量
overwrite_a	接收 bool，可选，默认为 False，表示是否覆盖 a，可以提高性能
overwrite_b	接收 bool，可选，默认为 False，表示是否覆盖 b，可以提高性能
homogeneous_eigvals	接收 bool，可选，默认为 False。如果为 True，则返回齐次坐标中的特征值

eig 函数的返回值可分为以下三种情况。

(1) w：形状为 (M,) 或 (2,M) 的双精度或复数 ndarray，每个特征值根据其多重性重复。除非参数 homogeneous_eigvals=True，否则形状为 (M,)。

(2) v1：形状为 (M,M) 的双精度或复数 ndarray，对应于特征值 w[i] 的左特征向量是列 vl[:,i]，仅当 left=True 时返回。左特征向量未归一化。

(3) vr：形状为 (M,M) 的双精度或复数 ndarray，对应于特征值 w[i] 的归一化右特征向量是列 vr[:, i]，仅当 right=True 时返回。

【例 4-7】 计算矩阵$\begin{bmatrix} 0 & -1 \\ 1 & 0 \end{bmatrix}$的特征向量。

代码如下：

```
import numpy as np
from scipy import linalg
a = np.array([[0., -1.], [1., 0.]])
print(' 归一化左特征向量：\n%s' % linalg.eig(a, left=True, right=False)[1])
print(' 归一化右特征向量：\n%s' % linalg.eig(a, left=False, right=True)[1])
```

结果如下：

```
归一化左特征向量：
[[-0.70710678+0.j        -0.70710678-0.j        ]
 [ 0.        +0.70710678j  0.        -0.70710678j]]
归一化右特征向量：
[[0.70710678+0.j        0.70710678-0.j        ]
 [0.        -0.70710678j 0.        +0.70710678j]]
```

4.3.3 矩阵分解

矩阵分解是将矩阵拆解为数个矩阵的乘积形式，常见的方法有奇异值分解、QR 分解、三角分解等。下面介绍两个矩阵分解方法的应用示例。

1. 矩阵的奇异值

svdvals 函数用于计算矩阵的奇异值。其语法规则如下，其中参数 a 为要分解的矩阵，形如 (M, N)。

```
scipy.linalg.svdvals(a, overwrite_a=False, check_finite=True)
```

svdvals 函数的返回值为 s，形如 (min(M, N),) 的 ndarray。值为单数值时，按降序排序。

【例 4-8】 计算矩阵$\begin{bmatrix} 1 & 0 \\ 2 & 3 \\ 1 & 1 \\ 0 & 2 \\ 1 & 0 \end{bmatrix}$的奇异值。

代码如下：

```
import numpy as np
from scipy.linalg import svdvals
m = np.array([[1.0, 0.0],
              [2.0, 3.0],
              [1.0, 1.0],
              [0.0, 2.0],
              [1.0, 0.0]])
```

```
print(' 矩阵 m 的奇异值为：', svdvals(m))
```

结果如下：

```
矩阵 m 的奇异值为： [4.28091555 1.63516424]
```

2. 矩阵的 QR 分解

qr 函数用于计算矩阵的 QR 分解。计算分解 A = QR，其中 Q 是幺正 / 正交的矩阵，R 是上三角形。qr 函数语法规则如下：

```
scipy.linalg.qr(a,overwrite_a=False,lwork=None,mode='full',pivoting=False,check_finite=True)
```

qr 函数常用参数及其说明如表 4-10 所示。

表 4-10　qr 函数常用参数及其说明

参数名称	说　明
a	接收形如 (M, N) 的矩阵，表示待分解的矩阵
overwrite_a	接收 bool，可选，表示是否覆盖 a 中的数据 (如果通过重用现有输入数据结构而不是创建新数据结构将 overwrite_a 设置为 True，则可能会提高性能)
lwork	接收 int，可选，表示工作数组大小，lwork >= a.shape[1]。如果为 None 或 -1，则计算最佳大小
mode	接收 {'full', 'r', 'economic', 'raw'}，可选默认为 full，用于确定要返回的信息。mode='full' 时，返回 Q 和 R；mode='r' 时，仅返回 R；mode='economic' 时，返回 Q 和 R，但以参数 economic 方式计算；mode='raw' 时，该选项于 SciPy 0.11 中添加，使该函数以 LAPACK 使用的内部格式返回两个矩阵 (Q,TAU)

qr 函数的返回值可分为以下三种情况。

(1) Q：浮点数或复数 ndarray，形状为 (M,M) 或 (M,K)，mode='economic'。如果 mode='r'，则不返回。如果 mode='raw'，则替换为元组 (Q,TAU)。

(2) R：浮点数或复数 ndarray，形状为 (M,N) 或 (K,N)，mode 为 ['economic','raw'] 中的某一个。K=min(M,N)。

(3) P：整型 ndarray，形状为 (N,)，pivoting=True。如果 pivoting=False，则不返回。

如果 mode=economic，Q 和 R 的形状分别为 (M,K) 和 (K,N)，而不是 (M,M) 和 (M,N)，则此时 K=min(M,N)。

【例 4-9】 计算矩阵的 QR 分解。

代码如下：

```
import numpy as np
from scipy import linalg
rng = np.random.default_rng()
a = rng.standard_normal((9, 6))
q, r = linalg.qr(a)
print(q.shape, r.shape)
print(q)
print(r)
print(np.allclose(a, np.dot(q, r)))
```

结果如下：

```
(9, 9) (9, 6)
[[-0.00617896 0.55640521 -0.35311819 -0.35945987 -0.26936026 0.14444962
  -0.42407738 -0.3329156  0.22885837]
 [-0.23330213 -0.02629923 -0.01876764 0.34941407 0.55959138 -0.21991766
  -0.17025298 -0.64631157 0.11926879]
 [ 0.16059359 -0.52399002 -0.29936826 -0.11090938 0.28298019 0.17334494
  -0.4867584  0.30026534 0.40062781]
 [-0.18497117 -0.15318336 0.72897205 -0.01451039 -0.31919603 -0.07350156
  -0.54591608 -0.05446219 0.04930145]
 [-0.29280692 -0.53380185 -0.08766187 -0.58781023 -0.14272829 0.05820699
  0.25503008 -0.41864552 -0.10977424]
 [ 0.47767415 -0.29252039 -0.22279755 0.34542694 -0.53624615 -0.35974737
  0.01585795 -0.29008468 0.12618243]
 [ 0.13464849 0.13806131 0.14882139 -0.44845049 0.19414984 -0.73944839
  0.12841378 0.14793312 0.34161501]
 [-0.73852842 -0.02868805 -0.3489251  0.23107158 -0.27513554 -0.3084352
  -0.02988297 0.3009757  0.12766666]
 [-0.08980186 0.03597763 0.22959493 0.12978601 -0.10494579 0.34727103
  0.41658047 -0.08024574 0.78070068]]
[[ 2.68788194 0.98547154  0.61622145  -1.1020444  -1.01419803  0.34116296]
 [ 0.          3.29479145 -1.14998134  -0.32152783 -1.03245725  0.03221045]
 [ 0.          0.         -2.93934699   0.4044534   0.33278273  0.76370339]
 [ 0.          0.          0.          -2.58766248 -0.12979356  0.9393525 ]
 [ 0.          0.          0.           0.          2.07429244  0.30828878]
 [ 0.          0.          0.           0.          0.         -2.01476603]
 [ 0.          0.          0.           0.          0.          0.]
 [ 0.          0.          0.           0.          0.          0.]
 [ 0.          0.          0.           0.          0.          0.]]
True
```

4.3.4 线性方程组求解

在 SciPy 中，使用 scipy.linalg 模块中的 solve 函数来求解线性方程组。下面介绍两个使用 solve 函数的应用示例。

1. 求解线性方程组

solve 函数用于求解方形矩阵 a 的未知 x 的线性方程集 a @ x == b。其语法规则如下：

```
scipy.linalg.solve(a, b, lower=False, overwrite_a=False, overwrite_b=False, check_finite=True, assume_a='gen', transposed=False)
```

solve 函数常用参数及其说明如表 4-11 所示。

表 4-11　solve 函数常用参数及其说明

参数名称	说　明
a	接收形如 (N, N) 的方形矩阵
b	接收形如 (N, NRHS) 的矩阵，表示右侧输入数据
lower	接收 bool，默认情况下，如果 assume_a == 'gen' 则忽略，默认为 False。如果为 True，则计算仅使用 a 的下三角形中的数据，对角线上方的条目将被忽略；如果为 False，则计算仅使用 a 的上三角形中的数据，对角线下方的条目将被忽略
assume_a	接收 {'gen', 'sym', 'her', 'pos'}，对应的求解器分别为 generic matrix、symmetric、hermitian、positive definite。数组的数据类型决定调用哪个求解器，而不考虑值。即使复数组条目的虚部恰好为零，也会根据数组的数据类型调用复数求解器
transposed	接收 bool，默认为 False。如果为 True，则求解 a.T @ x == b，引发复数 a 的异常错误 NotImplementedError

solve 函数返回解决方案数组，形如 (N, NRHS) 的 ndarray。

【例 4-10】 已知线性方程组 $\begin{cases} 3x_1 + 2x_2 = 2 \\ x_1 - x_2 = 4 \\ 5x_2 + x_3 = -1 \end{cases}$，求方程组的解 $x = (x_1, x_2, x_3)$。

代码如下：

```
import numpy as np
a = np.array([[3, 2, 0], [1, -1, 0], [0, 5, 1]])
b = np.array([2, 4, -1])
from scipy import linalg
x = linalg.solve(a, b)
print(' 求解 x 的结果：', x)
print(' 计算 a @ x == b：', np.dot(a, x) == b)
```

结果如下：

```
求解 x 的结果： [ 2. -2.  9.]
计算 a @ x == b： [ True  True  True]
```

2. 求解 Sylvester 方程

solve_sylvester 函数用于计算 Sylvester 方程 $\boldsymbol{A}X + \boldsymbol{B}X = Q$ 的解 X。其语法规则如下：

```
scipy.linalg.solve_sylvester(a, b, q)
```

solve_sylvester 函数常用参数及其说明如表 4-12 所示。

表 4-12　solve_sylvester 函数常用参数及其说明

参数名称	说　明
a	接收形如 (M, M) 的矩阵，表示 Sylvester 方程的前导矩阵
b	接收形如 (N, N) 的矩阵，表示 Sylvester 方程的尾随矩阵
q	接收形如 (M, N) 的矩阵，表示等式右侧的矩阵

solve_sylvester 函数返回 Sylvester 方程的解，形如 (M, N) 的 ndarray。

【例 4-11】 已知 Sylvester 方程 $\boldsymbol{AX}+\boldsymbol{BX}=\boldsymbol{Q}$，其中 $\boldsymbol{A}=\begin{bmatrix}-3 & -2 & 0\\ -1 & -1 & 3\\ 3 & -5 & -1\end{bmatrix}$，$\boldsymbol{B}=\begin{bmatrix}1\\ 1\\ 1\end{bmatrix}$ 和 $\boldsymbol{Q}=\begin{bmatrix}1\\ 2\\ 3\end{bmatrix}$，求解 $\boldsymbol{X}$。

代码如下：

```
import numpy as np
from scipy import linalg
a = np.array([[-3, -2, 0], [-1, -1, 3], [3, -5, -1]])
b = np.array([[1]])
q = np.array([[1],[2],[3]])
x = linalg.solve_sylvester(a, b, q)
print(' 求解 x 为：\n%s' % x)
print(' 计算 ax + bx == q\n%s' % np.allclose(a.dot(x) + x.dot(b), q))
```

结果如下：

```
求解 x 为：
[[ 0.0625]
 [-0.5625]
 [ 0.6875]]
计算 ax + bx == q
True
```

4.3.5 特殊矩阵

在 scipy.linalg 模块中提供了创建特殊矩阵的功能。下面以创建块对角矩阵和伴随矩阵为例，介绍 SciPy 中特殊矩阵的应用示例。

1. 创建块对角矩阵

block_diag 函数用于根据提供的数组创建块对角矩阵。其语法规则如下：

```
scipy.linalg.block_diag(*arrs)
```

给定输入的 A、B 和 C，输出则将其排列在对角线上，如下所示：

```
[[A, 0, 0],
 [0, B, 0],
 [0, 0, C]]
```

block_diag 函数的参数 A、B、C、… 为 array_like，最大为二维。输入数组长度为 n 的一维数组或 array_like 序列，则被视为形状为 (1,n) 的二维数组。

block_diag 函数返回值 D 为 ndarray 对象，包含 A、B、C、… 在对角线上。D 与 A 具有相同的 dtype。

【例 4-12】 已知矩阵 $\boldsymbol{A}=\begin{bmatrix}1 & 0\\0 & 1\end{bmatrix}$，$\boldsymbol{B}=\begin{bmatrix}3 & 4 & 5\\6 & 7 & 8\end{bmatrix}$和$\boldsymbol{C}=7$，创建包含上述矩阵的典型块对角矩阵。

代码如下：

```
import numpy as np
from scipy.linalg import block_diag
A = [[1, 0],
     [0, 1]]
B = [[3, 4, 5],
     [6, 7, 8]]
C = [[7]]
P = np.zeros((2, 0), dtype='int32')
print(' 创建 A、B 和 C 的块对角矩阵：\n%s' % block_diag(A, B, C))
print(' 创建 A、P、B 和 C 的块对角矩阵：\n%s' % block_diag(A, P, B, C))
print(' 创建包含常数的块对角矩阵：\n%s' % block_diag(1.0, [2, 3], [[4, 5], [6, 7]]))
```

结果如下：

```
创建 A、B 和 C 的块对角矩阵：
[[1 0 0 0 0 0]
 [0 1 0 0 0 0]
 [0 0 3 4 5 0]
 [0 0 6 7 8 0]
 [0 0 0 0 0 7]]
创建 A、P、B 和 C 的块对角矩阵：
[[1 0 0 0 0 0]
 [0 1 0 0 0 0]
 [0 0 0 0 0 0]
 [0 0 0 0 0 0]
 [0 0 3 4 5 0]
 [0 0 6 7 8 0]
 [0 0 0 0 0 7]]
创建包含常数的块对角矩阵：
[[1. 0. 0. 0. 0.]
 [0. 2. 3. 0. 0.]
 [0. 0. 0. 4. 5.]
 [0. 0. 0. 6. 7.]]
```

2. 创建伴随矩阵

companion 函数用于创建伴随矩阵。其语法规则如下：

```
scipy.linalg.companion(a)
```

创建与多项式关联的伴随矩阵，其系数由 a 给出。companion 函数的参数 a 为形如 (N,) 的 array_like。多项式系数的一维数组 a 的长度必须至少为 2，并且 a[0] 不能为零。companion 函数的返回值 c 为形如 (N − 1, N − 1) 的 ndarray。c 的第一行是 −a[1:]/a[0]，第一个子对角线全是 1。数组的数据类型与 1.0 × a[0] 的数据类型相同。

【例 4-13】 创建矩阵 [1 −10 31 −30] 的伴随矩阵。

代码如下：

```
from scipy.linalg import companion
print(' 创建伴随矩阵：\n%s' % companion([1, -10, 31, -30]))
```

结果如下：

```
创建伴随矩阵：
[[ 10. -31.  30.]
 [ 1.   0.   0.]
 [ 0.   1.   0.]]
```

SciPy 聚类分析

4.4 SciPy 聚类分析

聚类分析又称群分析或类分析，它研究的是如何对样品 (或指标) 进行量化分类的问题，同时也是数据挖掘的一个重要算法。聚类分析以相似性为基础，使得同一类的对象之间的相似性比其他类的对象的相似性更强。其目的在于使类内对象的同性质最大化和类与类间对象的异性质最大化。常见的聚类分析方法有系统聚类法、快速聚类法、模糊聚类法等。

SciPy 的聚类功能由 scipy.cluster 提供，里面包含两个子模块 scipy.cluster.vq 和 scipy.cluster.hierarchy。

4.4.1 scipy.cluster.vq

scipy.cluster.vq 模块仅支持向量量化和 K-means 算法，该模块包含的函数及其说明如表 4-13 所示。

表 4-13 scipy.cluster.vq 模块包含的函数及其说明

函 数	说 明
whiten(obs[, check_finite])	对每个特征进行归一化。每个特征除以所有观测值的标准差，可以得出单位方差。 参数：obs=ndarray，每行为观测值，每列为特征。 check_finite:bool = True，可选，表示是否检测矩阵有限个数。 返回值：将 obs 每列按标准差缩放的 ndarray
vq(obs, code_book[, check_finite])	将 obs 的每个观测点与 code_book 中的质心进行比较，并分配最接近的质心。 参数： obs=ndarray(M 行 N 列)。obs 必须先使用 whiten() 或其他等效函数处理。 code_book=ndarray。code_book 通常由 K-means 算法生成，每列与 obs 特征对应，行数代表 k 的取值。 返回值： code=ndarray，为一个长度 M 数组，用于保存每个观测值 code_book 中的索引值。 dist=ndarray，为观测值与其最近的 code_book 值之间的距离

续表

函　数	说　　明
kmeans(obs, k_or_guess[, iter, thresh, …])	运行 iter 次 K-means 算法，将 obs(M 行 N 列) 中观测点分成最多 k_or_guess 个类别。 返回值： codebook=ndarray，k 行 N 列，当存在无观测值的质心时，质心值 k<k_or_guess。 distortion=float，通过的观测值与生成的质心之间的平均 (非平方) 欧氏距离
kmeans2(data, k[, iter, thresh, minit, …])	运行 iter 次 K-means 算法，将 data 分成 k 个类别。该算法尝试最小化观测值和质心之间的欧氏距离。可使用 minit 修改初始化方法。 返回值： centroid=ndarray，K-means 算法最后一次迭代生成的 k 行 N 列质心数组。 label=ndarray，label[i] 是第 i 个观测值最接近的质心的代码或索引

K-means 是一种在一组未标记数据中查找聚类和聚类中心的方法。这种算法的基本思想是将每一个数据分给具有最近中心 (mean，均值) 的聚类。最简形式中的 K-means 算法重复以下三个步骤：

(1) 将所有样本分成 k 个初始聚类。

(2) 将数据表中的某个数据划入中心 (均值) 离它最近的聚类 (这里的距离通常是用标准化或非标准化数据算出的欧氏距离)。对得到的数据和失去的数据的两个聚类重新计算它们的中心坐标。

(3) 重复步骤 (2)，直到所有的点都不能再分配为止。

SciPy 库通过集群包提供了 K-means 算法的良好实现。

【例 4-14】 K-means 应用示例。

(1) 导入 K-means 算法需要的包。

代码如下：

```
from scipy.cluster.vq import kmeans,vq,whiten
```

(2) 数据生成：生成 (模拟) 数据 data(200 行 3 列)，包含 200 个观测值、3 个特征。

代码如下：

```
from numpy import vstack, array
from numpy.random import rand
data = vstack((rand(100,3) + array([.5,.5,.5]),rand(100,3)))
print(data.shape)
print(data[:5,:])
```

结果如下：

```
(200, 3)
[[1.00636239 0.95514386 0.90257283]
 [1.25975524 1.39211214 0.61685848]
 [0.86669823 0.92531387 0.74305496]
 [0.75311278 0.86270877 0.70121301]
 [0.84049726 1.27006788 0.79316213]]
```

(3) 美白数据：在执行 kmeans 函数之前，使用白化 whiten 函数重新缩放观察集的每个特征维度。计算方法：每个特征除以各自的标准差 (通过所有的观测值给出单位方差)。

代码如下：

```
data = whiten(data)
print(data.shape)
print(data[:5,:])
```

结果如下：

```
(200, 3)
[[2.82267379 2.57018966 2.3372242 ]
 [3.53339725 3.74602439 1.59736314]
 [2.4309398  2.48992034 1.92415059]
 [2.1123521  2.32145672 1.81580032]
 [2.35745056 3.41761639 2.05390376]]
```

(4) 使用 k = 3 计算 data 数据的聚类分组。返回值 centroids 为聚类分组，返回值 _ 为观测值与生成的质心之间的平均欧氏距离。

代码如下：

```
print(' 使用 K-means 算法进行分类，并获取返回值：')
centroids,_ = kmeans(data,3)
print(centroids)
print(_)
```

结果如下：

```
使用 K-means 算法进行分类，并获取返回值：
[[2.42982546 3.12694576 2.30994172]
 [2.95297394 1.83827801 2.81681184]
 [1.35806754 1.3860974  1.06409932]]
1.1222119409671103
```

(5) 每个 data 值分配一个质心。返回值 clx 为 data 每个观测值对应的质心，返回值 _ 为 data 每个观测值与其最近的质心之间的距离。

代码如下：

```
print(' 将分类结果分配到 data 数据中，并获取返回值：')
clx, _ = vq(data, centroids)
print(clx)
print(len(_))
print(_[:5])
```

结果如下：

```
将分类结果分配到 data 数据中，并获取返回值：
[0 0 0 0 0 0 0 0 1 1 1 1 0 0 0 1 0 0 2 0 0 0 2 1 1 0 1 0 1 2 0 1 0 0 1 1 0
 1 0 1 1 0 0 1 0 1 0 1 1 1 1 0 1 0 0 1 0 0 0 0 1 1 0 1 0 0 1 0 1 0 0 1 0 1
 0 0 2 1 1 0 0 1 0 1 0 1 1 0 0 1 0 0 0 1 1 0 1 0 0 0 0 0 2 2 2 2 1 2 1 2 2
 2 0 2 2 2 2 2 2 2 2 2 2 2 2 2 2 2 2 2 1 2 2 0 2 2 2 2 2 2 2 2 2 1 2 2 2 2
 2 2 0 2 2 2 2 2 2 2 2 2 2 1 1 2 2 2 1 2 2 2 2 2 2 2 2 2 2 2 1 2 2 1 1 2 1
 2 2 2 2 2 0 2 2 2 2 2 2 2 2 2]
```

```
200
[0.68194685 1.45220427 0.74473983 0.99688397 0.39405961 ]
```

4.4.2　scipy.cluster.hierarchy

scipy.cluster.hierarchy 提供了层次聚类(Hierarchical Clustering)、凝聚层次聚类(Agglomerative Clustering)，其功能包括从距离矩阵生成层次聚类、计算聚类的统计数据、切割 Linkage(计算两个组合数据点间的距离) 以生成扁平聚类 (Flat Cluster) 以及使用树状图可视化聚类。

4.5　SciPy 插值

SciPy 插值

插值是在离散数据的基础上补插连续函数，使得这条连续曲线通过全部给定的离散数据点。SciPy 的插值功能由 scipy.interpolate 模块提供，该子包中包含样条函数和类、一维和多维 (单变量和多变量) 插值类、拉格朗日和泰勒多项式插值器，以及用于 FITPACK 和 DFITPACK 功能的包装器。scipy.interpolate 模块主要用于对一维、二维和更高维度的数据进行插值和平滑处理。

插值工具不仅适用于统计学，而且在科学、商业或需要预测两个现有数据点内的值时也很有应用价值。本节将介绍一维函数插值和一维平滑样条插值，而对于多维数据的插值处理，可以使用类似的方法得到计算结果。

1. 一维函数插值

interp1d 类用于一维函数插值。其语法规则如下：

```
class scipy.interpolate.interp1d(x, y, kind='linear', axis=-1, copy=True, bounds_error = None, fill_value=nan, assume_sorted=False)
```

其中：x 和 y 是用来逼近某个函数 y = f(x) 的数组值。

interp1d 类的构造方法常用参数及其说明如表 4-14 所示。

表 4-14　interp1d 类的构造方法常用参数及其说明

参数名称	说　明
x	接收 array_like，形如 (npoints,)，表示一个一维的实数数组
y	接收 array_like，形如 (..., npoints, ...)，表示一个 N 维的实数数组。沿着插值所在轴的 y 的长度必须等于 x 的长度，默认插值轴是 y 的最后一个轴
kind	接收 str 或 int，默认为 'linear'，可选，将插值的类型指定为字符串或整数，指定要使用的样条插值器的顺序。字符串的类型必须是：'linear'、'nearest'、'nearest_up'、'zero'、'slinear'、'quadratic'、'cubic'、'previous' 或 'next'
axis	接收 int，默认为 -1，可选，表示 y 数组中对应于 x 坐标值的轴

续表

参数名称	说　明
copy	接收 bool，默认为 True，可选。如果为 True，则该类创建 x 和 y 的内部副本；如果为 False，则使用对 x 和 y 引用
bounds_error	接收 bool，可选。如果为 True，则每当尝试对超出 x 范围的值进行插值时，都会引发 ValueError；如果为 False，则为越界值分配“fill_value”。默认情况下，除非 fill_value="extrapolate"，否则均引发异常
fill_value	接收 array_like、(array_like, array_like)、"extrapolate"，可选。当数值出现越界时，用于填充越界值
assume_sorted	接收 bool，可选。如果为 False，则 x 的值可以按任意顺序排列，并且首先对它们进行排序；如果为 True，则 x 必须是单调递增值的数组

interp1d 类返回值是一个函数，通过向返回函数输入新的 x 数组值，获得新的 y 数组值。

【例 4-15】 使用 interp1d 类对 cos 函数生成的数据进行插值。

代码如下：

```
from scipy import interpolate
import numpy as np
import matplotlib.pyplot as plt
x = np.linspace(0, 4, 12)
y = np.cos(x**2/3+4)
print(x,y)
print(' 一维插值：构建插值函数 ')
f1 = interpolate.interp1d(x, y,kind = 'linear')
print('linear:',f1) # 线性插值对象
f2 = interpolate.interp1d(x, y, kind = 'cubic')
print('cubic:',f2)  # 三次样条插值对象
xnew = np.linspace(0, 4,30)
plt.plot(x, y, 'o')
plt.plot(xnew, f1(xnew), '-')
plt.plot(xnew, f2(xnew), '--')
plt.legend(['data', 'linear', 'cubic'], loc = 'best')
plt.show()
```

结果如下：

```
[0.         0.36363636 0.72727273 1.09090909 1.45454545 1.81818182
 2.18181818 2.54545455 2.90909091 3.27272727 3.63636364 4.        ]
[-0.65364362 -0.61966189 -0.51077021 -0.31047698 -0.00715476  0.37976236
  0.76715099  0.99239518  0.85886263  0.27994201 -0.52586509 -0.99582185]
一维插值：构建插值函数
linear: <scipy.interpolate._interpolate.interp1d object at 0x000001C56C174A90>
cubic: <scipy.interpolate._interpolate.interp1d object at 0x000001C56C24F7E0>
```

例 4-15 代码运行后的输出图像如图 4-1 所示。

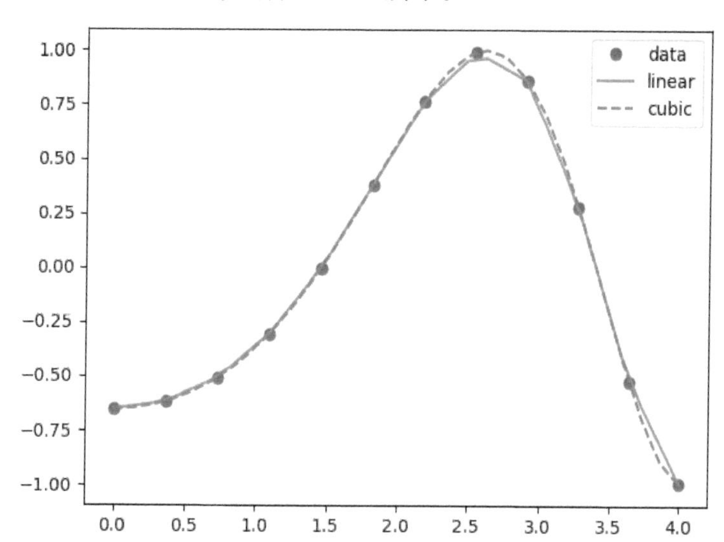

图 4-1 数据插值效果图

2. 一维平滑样条插值

UnivariateSpline 类用于一维平滑样条插值。其语法规则如下：

```
class scipy.interpolate.UnivariateSpline(x, y, w=None, bbox=[None, None], k=3, s=None, ext=0, check_finite=False)
```

一维平滑样条适用于对一组给定的数据点进行拟合，将 k 次的样条曲线 y = spl(x) 与 x、y 数据相匹配，通过 s 平衡拟合的紧密度和平滑度。

UnivariateSpline 类的构造方法常用参数及其说明如表 4-15 所示。

表 4-15 UnivariateSpline 类的构造方法常用参数及其说明

参数名称	说 明
x	接收 array_like，形如 (N,)，表示独立输入的一维数组。一维数组数据必须为递增的，如果 s 为 0，则必须为严格递增 (后一个数据必须大于前一个数据)
y	接收 array_like，形如 (N,)，表示从属输入数据的一维数组，长度与 x 相同
w	接收 array_like，形如 (N,)，可选，默认为 None，表示样条插值的权重值，必须为正数。如果 w 为 None，则权重值全为 1
bbox	接收 array_like，形如 (2,)，可选，用于指定近似区间边界。如果 bbox 为 None，则 bbox=[x[0],x[−1]]。默认值为 None
k	接收 int，可选，表示平滑样条曲线的次数。必须为 1≤k≤5，k = 3 表示三次样条曲线。默认值为 3
s	接收 float 或 None，可选，表示平滑系数。s 值越小平滑度越低

需要注意的是，数据点的数量必须大于样条次数 k。

【例 4-16】 使用三次样条进行插值。

代码如下：

```
print(' 绘制散点图 ( 红色 )')
import numpy as np
import matplotlib.pyplot as plt
x = np.linspace(-3, 3, 50)
y = np.exp(-x**2) + 0.1 * np.random.randn(50)
plt.scatter(x, y,c='r')
# plt.show()
from scipy.interpolate import UnivariateSpline
print(' 平滑曲线 1( 绿色 )')
spl = UnivariateSpline(x, y)
xs = np.linspace(-3, 3, 1000)
plt.plot(xs, spl(xs), 'g', lw = 3)
# plt.show()
print(' 平滑曲线 2( 蓝色 )')
spl.set_smoothing_factor(0.5)
plt.plot(xs, spl(xs), 'b', lw = 3)
plt.show()
```

结果如图 4-2 所示。

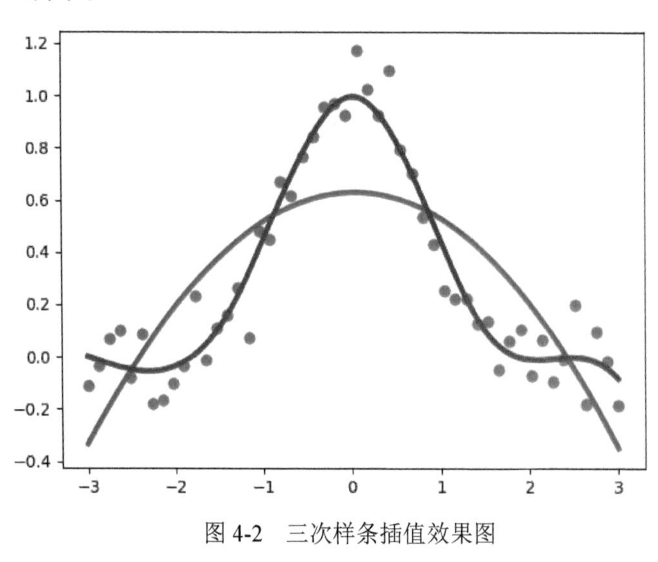

图 4-2 三次样条插值效果图

4.6 SciPy 数值优化

SciPy 数值优化

SciPy 中的 scipy.optimize 模块提供用于最小化 (或最大化) 目标函数的函数，可能受到约束。它包括非线性问题的求解器 (支持局部和全局优化算法)、线性规划、约束和非线性最小二乘法、寻根和曲线拟合。

4.6.1 优化问题

SciPy 中的优化函数（如 minimize_scalar、minimize、differential_evolution 等），可用来解决变量优化问题。下面给出三个 scipy.optimize 模块中解决优化问题的应用示例。

1. 数乘函数的优化

minimize_scalar 函数用于计算一个变量的标量函数的局部最小化。其语法规则如下：

```
scipy.optimize.minimize_scalar(fun, bracket=None, bounds=None, args=(), method=None, tol=None, options=None)
```

minimize_scalar 函数常用参数及其说明如表 4-16 所示。

表 4-16 minimize_scalar 函数常用参数及其说明

参数名称	说　明
fun	接收 callable，表示目标函数。fun 为标量函数时，必须返回一个标量
bounds	接收序列，可选。参数 method=bounded 时，参数 bounds 是必需的，并且必须有两个与优化边界相对应的有限项
args	接收 tuple，可选，表示传递给目标函数的额外参数
method	接收 str 或 callable，可选，表示求解器的类型，可选值为 'brent'、'bounded'、'golden'。如果提供了边界，则默认值为 'bounded'，否则为 'brent'

minimize_scalar 函数返回值 res 为 OptimizeResult 对象表示的优化结果。其重要的属性包括：x，表示解决方案数组；success，表示优化程序是否成功退出的布尔标志以及描述终止原因的消息。

【例 4-17】 最小化函数 f(x)。

代码如下：

```
def f(x):
    return (x - 2) * x * (x + 2)**2
from scipy.optimize import minimize_scalar
res = minimize_scalar(f)
print(' 使用 brent 方法，目标函数的值：', res.fun)
print(' 使用 brent 方法，优化的解决方案：', res.x)
res = minimize_scalar(f, bounds=(-3, -1), method='bounded')
print(' 使用 bounded 方法，目标函数的值：', res.fun)
print(' 使用 bounded 方法，优化的解决方案：', res.x)
```

结果如下：

```
使用 brent 方法，目标函数的值： -9.914949590828147
使用 brent 方法，优化的解决方案： 1.2807764040333458
使用 bounded 方法，目标函数的值： 3.2836517984978577e-13
使用 bounded 方法，优化的解决方案：-2.000000202597239
```

2. 求解含有一个或多个变量的最小数乘问题

minimize 函数用于求解一个或多个变量的标量函数最小化。其语法规则如下：

scipy.optimize.minimize(fun, x0, args=(), method=None, jac=None, hess=None, hessp=None, bounds=None, constraints=(), tol=None, callback=None, options=None)

minimize 函数常用参数及其说明如表 4-17 所示。

表 4-17 minimize 函数常用参数及其说明

参数名称	说明
fun	接收 callable，表示要最小化的目标函数。fun(x,*args) ->float。其中，x 是形状为 (n,) 的一维数组，args 是函数所需的固定参数的元组
x0	接收形状为 (n,) 的 ndarray，表示初步猜测。大小为 (n,) 的实数元素数组，其中 n 是自变量的数量
args	接收元组，可选，表示传递给目标函数及其导数 (fun、jac 和 hess 函数) 的额外参数
method	接收 str 或 callable，可选，表示求解器的类型。求解器的类型是：Nelder-Mead、Powell、CG、BFGS、Newton-CG、L-BFGS-B、TNC、COBYLA、SLSQP、trust-constr、dogleg、trust-ncg、trust-exact、trust-krylov。 如果未给出求解器的类型，则选择 BFGS、L-BFGS-B、SLSQP 其中之一，具体取决于问题是否有约束或边界
jac	接收 {callable, '2-point', '3-point', 'cs', bool}，可选，表示梯度量的计算方法，仅适用于 CG、BFGS、Newton-CG、L-BFGS-B、TNC、SLSQP、dogleg、trust-ncg、trust-krylov、trust-exact 和 trust-constr
bounds	接收 sequence 或 Bounds 对象，可选，表示 Nelder-Mead、L-BFGS-B、TNC、SLSQP、Powell、trust-constr 和 COBYLA 方法的变量边界。有两种方法可以指定边界：一是 Bounds 类的实例。二是 x 中每个元素的 (最小值、最大值) 对序列，None 用于指定无边界
constrants	接收 {Constraint, dict} 或 {Constraint, dict} 的列表，可选，表示约束定义，仅适用于 COBYLA、SLSQP 和 trust-constr
tol	接收 float，可选，表示终止公差。指定 tol 时，所选最小化算法会将一些相关的求解器特定容差设置为等于 tol。若进行详细控制，需使用特定于求解器的选项
options	接收 dict，可选，表示求解器选项字典。除 TNC 之外的所有方法都接受以下通用选项： (1) maxiterint。要执行的最大迭代次数。根据方法的不同，每次迭代都可能使用多个函数计算。对于 TNC，需使用 maxfun 而不是 maxiter。 (2) dispbool。设置为 True 可打印收敛消息

minimize 函数的返回值 res 为 OptimizeResult 对象的优化结果。其重要的属性包括：x，表示解决方案数组；success，表示优化器是否成功退出的布尔标志以及描述终止原因的消息。

【例 4-18】 最小化 Rosenbrock 函数。

代码如下：

```
from scipy.optimize import minimize, rosen, rosen_der
x0 = [1.3, 0.7, 0.8, 1.9, 1.2]
res1 = minimize(rosen, x0, method='Nelder-Mead', tol=1e-6)
print(' 使用 Nelder-Mead 方法的求解结果：')
print(res1.x)
res2 = minimize(rosen, x0, method='BFGS', jac=rosen_der, options={'gtol': 1e-6, 'disp': True})
print(' 使用 BFGS 方法的求解结果：')
print(res2.x)
print(res2.message)
print(res2.hess_inv)
```

结果如下：

```
使用 Nelder-Mead 方法的求解结果：
[1.00000002 1.00000002 1.00000007 1.00000015 1.00000028]
Optimization terminated successfully.
         Current function value: 0.000000
         Iterations: 26
         Function evaluations: 31
         Gradient evaluations: 31
使用 BFGS 方法的求解结果：
[1. 1. 1. 1. 1.]
Optimization terminated successfully.
[[0.00763624 0.0125159  0.02359808 0.0465684  0.09317974]
 [0.0125159  0.02489687 0.04727754 0.09353774 0.18708048]
 [0.02359808 0.04727754 0.09483095 0.18783847 0.37561493]
 [0.0465684  0.09353774 0.18783847 0.37715312 0.75414172]
 [0.09317974 0.18708048 0.37561493 0.75414172 1.51296479]]
```

3. 求解多目标优化问题的全局最优解

differential_evolution 函数用于查找多变量函数的全局最小值。其语法规则如下：

scipy.optimize.differential_evolution(func, bounds, args=(), strategy='best1bin', maxiter=1000, popsize=15, tol=0.01, mutation=(0.5, 1), recombination=0.7, seed=None, callback=None, disp=False, polish=True, init='latinhypercube', atol=0, updating='immediate', workers=1, constraints=(), x0=None, *, integrality=None, vectorized=False)

微分进化法本质上是随机的，它不使用梯度方法来寻找最小值，并且可以搜索大面积的候选空间，但通常需要比传统的基于梯度的技术更多的功能进行评估。

differential_evolution 函数常用参数及其说明如表 4-18 所示。

表 4-18 differential_evolution 函数常用参数及其说明

参数名称	说　明
func	接收 callable，表示要最小化的目标函数。必须采用 f(x,*args) 格式，其中，x 是一维数组形式的参数，args 是函数所需的任何其他固定参数的元组。参数 N 等于 len(x)
bounds	接收 sequence 或 Bounds 对象，表示变量的边界。 有两种方法可以指定边界：一是 Bounds 类的实例。二是 (min,max) 对 x 中的每个元素，定义 func 优化参数的有限下限和上限。 边界总数用于确定参数 N。如果存在边界相等的参数，则自由参数的总数为 N－N_equal
seed	接收 {None,int, numpy.random.Generator, umpy.random.RandomState}，可选，表示可重复的最小化指定种子。如果 seed 为 None(或 np.random)，则使用 numpy.random.RandomState 单例；如果 seed 是 int，则使用新的 RandomState 实例，用种子播种；如果 seed 已经是 Generator 或 RandomState 实例，则使用该实例
updating	接收 {'immediate', 'deferred'}，可选。 updating 为 'immediate'，则最佳解向量在单代内不断更新。这可以导致更快的收敛，因为试验向量可以利用最佳解决方案持续改进。 updating 为 'deferred'，则最佳解向量每代更新一次。只有 deferred 与并行化或矢量化兼容，并且 workers 和 vectorized 关键字可以覆盖此选项
workers	接收 int 或 map_like callable。其中 map_like 是指类似于映射的对象或数据结构。 workers 为 int，则总体被细分为 workers 个部分进行并行计算 (使用 multiprocessing.Pool)。提供 -1 以使用所有可用的 CPU 内核。 workers 为 map_like callable。例如 multiprocessing.Pool.map，用于并行评估总体。此评估是作为 worker(func，iterable) 进行的。如果 workers 不等于 1，则此选项将覆盖 updating 关键字 updating='deferred'，并将覆盖矢量化关键字。要求函数是 pickleable
constraints	接收 {NonLinearConstraint, LinearConstraint, Bounds}，表示求解器上的约束，超出了边界 kwd 施加的约束。使用 Lampinen 的方法
vectorized	接收 bool，可选。如果 vectorized 为 True，则向 func 发送一个 x.shape 为 (N,S) 的数组，并期望返回一个形状为 (S,) 的数组，其中 S 是要计算的解向量数。如果应用了约束，则用于构造 Constraint 对象的每个函数都应接收一个 x.shape 为 (N,S) 的 x 数组，并返回一个形状为 (M, S) 的数组，其中 M 是约束组件的数量。此选项是 worker 提供的并行化的替代方法，可以通过减少多个函数调用的解释器开销来帮助优化速度。如果 workers 不等于 1，则忽略 vectorized。此选项将覆盖 updating 关键字为 updating='deferred'

differential_evolution 函数的返回值 res 为 OptimizeResult 对象的优化结果。其重要的属性包括：x，表示解数组；success，表示优化器是否成功退出的布尔标志、描述终止原因的消息、填充总体中存在的解向量，以及 population_energies 总体中每个条目的目标函数值。如果使用了 polish 参数，并且通过抛光获得了较低的最小值，则 OptimizeResult 还

包含 jac 属性。如果最终解决方案不满足应用的约束，则属性 succes 为 False。

【例 4-19】 最小化 Rosenbrock 函数 (在 scipy.optimize 的 rosen 中实现)。

代码如下：

```
import numpy as np
from scipy.optimize import rosen, differential_evolution
bounds = [(0,2), (0, 2), (0, 2), (0, 2), (0, 2)]
result = differential_evolution(rosen, bounds)
print(' 最小化 Rosenbrock 函数的求解结果：')
print(result.x, result.fun)
print(' 最小化 Rosenbrock 函数的求解结果 ( 并行化 )：')
print(result.x, result.fun)
print(' 最小化 Rosenbrock 函数的求解结果 ( 约束最小化 )：')
from scipy.optimize import LinearConstraint, Bounds
lc = LinearConstraint([[1, 1]], -np.inf, 1.9)
bounds = Bounds([0., 0.], [2., 2.])
result = differential_evolution(rosen, bounds, constraints=lc, seed=1)
print(result.x, result.fun)
```

结果如下：

```
最小化 Rosenbrock 函数的求解结果：
[1. 1. 1. 1. 1.] 0.0
最小化 Rosenbrock 函数的求解结果 ( 并行化 )：
[1. 1. 1. 1. 1.] 0.0
最小化 Rosenbrock 函数的求解结果 ( 约束最小化 )：
[0.96632622 0.93367155] 0.0011352416853034823
```

例 4-19 中，添加了一个约束 Bounds，即 x[0] 和 x[1] 的总和必须小于或等于 1.9。这是一个线性约束，可以写成 A @ x <= 1.9，其中 A = array([[1, 1]])。

4.6.2 最小二乘法和曲线拟合

最小二乘法和曲线拟合方法在数据分析和建模中起着至关重要的作用。这两种技术共同为科学研究和工程应用提供了强大的理论工具，用于理解和预测数据的特征。下面介绍在 scipy.optimize 模块中对数据实现最小二乘法与曲线拟合过程的应用示例。

1. 非线性最小二乘法

least_squares 函数用于求解变量满足有界条件下的非线性最小二乘问题。其语法规则如下：

```
scipy.optimize.least_squares(fun, x0, jac='2-point', bounds=(-inf, inf), method='trf', ftol=1e-08, xtol=1e-08, gtol=1e-08, x_scale=1.0, loss='linear', f_scale=1.0, diff_step=None, tr_solver=None, tr_options={}, jac_sparsity=None, max_nfev=None, verbose=0, args=(), kwargs={})
```

least_squares 函数常用参数及其说明如表 4-19 所示。

表 4-19 least_squares 函数常用参数及其说明

参数名称	说　明
func	接收 callable，表示计算残差向量的函数，fun(x, *args, **kwargs)，即最小化相对于其第一个参数进行。传递给此函数的参数 x 是形状为 (n,) 的 ndarray(不是标量，即使 n=1 也是如此)。它必须分配并返回形状为 (m,) 或标量的一维 array_like。如果参数 x 是 complex，或者函数 fun 返回 complex 类型的残差，则必须将其包装在实参数的实函数中
x0	接收形状为 (n,) 的 array_like 或 float，表示对自变量的初步猜测。如果是浮点数，它将被视为具有一个元素的一维数组。当参数 method 为“trf”时，初始猜测可能会稍作调整，以充分位于给定的范围内
jac	接收 {'2-point', '3-point', 'cs', callable}，可选，表示 Jacobian 矩阵 (m × n 矩阵，其中元素 (i，j) 是 f[i] 相对于 x[j] 的偏导数) 的计算方法
bounds	接收两个 array_like 元组或边界元组，可选。 有两种方法可以指定边界：一是 Bounds 类的实例。二是自变量的下限和上限。默认为无边界。每个数组必须与 x0 的大小匹配或为标量，在后一种情况下，所有变量的边界都是相同的。 使用带有适当符号的 np.inf 可禁用所有或某些变量的边界

least_squares 函数的返回值 result 为 OptimizeResult 对象。

【例 4-20】 寻找 Rosenbrock 函数最小值。

代码如下：

```
import numpy as np
def fun_rosenbrock(x):
    return np.array([10 * (x[1] - x[0]**2), (1 - x[0])])
from scipy.optimize import least_squares
x0_rosenbrock = np.array([2, 2])
res1 = least_squares(fun_rosenbrock, x0_rosenbrock)
print('Rosenbrock 函数最小值计算结果：')
print(res1.x)
print(res1.cost)
print(res1.optimality)
```

结果如下：

```
Rosenbrock 函数最小值计算结果：
[1. 1.]
9.866924291084687e-30
8.892886493421953e-14
```

在例 4-20 中，只提供残差的向量。该算法将成本函数构造为残差的平方和，从而给出了 Rosenbrock 函数。确切的最小值为 x = [1.0, 1.0]。

2. 曲线拟合

curve_fit 函数使用非线性最小二乘法将函数 f 拟合到数据。假设 ydata = f(xdata, *params) + eps。其语法规则如下：

scipy.optimize.curve_fit(f, xdata, ydata, p0=None, sigma=None, absolute_sigma=False, check_finite=None, bounds=(-inf, inf), method=None, jac=None, *, full_output=False, nan_policy=None, **kwargs)

curve_fit 函数常用参数及其说明如表 4-20 所示。

表 4-20 curve_fit 函数常用参数及其说明

参数名称	说 明
f	接收 callable，模型函数为 f(x, …)。它必须将自变量作为第一个参数，并将参数作为单独的剩余参数
xdata	接收 array_like，表示测量数据的自变量。对于具有 k 个预测变量的函数，通常应该是一个 M 长度序列或 (k，M) 形数组，如果它是一个类似对象的数组，则每个元素都应该是浮点可转换的
ydata	接收 array_like，表示依赖数据，长度为 M 数组，名义上为 f(xdata, …)
bounds	接收两个 array_like 元组或边界元组，可选。 有两种方法可以指定边界：一是 Bounds 类的实例。二是自变量的下限和上限。默认为无边界。 每个数组必须与 x0 的大小匹配或为标量，在后一种情况下，所有变量的边界都是相同的。 使用带有适当符号的 np.inf 可禁用所有或某些变量的边界

curve_fit 函数的返回值分为以下五种情况。

(1) popt：返回 array 类型，表示参数的最优值，使 f(xdata, *popt) − ydata 的平方残差之和最小化。

(2) pcov：返回二维 array 类型，表示 popt 的估计近似协方差，对角线提供参数估计值的方差。

(3) infodict：返回 dict，仅在 full_output=True 时返回，带有键的可以选输出字典。

(4) mesg：返回 str，仅在 full_output=True 时返回，提供有关解决方案的信息的字符串消息。

(5) ier：返回 int，仅在 full_output=True 时返回。

【例 4-21】 curve_fit 函数拟合函数。

代码如下：

```
import numpy as np
import matplotlib.pyplot as plt
from scipy.optimize import curve_fit
def func(x, a, b, c):
    return a * np.exp(-b * x) + c
xdata = np.linspace(0, 4, 50)
y = func(xdata, 2.5, 1.3, 0.5)
rng = np.random.default_rng()
y_noise = 0.2 * rng.normal(size=xdata.size)
ydata = y + y_noise
print(' 数据增加噪声：\n%s' % ydata)
```

```
plt.plot(xdata, ydata, 'b-', label='data')
print(' 拟合函数 func 的参数 a、b、c: ')
popt, pcov = curve_fit(func, xdata, ydata)
print(popt)
plt.plot(xdata, func(xdata, *popt), 'r-', label='fit: a=%5.3f, b=%5.3f, c=%5.3f' % tuple(popt))
print(' 将优化限制在 0 <= a <= 3、0 <= b <= 1 和 0 <= c <= 0.5 的区域: ')
popt, pcov = curve_fit(func, xdata, ydata, bounds=(0, [3., 1., 0.5]))
print(popt)
plt.plot(xdata, func(xdata, *popt), 'g--', label='fit: a=%5.3f, b=%5.3f, c=%5.3f' % tuple(popt))
plt.xlabel('x')
plt.ylabel('y')
plt.legend()
plt.show()
```

结果如下：

```
数据增加噪声：
[2.73266203 2.47799484 2.79143157 2.05677013 2.2700077  1.91211634
 1.90555542 2.02143894 1.4576306  1.58603501 1.03970602 1.64566106
 0.83132545 1.34042583 0.97779366 1.12760117 0.90410474 0.89925329
 0.56433907 0.70449301 0.72105664 0.68606294 0.70195002 0.80325991
 0.67273067 0.4879574  0.65781708 0.69274629 0.79446142 0.4411829
 0.65489633 0.80207589 0.68437431 0.56321554 0.67252797 0.82037932
 0.79600687 0.52474339 0.56140355 0.73030063 0.37065246 0.54838014
 0.6322652  0.58992645 0.5701953  0.74657958 0.5445985  0.36528415
 0.49530696 0.70047893]
拟合函数 func 的参数 a、b、c:
[2.36635023 1.314712   0.5426938 ]
将优化限制在 0 <= a <= 3、0 <= b <= 1 和 0 <= c <= 0.5 的区域:
[2.27192266 1.         0.43571832]
```

例 4-21 代码运行后的输出图像如图 4-3 所示。

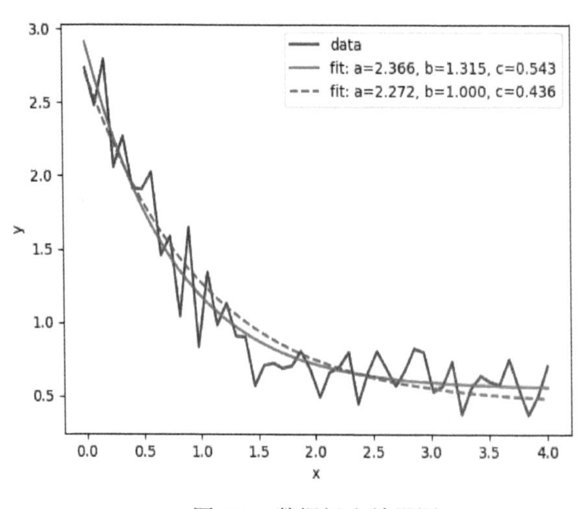

图 4-3　数据拟合效果图

4.6.3 线性规划

线性规划是数学规划中的主要内容之一，很多实际问题都可以归结为“线性规则”问题。求解线性规划模型可以使用 SciPy 中的 scipy.optimize 模块。下面以混合整数线性规则和最小化线性目标函数为例，介绍应用函数对模型求解的过程。

1. 混合整数线性规划

milp 函数用于求解混合整数线性规划 (Mixed-Integer Linear Programming，MILP)。其语法规则如下：

```
scipy.optimize.milp(c, *, integrality=None, bounds=None, constraints=None, options=None)
```

混合整数线性规划问题的模型由 3 个要素组成，即决策变量、目标函数和约束条件。milp 函数适用于解决特定模型问题，其表述形式如下：

目标函数式：

$$\min_{\boldsymbol{x}} \boldsymbol{c}^{\mathrm{T}} \boldsymbol{x}$$

约束条件式：

$$\text{s.t.}\begin{cases} \boldsymbol{b}_l \leqslant \boldsymbol{A}\boldsymbol{x} \leqslant \boldsymbol{b}_u \\ \boldsymbol{l} \leqslant \boldsymbol{x} \leqslant \boldsymbol{u} \\ x_i \in Z,\ i \in X_i \end{cases}$$

其中：$\boldsymbol{x}$ 是决策变量向量需要求解的对象。满足约束条件式的解 $\boldsymbol{x}$ 称为 MILP 的可行解，使目标函数式达到最小值的可行解称为 MILP 的最优解；$\boldsymbol{c}$、$\boldsymbol{b}_l$、$\boldsymbol{b}_u$、$\boldsymbol{l}$ 和 $\boldsymbol{u}$ 是系数向量；$\boldsymbol{A}$ 是不等式约束的系数矩阵；X_i 是必须取整数值的决策变量的索引集合。

milp 函数常用参数及其说明如表 4-21 所示。

表 4-21 milp 函数常用参数及其说明

参数名称	说 明
c	接收一维 array_like，表示最小化的线性目标函数的系数。在问题得到解决之前，c 被转换为双精度数组
integrality	接收一维 array_like，可选，表示每个决策变量的完整性约束的类型。默认情况下，所有变量都是连续的。integrality 在问题求解前被转换为整数数组
bounds	接收序列，可选，表示决策变量的界限。在求解问题之前，下限和上限会被转换为双精度数组。如果未指定，则所有决策变量都被约束为非负
constraints	接收序列，可选，表示优化问题的线性约束条件。参数可以是单个 LinearConstraint 对象或单个可转换为 LinearConstraint 对象的元组。在问题求解前，所有值都转换为双精度，约束系数矩阵可以使用稀疏矩阵来存储和处理
options	接收 dict，可选，表示求解器选项的字典。可以识别以下 5 个键值，即 'disp'、'node_limit'、'presolve'、'time_limit' 和 'mip_rel_gap'

milp 函数返回值为 OptimizeResult 对象。

【例 4-22】 milp 函数求解线性规划。

代码如下：

```
import numpy as np
```

```
c = -np.array([0, 1])
print(' 收集约束系数：')
A = np.array([[-1, 1], [3, 2], [2, 3]])
b_u = np.array([1, 12, 12])
b_l = np.full_like(b_u, -np.inf)
print(' 上述数组被收集到单个 LinearConstraint 对象中，如下所示：')
from scipy.optimize import LinearConstraint
constraints = LinearConstraint(A, b_l, b_u)
print(constraints)
print(' 该问题指出两个决策变量都必须是整数：')
integrality = np.ones_like(c)
print(integrality)
print(' 使用 milp 函数求解：')
from scipy.optimize import milp
res = milp(c=c, constraints=constraints, integrality=integrality)
print(res.x)
print(' 解决了松弛问题 ( 没有积分约束 )：')
res = milp(c=c, constraints=constraints)  # OR:
# from scipy.optimize import linprog; res = linprog(c, A, b_u)
print(res.x)
```

结果如下：

```
收集约束系数：
上述数组被收集到单个 LinearConstraint 对象中，如下所示：
<scipy.optimize._constraints.LinearConstraint object at 0x000002765F8D7430>
该问题指出两个决策变量都必须是整数：
[1 1]
使用 milp 函数求解：
[1. 2.]
解决了松弛问题 ( 没有积分约束 )：
[1.8 2.8]
```

2. 最小化线性目标函数

linprog 函数用于最小化线性目标函数。其语法规则如下：

```
scipy.optimize.linprog(c, A_ub=None, b_ub=None, A_eq=None, b_eq=None, bounds=None, method='highs', callback=None, options=None, x0=None, integrality=None)
```

带有线性等式和不等式约束的最小化线性目标函数的问题模型如下：

目标函数式：

$$\min_{\boldsymbol{x}} \boldsymbol{c}^{\mathrm{T}} \boldsymbol{x}$$

约束条件式：

$$\text{s.t.} \begin{cases} \boldsymbol{A}_{ub}\boldsymbol{x} \leqslant \boldsymbol{b}_{ub} \\ \boldsymbol{A}_{eq}\boldsymbol{x} = \boldsymbol{b}_{eq} \\ \boldsymbol{l} \leqslant \boldsymbol{x} \leqslant \boldsymbol{u} \end{cases}$$

其中：$\boldsymbol{x}$ 是决策变量向量；$\boldsymbol{c}$、$\boldsymbol{b}_{ub}$、$\boldsymbol{b}_{eq}$、$\boldsymbol{l}$ 和 $\boldsymbol{u}$ 是系数向量；$\boldsymbol{A}_{ub}$ 和 $\boldsymbol{A}_{eq}$ 是不等式约束的系数矩阵。

linprog 函数常用参数及其说明如表 4-22 所示。

表 4-22　linprog 函数常用参数及其说明

参数名称	说　明
c	接收一维 array，表示线性目标函数的系数要最小化
A_ub	接收二维 array，可选，表示不等式约束矩阵，每行 A_ub 指定 x 上的线性不等式约束的系数
b_ub	接收一维 array，可选，表示不等式约束向量，每个元素都表示对应值 A_ub@x 的上限
A_eq	接收二维 array，可选，表示相等约束矩阵，每行 A_eq 指定 x 上的线性相等约束的系数
b_eq	接收一维 array，可选，表示相等约束向量，A_eq@x 的每个元素必须等于 b_eq 的相应元素
bounds	接收序列，可选。bounds 中每个元素的 (最小值、最大值) 对序列，用来定义该决策变量的最小值和最大值。如果提供单个元组 (min、max)，则 min 和 max 将用作所有决策变量的边界。使用 None 表示没有边界。例如，默认边界 (0, None) 表示所有决策变量都是非负的，而对 (None, None) 表示根本没有边界，即所有变量都允许为任何实数

linprog 函数返回值为 OptimizeResult 对象。

【例 4-23】 linprog 求解线性规划。

代码如下：

```
from scipy.optimize import linprog
c = [-1, 4]
A = [[-3, 1], [1, 2]]
b = [6, 4]
x0_bounds = (None, None)
x1_bounds = (-3, None)
res = linprog(c, A_ub=A, b_ub=b, bounds=[x0_bounds, x1_bounds])
print(res)
print(res.fun)
print(res.x)
print(res.message)
print(res.ineqlin)
```

结果如下：

```
message: Optimization terminated successfully. (HiGHS Status 7: Optimal)
success: True
 status: 0
    fun: -22.0
      x: [ 1.000e+01 -3.000e+00]
    nit: 0
  lower:  residual: [       inf  0.000e+00]
          marginals: [ 0.000e+00  6.000e+00]
```

```
            upper:  residual: [      inf       inf]
                   marginals: [ 0.000e+00  0.000e+00]
            eqlin:  residual: []
                   marginals: []
          ineqlin:  residual: [ 3.900e+01  0.000e+00]
                   marginals: [-0.000e+00 -1.000e+00]
mip_node_count: 0
mip_dual_bound: 0.0
        mip_gap: 0.0
-22.0
[10. -3.]
Optimization terminated successfully. (HiGHS Status 7: Optimal)
  residual: [ 3.900e+01  0.000e+00]
marginals: [-0.000e+00 -1.000e+00]
```

4.7 SciPy 统计函数

SciPy 统计函数

SciPy 中的 scipy.stats 模块包含大量概率分布、汇总统计和频率统计、相关函数和统计检验、屏蔽统计、核密度估计、准蒙特卡罗函数等。统计学是一个宽泛的领域，有些主题超出了 SciPy 的范围，并且被其他软件包所涵盖。

4.7.1 汇总统计

在 SciPy 中，scipy.stats 模块提供了若干统计函数。下面以计算沿指定轴的加权几何平均值和计算沿指定轴的调和平均值为例，介绍其应用示例。

1. 计算沿指定轴的加权几何平均值

gmean 函数用于沿指定轴计算加权几何平均值。其语法规则如下：

```
scipy.stats.gmean(a, axis=0, dtype=None, weights=None, *, nan_policy='propagate', keepdims=False)
```

gmean 函数常用参数及其说明如表 4-23 所示。

表 4-23　gmean 函数常用参数及其说明

参数名称	说　明
a	接收 array_like，表示可以转换为数组的输入数组或对象
axis	接收 int 或 None，默认为 0。如果为 int，则为用于计算统计量的输入轴，输入的每个轴切片（例如行）的统计数据将出现在输出的相应元素中；如果为 None，则在计算统计数据之前将对输入进行 ravel 操作
dtype	接收 dtype，可选，表示在执行计算之前将输入数组强制转换的类型
weights	接收 array_like，可选，表示权重数组必须可广播为与 a 相同的形状，默认值为 None，它为每个值提供 1.0 的权重

gmean 函数返回值为 ndarray 类型。

【例 4-24】 gmean 函数求解几何平均值。

代码如下：

```
from scipy.stats import gmean
print(gmean([1, 4]))
print(gmean([1, 2, 3, 4, 5, 6, 7]))
print(gmean([1, 4, 7], weights=[3, 1, 3]))
```

结果如下：

```
2.0
3.3800151591412964
2.80668351922014
```

2. 计算沿指定轴的调和平均值

hmean 函数用于计算沿指定轴的调和平均值。其语法规则如下：

```
scipy.stats.hmean(a,axis=0,dtype=None,*,weights=None, nan_policy='propagate', keepdims=False)
```

hmean 函数常用参数及其说明如表 4-24 所示。

表 4-24 hmean 函数常用参数及其说明

参数名称	说　明
a	接收 array_like，表示可以转换为数组的输入数组或对象
axis	接收 int 或 None，默认为 0。如果为 int，则为用于计算统计量的输入轴，输入的每个轴切片（例如行）的统计数据将出现在输出的相应元素中；如果为 None，则在计算统计数据之前将对输入进行 ravel 操作
dtype	接收 dtype，可选，表示在执行计算之前将输入数组强制转换的类型
weights	接收 array_like，可选，可以是一维（它的长度必须是 a 沿给定 axis 的大小）或与 a 相同的形状。默认值为 None，它为每个值提供 1.0 的权重

hmean 函数返回值为 ndarray 类型。

【例 4-25】 使用 hmean 函数求解调和平均值。

代码如下：

```
from scipy.stats import hmean
print(hmean([1, 4]))
print(hmean([1, 2, 3, 4, 5, 6, 7]))
print(hmean([1, 4, 7], weights=[3, 1, 3]))
```

结果如下：

```
1.6
2.6997245179063363
1.9029126213592233
```

4.7.2 相关性检验

在 SciPy 中，scipy.stats 模块包含的相关性检验函数可以评估两个变量之间的相关性。这些函数包括 pearsonr、kendalltau、spearmanr。下面以 pearsonr 函数为例，介绍如何利用它进行变量相关性检验。当通过相关性检验确定变量之间存在的相关关系后，进一步使用 linregress 函数完成这两组变量的线性回归分析，并给出相应的应用示例。

1. 检验非相关性

pearsonr 函数用于检验非相关性的 pearson 相关系数和 p 值。其语法规则如下：

```
scipy.stats.pearsonr(x, y, *, alternative='two-sided', method=None)
```

pearson 相关系数衡量两个数据集之间的线性关系。与其他相关系数一样，这个相关系数在 -1 和 +1 之间变化，0 表示没有相关性。-1 或 +1 的相关性意味着精确的线性关系。正相关意味着随着 x 的增加，y 也会增加；负相关则意味着随着 x 的增加，y 会减小。

pearsonr 函数常用参数及其说明如表 4-25 所示。

表 4-25　pearsonr 函数常用参数及其说明

参数名称	说　明
x	接收形如 (N,) 的 array_like，表示输入数组
y	接收形如 (N,) 的 array_like，表示输入数组
alternative	接收 {'two-sided', 'greater', 'less'}，可选，用于定义备择假设，默认值为 two-sided。其中，two-sided 表示相关性为非零；less 表示相关性为负（小于零）；greater 表示相关性为正（大于零）
method	接收 ResamplingMethod，可选，定义用于计算 p 值的方法。如果 method 是 PermutationMethod/MonteCarloMethod 的实例，则使用 scipy.stats.permutation_test/scipy.stats.monte_carlo_test 以及提供的配置选项和其他适当的设置来计算 p 值，否则将按照注释中的记录计算 p 值

pearsonr 函数返回值 result 为 PearsonRResult 对象。

PearsonRResult 对象主要属性包括：

(1) statistic：浮点型，表示 pearson 乘积矩相关系数。

(2) pvalue：浮点型，表示与所选备选方案关联的 p 值。

PearsonRResult 对象主要方法包括：confidence_interval(confidence_level, method)，用于计算给定置信水平的相关系数统计量的置信区间。

【例 4-26】 使用 pearsonr 函数检验非相关性。

代码如下：

```
import numpy as np
```

```
from scipy import stats
x, y = [1, 2, 3, 4, 5, 6, 7], [10, 9, 2.5, 6, 4, 3, 2]
print(' 使用默认参数：')
res = stats.pearsonr(x, y)
print(res)
print(' 要执行测试的精确排列版本：')
rng = np.random.default_rng()
method = stats.PermutationMethod(n_resamples=np.inf, random_state=rng)
print(stats.pearsonr(x, y, method=method))
print(' 要在数据从均匀分布中抽取的原假设下执行检验：')
rng = np.random.default_rng()
method = stats.PermutationMethod(n_resamples=np.inf, random_state=rng)
print(stats.pearsonr(x, y, method=method))
print(' 要在数据从均匀分布中抽取的原假设下执行检验：')
method = stats.MonteCarloMethod(rvs=(rng.uniform, rng.uniform))
print(stats.pearsonr(x, y, method=method))
print(' 要生成渐近 90% 置信区间：')
print(res.confidence_interval(confidence_level=0.9))
print(' 引导置信区间：')
method = stats.BootstrapMethod(method='BCa', random_state=rng)
print(res.confidence_interval(confidence_level=0.9, method=method))
```

结果如下：

```
使用默认参数：
PearsonRResult(statistic=-0.8285038835884277, pvalue=0.021280260007523356)
要执行测试的精确排列版本：
PearsonRResult(statistic=-0.8285038835884277, pvalue=0.028174603174603175)
要在数据从均匀分布中抽取的原假设下执行检验：
PearsonRResult(statistic=-0.8285038835884277, pvalue=0.028174603174603175)
要在数据从均匀分布中抽取的原假设下执行检验：
PearsonRResult(statistic=-0.8285038835884277, pvalue=0.0244)
要生成渐近 90% 置信区间：
ConfidenceInterval(low=-0.9644331982722841, high=-0.3460237473272265)
引导置信区间：
ConfidenceInterval(low=-0.9983880242830205, high=-0.22771001702132437)
```

2. 线性回归

linregress 函数用于计算两组测量值的线性最小二乘回归。其语法规则如下：

```
scipy.stats.linregress(x, y=None, alternative='two-sided')
```

linregress 函数常用参数及其说明如表 4-26 所示。

表 4-26 linregress 函数常用参数及其说明

参数名称	说　明
x，y	接收 array_like，表示两组测量值，两个数组的长度应相同。如果只给出 x 并且 y = None，那么它必须是一个二维数组，其中一个维度的长度为 2。然后通过沿长度为 2 的维度拆分数组来找到两组测量值。在 y = None 且 x 是 2 × 2 数组的情况下，linregress(x) 等价于 linregress(x[0], x[1])
alternative	接收 {'two-sided', 'greater', 'less'}，可选，用于定义备择假设，默认值为 two-sided。其中，two-sided 表示相关性为非零；less 表示相关性为负 (小于零)；greater 表示相关性为正 (大于零)

hmean 函数返回值 result 为 LinregressResult 实例。其主要属性包括：

(1) slope：浮点型，表示回归线的斜率。

(2) intercept：浮点型，表示截取回归线。

(3) rvalue：浮点型，表示皮尔逊相关系数，右值的平方等于决定系数。

(4) pvalue：浮点型，表示假设检验的 p 值，其原假设斜率为零，使用具有检验统计量 t 分布的 Wald 检验。

(5) stderr：浮点型，表示在残差正态性假设下估计斜率 (梯度) 的标准误差。

(6) intercept_stderr：浮点型，表示在残差正态性假设下，估计截距的标准误差。

【例 4-27】 使用 linregress 函数计算最小二乘回归。

代码如下：

```
import numpy as np
import matplotlib.pyplot as plt
from scipy import stats
rng = np.random.default_rng()
x = rng.random(10)
y = 1.6*x + rng.random(10)
print(' 执行线性回归：')
res = stats.linregress(x, y)
print(f"R-squared: {res.rvalue**2:.6f}")
plt.plot(x, y, 'o', label='original data')
plt.plot(x, res.intercept + res.slope*x, 'r', label='fitted line')
plt.legend()
plt.show()
```

结果如下：

```
执行线性回归：
R-squared: 0.639451
```

例 4-27 代码运行后的输出图像如图 4-4 所示。

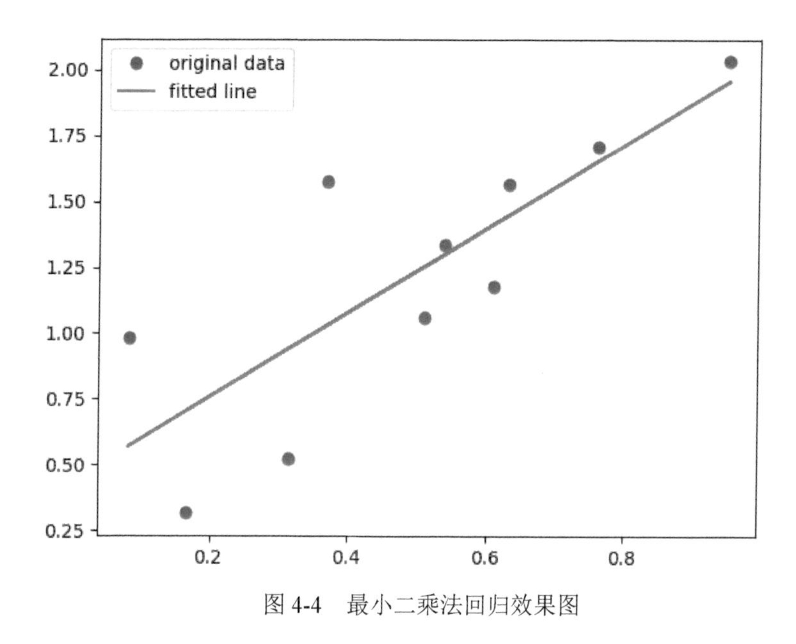

图 4-4　最小二乘法回归效果图

4.7.3　样本检验

一个样本检验通常用于评估单个样本是从指定分布还是具有指定属性（如平均值）的分布中抽取的。

ttest_1samp 函数用于计算一组分数的平均值的 T 检验，其语法规则如下。这是对原假设的检验，即独立观测值 a 样本的期望值（均值）等于给定的总体均值 popmean。

```
scipy.stats.ttest_1samp(a, popmean, axis=0, nan_policy='propagate', alternative='two-sided', *, keepdims=False)
```

ttest_1samp 函数常用参数及其说明如表 4-27 所示。

表 4-27　ttest_1samp 函数常用参数及其说明

参数名称	说　明
a	接收 array_like，表示样品观察
popmean	接收 float 或 array_like，表示原假设中的期望值。如果为 array_like，则其沿着 axis 的长度必须等于 1，否则必须可用 a 进行广播
axis	接收 int 或 None，默认为 0。如果是 int，则为用于计算统计数据的输入轴，输入的每个轴切片（例如行）的统计数据将出现在输出的相应元素中；如果为 None，则在计算统计数据之前将对输入进行 ravel 操作
nan_policy	接收 {'propagate', 'omit', 'raise'}，用于定义如何处理输入 NaN。 propagate：如果计算统计量的轴切片（例如行）中存在 NaN，则输出的相应条目将为 NaN。 omit：执行计算时将省略 NaN。如果计算统计数据的轴切片中剩余的数据不足，则输出的相应条目将为 NaN。 raise：如果存在 NaN，则将引发 ValueError

续表

参数名称	说　明
alternative	接收 {'two-sided', 'less', 'greater'}，可选，用于定义备择假设。其中，two-sided 表示样本基础分布的均值与给定总体均值 (popmean) 不同；less 表示样本基础分布的均值小于给定的总体均值；greater 表示样本基础分布的均值大于给定的总体均值
keepdims	接收 bool，默认为 False。如果设置为 True，则减少的轴将保留为大小为 1 的尺寸。使用此选项，结果将针对输入数组进行正确广播

ttest_1samp 函数返回值 result 为 TtestResult 对象。TtestResult 对象主要属性包括：

(1) statistic：float 或 array，表示 T 的统计量。

(2) pvalue：float 或 array，表示与给定备选方案关联的 p 值。

(3) df：float 或 array，用于计算 T 统计量的自由度数。T 统计量的自由度数比样本的大小 (a.shape[axis]) 小 1。

TtestResult 对象常用方法包括：confidence_interval(confidence_level=0.95)，用于计算给定置信水平的总体均值周围的置信区间。置信区间以命名元组返回，字段为低值和高值。

假设希望检验总体均值等于 0.5 的原假设。选择置信度为 99%，也就是说，如果 p 值小于 0.01，则将拒绝原假设，转而支持备择方案。

当检验标准均匀分布 (均值为 0.5) 地随机变异时，期望数据在大多数时间与原假设一致。

【例 4-28】 使用 ttest_1samp 函数进行 T 检验。

代码如下：

```
import numpy as np
from scipy import stats
rng = np.random.default_rng()
rvs = stats.uniform.rvs(size=50, random_state=rng)
result = stats.ttest_1samp(rvs, popmean=0.5)
print(result)
```

结果如下：

```
TtestResult(statistic=-1.2649649680679176, pvalue=0.21186687771696217, df=49)
```

例 4-28 中，正如预期的那样，0.017 的 p 值不低于阈值 0.01，因此不能拒绝原假设。

第5章 Matplotlib 数据可视化

制图之体有六焉。一曰分率，所以辨广轮之度也。二曰准望，所以正彼此之体也。三曰道里，所以定所由之数也。四曰高下，五曰方邪，六曰迂直，此三者各因地而制宜，所以校夷险之异也。

——《禹贡地域图·序》

宋代，图表分析法有较大发展。唐仲友所著《帝王经世图谱》，列图表于前，录材料于中，加说明于后，做到了制图表、审事实、作分析的三结合。杨甲绘制的《六经图》，共 309 幅，有条形图、曲线图、面积图、象形图等，丰富了统计图的种类。郑樵非常强调图谱的重要性，认为图谱简明扼要，胜过书籍千章万卷，其形象具体，易于理解，能够纲举目张。

Matplotlib 是当前最主流的绘图库，以多种硬拷贝格式和跨平台的交互式环境生成出版物质量的图形，只需几行代码就可以生成图表、直方图、功率谱、条形图、误差图、散点图等。

本章任务目标包括：

(1) 根据 Matplotlib 绘制流程进行图像绘制。

(2) 应用 Matplotlib 的 rc 参数进行图像设置。

(3) 分析业务需求，应用柱状图、折线图、饼图、直方图绘制可视化图像，评价不同图像的展示效果。

(4) 应用文本、颜色设置进行图像设置。

(5) 应用词云图展示文本分析结果。

(6) 应用 Django 平台展示 Matplotlib 图像。

Matplotlib 基础

5.1 Matplotlib 基础

Matplotlib 是 Python 的一个绘图库，因其简单的语法以及支持多种常用图形，常被应用于数据分析及可视化。

5.1.1 Matplotlib 简介及安装

Matplotlib 是一个类 Matlab 的纯 Python 的第三方库，旨在用 Python 实现 Matlab 的功能，是 Python 下最出色的绘图库之一。其风格与 Matlab 相似，同时也继承了 Python 简单明了的特点。

Matplotlib 在图像美化功能方面比较完善，可以自定义线条的颜色和样式，可以在一张绘图纸上绘制多张小图，也可以在一张图上绘制多条线，可以很方便地将数据可视化并对比分析。

Matplotlib 中应用最广的是 matplotlib.pyplot 模块。Pyplot 提供了一套和 Matlab 类似的绘图 API，使得 Matplotlib 的机制更像 Matlab。只需要调用 Pyplot 模块所提供的函数，就可以实现快速绘图并设置图表的各个细节。

Matplotlib 的 API 风格多样，既包括面向对象的风格，也支持更传统的编程模式。它还可以与 NumPy 结合使用，进行数组的运算。

总的来说，Matplotlib 是一个广泛应用于科学计算、数据分析和机器学习领域的强大工具，它不仅易于学习和使用，而且提供了高度定制化的选项，以便用户能够根据需求生成专业级的图表。

Matplotlib 库属于 Python 的第三方库，因此，可以使用 pip 命令进行安装。pip 命令基本语法格式如下：

```
pip install matplotlib
```

安装成功后，使用 import 关键字进行导入，基本语法格式如下：

```
import matplotlib.pyplot as plt
```

5.1.2 Matplotlib 绘图流程

Matplotlib 绘制图形的流程较为简单，通常包括创建画布与子图、添加内容、图形的保存与显示。

1. 创建画布与子图

1) 创建画布

Matplotlib 库是在画布上进行图像绘制的，Pyplot 模块提供了 figure 函数可以用于创建一张空白画布。figure 函数基本语法如下：

```
pyplot.figure( num: int | str | Figure | SubFigure | None = None, figsize: tuple[float, float] | None = None, dpi: float | None = None, facecolor: ColorType | None = None, edgecolor: ColorType | None = None, frameon: bool = True, FigureClass: type[Figure] = Figure, clear: bool = False, **kwargs) -> Figure
```

figure 函数常用参数及其说明如表 5-1 所示。

表 5-1　figure 函数常用参数及其说明

参数名称	说　明
num	接收 int、str、figure 或 subfigure，可选，表示图形的唯一标识符
figsize	接收 (float,float)，默认值为 rc:`figure.figsize`，表示宽度、高度 (英寸)
dpi	接收 float，默认值为 rc:`figure.dpi`，表示图形的分辨率 (以每英寸点数为单位)
facecolor	接收 color，默认值为 rc:`figure.facecolor`，表示背景颜色
edgecolor	接收 color，默认值为 rc:`figure.edgecolor`，表示边框颜色
frameon	接收 bool，默认值为 True，如果为 False，则禁止绘制图框

【例 5-1】 创建背景为轻灰色的画布。

代码如下：

```
import matplotlib.pyplot as plt
fig = plt.figure(figsize=(10, 6), facecolor='lightgrey')
plt.show()
```

结果如图 5-1 所示。

图 5-1 例 5-1 的运行结果

2) 创建子图

可以将整个画布划分为多个部分，以方便在同一画布上绘制多个图形。add_subplot 函数基本语法如下：

```
fig.add_subplot(self, nrows: int, ncols: int, index: int | tuple[int, int], **kwargs) -> Axes
```

add_subplot 函数常用参数及其说明如表 5-2 所示。

表 5-2 add_subplot 函数常用参数及其说明

参数名称	说 明
nrows	接收 int，可选，表示子图的行数
ncols	接收 int，可选，表示子图的列数
index	接收 int，可选，表示子图的编号

【例 5-2】 在画布中创建多个子图。

代码如下：

```
import matplotlib.pyplot as plt
fig = plt.figure(figsize=(10, 6), facecolor='lightgrey')
ax1 = fig.add_subplot(2, 2, 1)
ax2 = fig.add_subplot(2, 2, 2)
ax3 = fig.add_subplot(2, 2, 3)
ax4 = fig.add_subplot(2, 2, 4)
plt.show()
```

结果如图 5-2 所示。

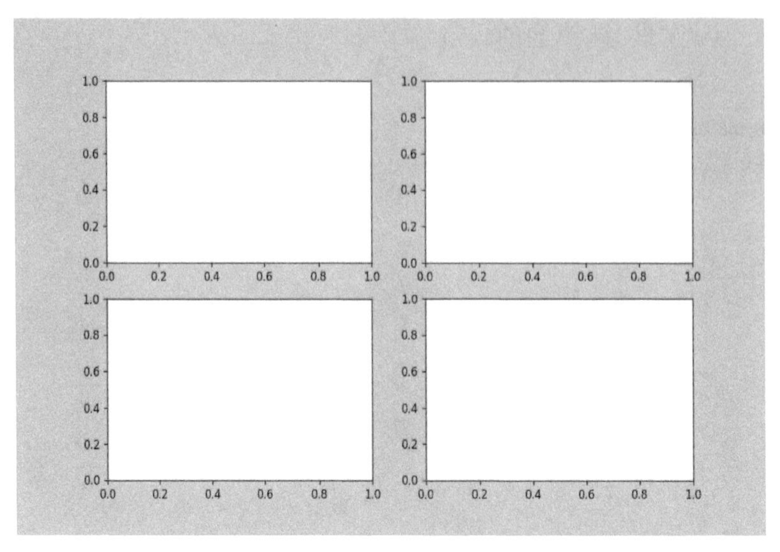

图 5-2　例 5-2 的运行结果

一张画布上只有一个子图，可以将 add_subplot 函数的参数进行省略。

【例 5-3】 在画布中创建一个子图。

代码如下：

```
import matplotlib.pyplot as plt
fig = plt.figure(figsize=(10, 6), facecolor='lightgrey')
ax1 = fig.add_subplot()
plt.show()
```

结果如图 5-3 所示。

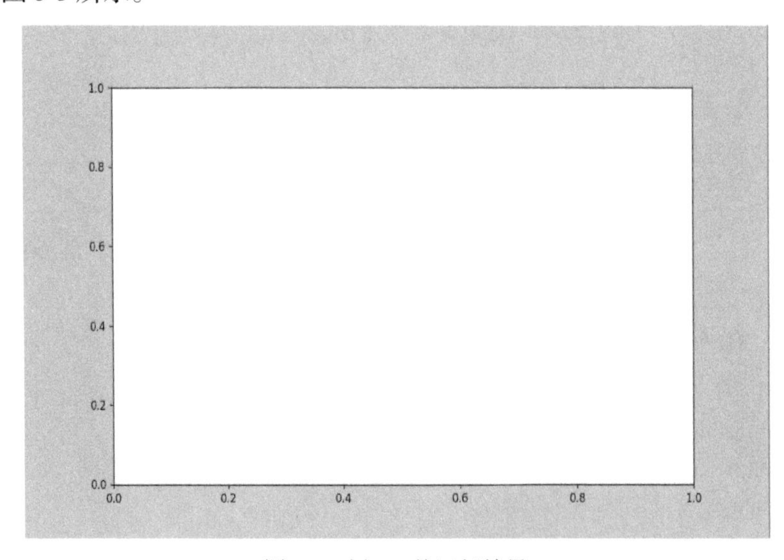

图 5-3　例 5-3 的运行结果

可以使用 subplots 函数一次性生成画布和子图。subplots 函数基本语法如下：

pyplot.subplots(nrows: int = 1, ncols: int = 1, *, sharex: bool | Literal["none", "all", "row", "col"] = False, sharey:

bool | Literal["none", "all", "row", "col"] = False, squeeze: bool = True, width_ratios: Sequence[float] | None = None, height_ratios: Sequence[float] | None = None, subplot_kw: dict[str, Any] | None = None, gridspec_kw: dict[str, Any] | None = None, **fig_kw) -> tuple[Figure, Any]

subplots 函数常用参数及其说明如表 5-3 所示。

表 5-3 subplots 函数常用参数及其说明

参数名称	说　明
nrows，ncols	接收 int，默认值为 1，表示子图的行 / 列数
sharex，sharey	接收 bool or {'none', 'all', 'row', 'col'}，默认值为 False，用于控制 x(*sharex*) 或 y(*sharey*) 之间的属性共享
squeeze	接收 bool，默认值为 True，如果为 True，则从返回的维度中挤出额外的维度
width_rations	接收 array_like of length *ncols*，可选
height_rations	接收 array_like of length *nrows*，可选
subplot_kw	接收 dict，可选，用于创建子图
gridspec_kw	接收 dict，可选，用于创建子图网格
**fig_kw	用于将所有其他关键字参数都传递给 `.pyplot.figh` 调用

【例 5-4】 使用 subplots 函数创建画布与子图。

代码如下：

```
import matplotlib.pyplot as plt
fig, axes = plt.subplots(2, 2)
plt.show()
```

结果如图 5-4 所示。

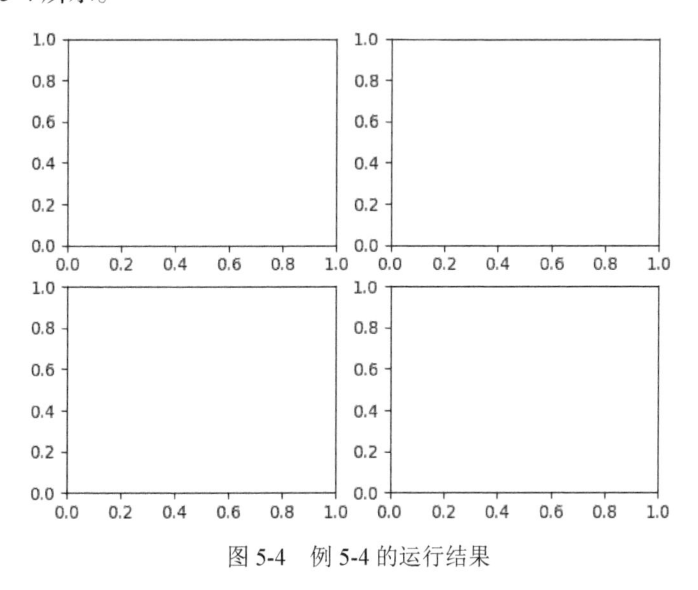

图 5-4 例 5-4 的运行结果

2. 添加内容

Matplotlib 绘制图形时，可以通过函数为图形添加多个元素。

1) 添加标题

Pyplot 模块提供了 title 函数，可以为图形添加标题信息。title 函数基本语法如下：

```
pyplot.title(label: str,fontdict: dict[str, Any] | None = None,loc: Literal["left", "center", "right"] | None = None, pad: float | None = None,*,y: float | None = None,**kwargs,) -> Text
```

title 函数常用参数及其说明如表 5-4 所示。

表 5-4　title 函数常用参数及其说明

参数名称	说　明
label	接收 str，用于设置标题的文本
fontdict	接收 dict，可选，用于设置标题的字体属性。例如：字体名称、大小、颜色等
loc	接收 str，用于设置标题的位置。例如：'left'，'center'，'right' 或数字表示
pad	接收 float，用于设置标题与图形边界之间的距离

【例 5-5】 使用 title 函数添加标题。

代码如下：

```
import matplotlib.pyplot as plt
import numpy as np
fig = plt.figure()
axes = fig.add_subplot()
x = np.linspace(0, 2*np.pi, 100)
y = np.sin(x)
plt.plot(x, y)
plt.title(label='function:y=sin(x)', fontdict={'size': 20, 'color': 'red'}, loc='center')
plt.show()
```

结果如图 5-5 所示。

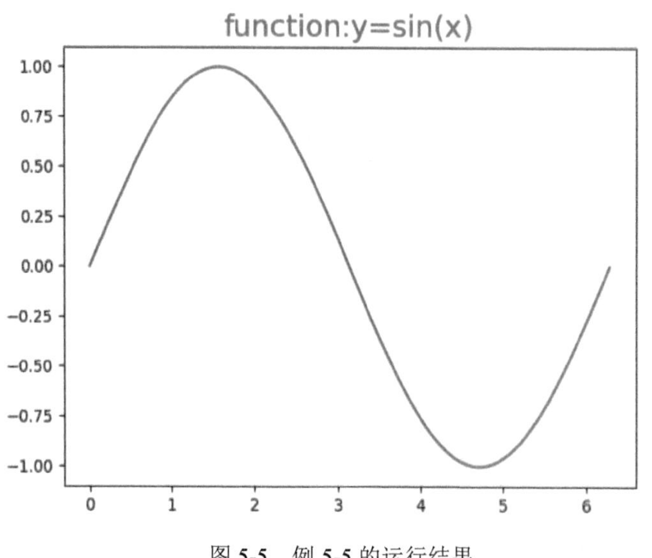

图 5-5　例 5-5 的运行结果

2) 添加坐标轴

Pyplot 模块提供了 xlabel、ylabel 函数，可以为图形添加坐标轴等信息。

(1) xlabel 函数基本语法如下：

pyplot.xlabel(xlabel: str, fontdict: dict[str, Any] | None = None, labelpad: float | None = None, *, loc: Literal["left", "center", "right"] | None = None, **kwargs) -> Text

xlabel 函数常用参数及其说明如表 5-5 所示。

表 5-5 xlabel 函数常用参数及其说明

参数名称	说明
xlabel	接收 str，用于设置 x 轴的文本
fontdict	接收 dict，可选，用于设置 x 轴文本的字体属性。例如：字体名称、大小、颜色等
loc	接收 str，用于设置 x 轴文本的位置。例如：'left'，'center'，'right' 或数字表示
labelpad	接收 float，用于设置 x 轴的文本与图形边界之间的距离

(2) ylabel 函数基本语法如下：

pyplot.ylabel(ylabel: str, fontdict: dict[str, Any] | None = None, labelpad: float | None = None, *, loc: Literal["bottom", "center", "top"] | None = None, **kwargs,) -> Text

ylabel 函数常用参数及其说明如表 5-6 所示。

表 5-6 ylabel 函数常用参数及其说明

参数名称	说明
ylabel	接收 str，用于设置 y 轴的文本
fontdict	接收 dict，可选，用于设置 y 轴文本的字体属性。例如：字体名称、大小、颜色等
loc	接收 str，用于设置 y 轴文本的位置。例如：'left'，'center'，'right' 或数字表示
labelpad	接收 float，用于设置 y 轴的文本与图形边界之间的距离

【例 5-6】 使用 xlabel、ylabel 函数添加坐标轴。

代码如下：

```
import matplotlib.pyplot as plt
import numpy as np
fig = plt.figure()
axes = fig.add_subplot()
x = np.linspace(0, 2*np.pi, 100)
y = np.sin(x)
plt.plot(x, y)
plt.title(label='function:y=sin(x)', fontdict={'size': 18, 'color': 'red'}, loc='center')
plt.xlabel(xlabel='X', fontdict={'size': 20, 'color': 'blue'}, loc='right', labelpad=6)
plt.ylabel(ylabel='Y', fontdict={'size': 20, 'color': 'green'}, loc='top', labelpad=3)
plt.show()
```

结果如图 5-6 所示。

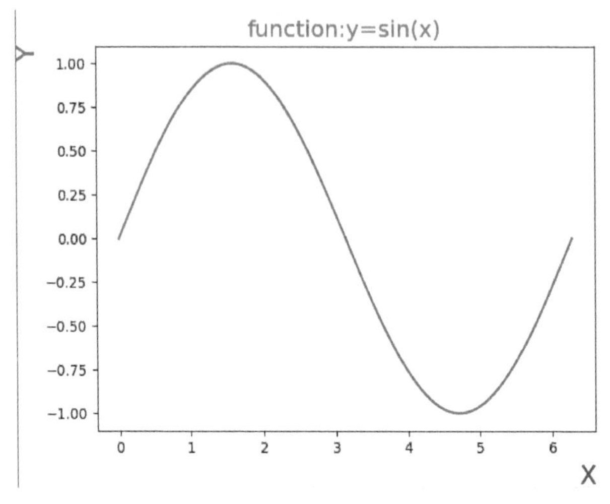

图 5-6　例 5-6 的运行结果

3) 添加坐标轴范围

Pyplot 模块提供了 xlim、ylim 函数，可以为图形设置坐标轴范围。

(1) xlim 函数基本语法如下：

```
pyplot.xlim(xmin, xmax) -> tuple[float, float]
```

xlim 函数常用参数及其说明如表 5-7 所示。

表 5-7　xlim 函数常用参数及其说明

参数名称	说　　明
xmin	接收 float，表示 x 轴最小值
xmax	接收 float，表示 x 轴最大值

(2) ylim 函数基本语法如下：

```
pyplot.ylim(ymin, ymax) -> tuple[float, float]
```

ylim 函数常用参数及其说明如表 5-8 所示。

表 5-8　ylim 函数常用参数及其说明

参数名称	说　　明
ymin	接收 float，表示 y 轴最小值
ymax	接收 float，表示 y 轴最大值

【例 5-7】 使用 xlim、ylim 函数设置坐标轴范围。

代码如下：

```
import matplotlib.pyplot as plt
import numpy as np
fig = plt.figure()
axes = fig.add_subplot()
```

```
x = np.linspace(0, 2*np.pi, 100)
y = np.sin(x)
plt.plot(x, y)
plt.title(label='function:y=sin(x)', fontdict={'size': 16, 'color': 'red'}, loc='center')
plt.xlabel(xlabel='X', fontdict={'size': 18, 'color': 'blue'}, loc='right', labelpad=6)
plt.ylabel(ylabel='Y', fontdict={'size': 18, 'color': 'green'}, loc='top', labelpad=3)
plt.xlim(0,8)
plt.ylim(-1,1)
plt.show()
```

结果如图 5-7 所示。

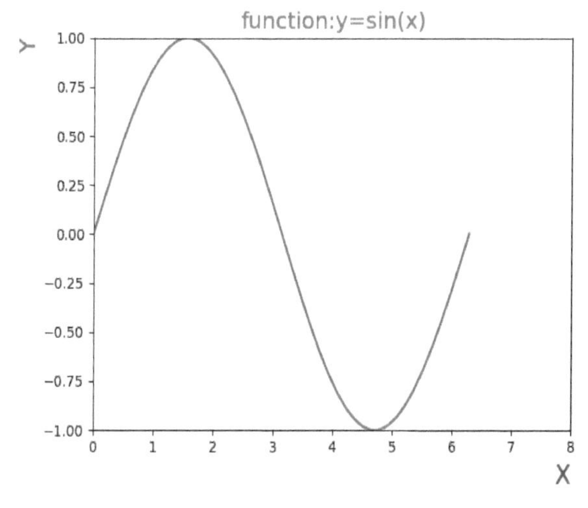

图 5-7 例 5-7 的运行结果

4) 添加坐标轴刻度

Pyplot 模块提供了 xticks、yticks 函数，可以为图形设置坐标轴刻度。

(1) xticks 函数基本语法如下：

pyplot.xticks(ticks: ArrayLike | None = None,labels: Sequence[str] | None = None,*,minor: bool = False,**kwargs) -> tuple[list[Tick] | np.ndarray, list[Text]]

xticks 函数常用参数及其说明如表 5-9 所示。

表 5-9 xticks 函数常用参数及其说明

参数名称	说　明
ticks	接收 array_like，可选，表示 xtick 位置的列表。如果传递一个空列表则将删除所有 xticks
labels	接收 array_like，可选，表示放置在给定的 *tick* 位置的标签文本
minor	接收 bool，默认值为 False。如果为 False，则设置主要刻度 / 标签；如果为 True，则设置次要刻度 / 标签
**kwargs	接收 dict，表示其他关键字参数。参数为“.Text”属性用来控制标签文本的展示。例如：字体大小、字体样式等

(2) yticks 函数基本语法如下：

pyplot.yticks(ticks: ArrayLike | None = None, labels: Sequence[str] | None = None, *, minor: bool = False, **kwargs) -> tuple[list[Tick] | np.ndarray, list[Text]]

yticks 函数常用参数及其说明如表 5-10 所示。

表 5-10 yticks 函数常用参数及其说明

参数名称	说　明
ticks	接收 array_like，可选，表示 y 轴刻度位置的列表。如果传递一个空列表则将删除所有 y 轴刻度
labels	接收 array_like，可选，表示放置在指定刻度位置的标签文本。只有当 ticks 参数有输入值时，该参数才能传入参数
minor	接收 bool，默认值为 False。若为 False，则设置主要刻度 / 标签；若为 True，则设置次要刻度 / 标签
**kwargs	接收 dict,用于接收其他关键字参数。参数为“.Text”属性,用来控制标签文本的展示。例如：字体大小、字体样式等

【例 5-8】 使用 xticks、yticks 函数设置坐标轴范围。

代码如下：

```
import matplotlib.pyplot as plt
import numpy as np
fig = plt.figure()
axes = fig.add_subplot()
x = np.linspace(0, 2*np.pi, 100)
y = np.sin(x)
plt.plot(x, y)
plt.title(label='function:y=sin(x)', fontdict={'size': 16, 'color': 'red'}, loc='center')
plt.xlabel(xlabel='X', fontdict={'size': 18, 'color': 'blue'}, loc='right', labelpad=6)
plt.ylabel(ylabel='Y', fontdict={'size': 18, 'color': 'green'}, loc='top', labelpad=3)
plt.xlim(0,8)
plt.ylim(-1,1)
plt.xticks(ticks=[0, 2, 4, 6, 8])
plt.yticks(ticks=[-1, -0.5, 0, 0.5, 1])
plt.show()
```

结果如图 5-8 所示。

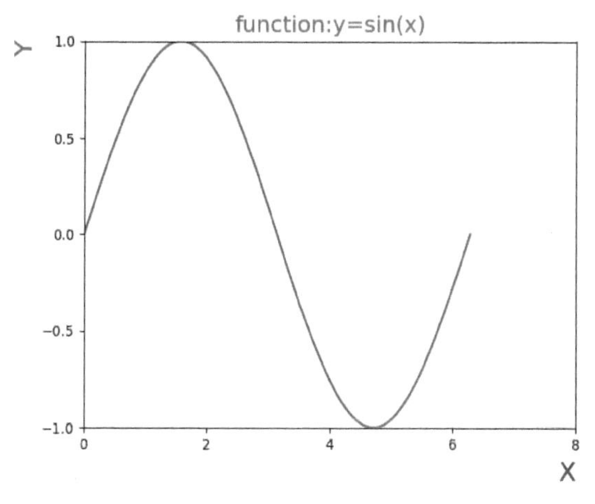

图 5-8 例 5-8 的运行结果

5) 添加图例

Pyplot 模块提供了 legend 函数，可以为图形添加图例。legend 函数基本语法如下：

pyplot.legend(handles:Iterable[Artist | tuple[Artist, ...]], lebels:Iterable[str], loc:str | tuple[float, float] | int | None) -> Legend

legend 函数常用参数及其说明如表 5-11 所示。

表 5-11 legend 函数常用参数及其说明

参数名称	说　明
handles	接收 obj，表示所绘制线条的实例对象
labels	接收 str，可选，表示图例名称
loc	接收 str，可选，表示图例在整个坐标轴平面中的位置

【例 5-9】 使用 legend 函数添加图例。

代码如下：

```
import matplotlib.pyplot as plt
import numpy as np
fig = plt.figure()
axes = fig.add_subplot()
x = np.linspace(0, 2*np.pi, 100)
y = np.sin(x)
line1, = plt.plot(x, y)
plt.title(label='function:y=sin(x)', fontdict={'size': 16, 'color': 'red'}, loc='center')
plt.xlabel(xlabel='X', fontdict={'size': 18, 'color': 'blue'}, loc='right', labelpad=6)
plt.ylabel(ylabel='Y', fontdict={'size': 18, 'color': 'green'}, loc='top', labelpad=3)
plt.xlim(0,8)
plt.ylim(-1,1)
plt.xticks(ticks=[0, 2, 4, 6, 8])
plt.yticks(ticks=[-1, -0.5, 0, 0.5, 1])
```

```
plt.legend(handles=[line1], labels=['sin(x)'], loc='upper right')
plt.show()
```

结果如图 5-9 所示。

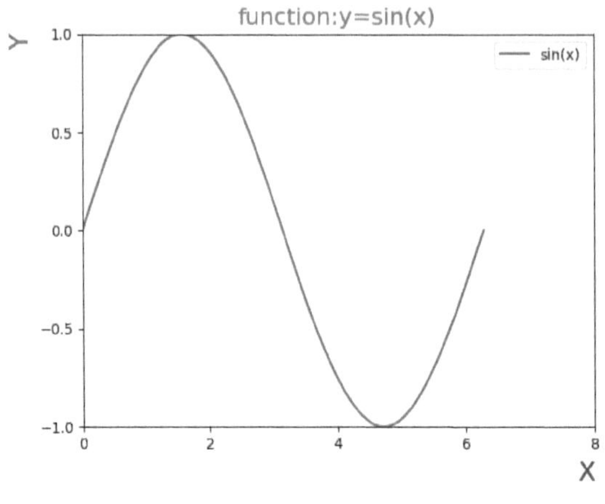

图 5-9 例 5-9 的运行结果

3. 图形的保存与显示

1) 图形保存

Pyplot 模块提供了 savefig 函数，可以将绘制完成的图形进行保存。savefig 函数基本语法如下：

```
pyplot.savefig(fname, *, transparent=None, dpi='figure', format=None, metadata=None, bbox_inches=None, pad_inches=0.1, facecolor='auto', edgecolor='auto', backend=None, **kwargs) -> None
```

savefig 函数常用参数及其说明如表 5-12 所示。

表 5-12 savefig 函数常用参数及其说明

参数名称	说　明
fname	包含文件路径或 Python 文件型对象的字符串。图片格式是从文件扩展名中推断出来的 (例如 pdf 格式的 .pdf)
dpi	设置每英寸点数的分辨率，默认为 100
facecolor, edgecolor	子图之外的图形背景颜色，默认是 'w'(白色)
format	文件格式 ('png', 'pdf', 'svg', 'ps' 等)
bbox_inches	要保存的图片范围，如果设置为 'tight' 则去除图片周围的空白

【例 5-10】 使用 savefig 函数保存图形。

代码如下：

```
import matplotlib.pyplot as plt
import numpy as np
fig = plt.figure()
axes = fig.add_subplot()
x = np.linspace(0, 2*np.pi, 100)
```

```
y = np.sin(x)
line1, = plt.plot(x, y)
plt.title(label='function:y=sin(x)', fontdict={'size': 16, 'color': 'red'}, loc='center')
plt.xlabel(xlabel='X', fontdict={'size': 18, 'color': 'blue'}, loc='right', labelpad=6)
plt.ylabel(ylabel='Y', fontdict={'size': 18, 'color': 'green'}, loc='top', labelpad=3)
plt.xlim(0,8)
plt.ylim(-1,1)
plt.xticks(ticks=[0, 2, 4, 6, 8])
plt.yticks(ticks=[-1, -0.5, 0, 0.5, 1])
plt.legend(handles=[line1], labels=['sin(x)'], loc='upper right')
plt.savefig('tu.png', format='png', transparent=False, dpi=300)
plt.show()
```

结果如图 5-10 所示。

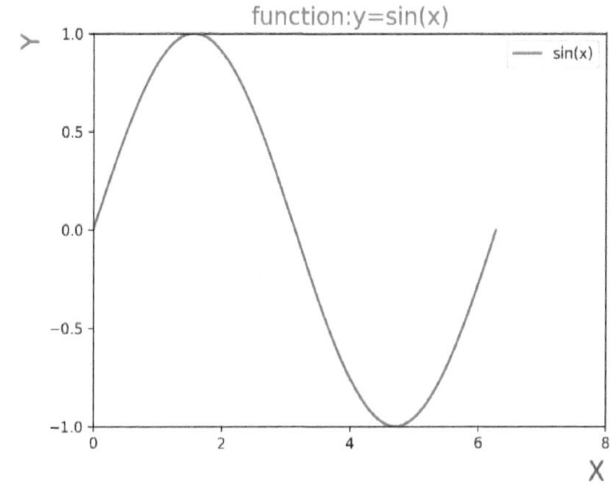

图 5-10　例 5-10 的运行结果

2) 图形显示

Pyplot 模块提供了 show 函数，可以将绘制的图形进行展示。show 函数基本语法如下：

```
pyplot.show(*,block=None) -> None
```

show 函数常用参数及其说明如表 5-13 所示。

表 5-13　show 函数常用参数及其说明

参数名称	说　明
block	接收 bool，可选，表示是否等待所有图形关闭后再返回。 如果为 True，则阻止并运行 GUI 主循环，直到关闭所有图形窗口；如果为 False，则确保显示所有图形窗口并立即返回 (在这种情况下，需确保事件循环正在运行，以获得响应图形)

【例 5-11】 使用 show 函数显示图形。

代码如下：

```
import matplotlib.pyplot as plt
import numpy as np
fig = plt.figure()
```

```
axes = fig.add_subplot()
x = np.linspace(0, 2*np.pi, 100)
y = np.sin(x)
line1, = plt.plot(x, y)
plt.title(label='function:y=sin(x)', fontdict={'size': 16, 'color': 'red'}, loc='center')
plt.xlabel(xlabel='X', fontdict={'size': 18, 'color': 'blue'}, loc='right', labelpad=6)
plt.ylabel(ylabel='Y', fontdict={'size': 18, 'color': 'green'}, loc='top', labelpad=3)
plt.xlim(0,8)
plt.ylim(-1,1)
plt.xticks(ticks=[0, 2, 4, 6, 8])
plt.yticks(ticks=[-1, -0.5, 0, 0.5, 1])
plt.legend(handles=[line1], labels=['sin(x)'], loc='upper right')
plt.savefig('tu.png', format='png', transparent=False, dpi=300)
plt.show()
```

结果如图 5-11 所示。

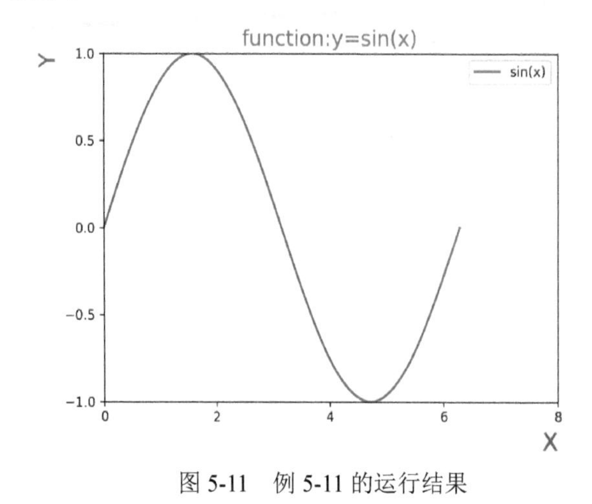

图 5-11　例 5-11 的运行结果

Pyplot 的 rc 参数

5.2　Pyplot 的 rc 参数

在使用 Matplotlib 的 Pyplot 模块进行绘图时，可以使 rc 参数设置图表的基础配置。这些设置可以在代码中一次性配置，也可以保存在配置文件中，以便多个项目之间重复使用。

5.2.1　rc 参数

Matplotlib 使用 matplotlibrc 配置文件来自定义图形的各种属性，称之为 rc 配置或 rc 参数 (Runtime Configuration Params，rcParams，运行时配置参数)。

在 Matplotlib 中几乎所有的默认属性都是可以控制的，例如视图窗口大小以及每英寸点数、线条宽度、颜色和样式、坐标轴、坐标和网格属性、文本、字体等。常用 rc 参数及其说明如表 5-14 所示。

表 5-14　常用 rc 参数及其说明

参数名称	说　明
Axes	设置坐标轴边界、颜色、坐标、刻度值大小和网格的显示
Figure	设置边界颜色、图形大小和子区
Font	设置字号、字体和样式
Grid	设置网格颜色和线型
Legend	设置图例和其中的文本显示
Lines	设置线条颜色、宽度、线型等
Savefig	对保存图像进行单独设置
xtick 和 ytick	对 x 轴、y 轴的主刻度和次刻度设置颜色、大小、方向和标签大小

5.2.2　参数设置方式

Matplotlib 作为 Python 中最受欢迎的绘图库之一，提供了高度可定制的参数设置。接下来将详细介绍 Matplotlib 的参数设置方式，包括全局参数配置、rc 参数设置。

1. 全局参数配置

Matplotlib 的全局参数可以通过编辑其配置文件进行设置。

【例 5-12】 查看用户的配置文件目录。

代码如下：

```
import matplotlib
print(matplotlib.matplotlib_fname())
```

结果如下：

```
D:\project\keshihua\venv\lib\site-packages\matplotlib\mpl-data\matplotlibrc
```

查找到当前用户的配置文件目录，然后用编辑器打开，修改 matplotlibrc 文件，即可修改配置参数。

2. rc 参数设置

Pyplot 模块可以使用 rcParams 参数修改图形的各种默认属性，包括画布大小、线条、字体、文本、坐标轴、刻度、图例、标记、图片保存等参数。rcParams 参数基本语法格式如下：

```
pyplot.rcParams[' 属性 '] = 属性值
```

如果为多个参数，则也可以使用简写形式。rcParams 多参数简写格式如下：

```
pyplot.rc(group, **kwargs)
```

5.2.3　中文设置

Pyplot 字体默认并不支持中文字符的显示，因此需要设置 font.sans-serif 或 font.family 参数（列表设置多种字体，字符串设置一种字体），使得图形可以正常显示中文。同时，由于字体的修改，可能会导致坐标轴中的部分字符无法显示，因此需要同时修改 axes.unicode_minus 参数。

设置显示中文标签的基本语法格式如下：

```
plt.rcParams['font.family'] = ['SimHei'] 或 'SimHei'
```

设置正常显示符号的基本语法格式如下：

```
plt.rcParams['axes.unicode_minus'] = False
```

5.2.4 线条常用的 rc 参数

线条常用的 rc 参数如表 5-15 所示。

表 5-15 线条常用的 rc 参数

rc 参数名称	解　释	取　　值
lines.linewidth	线条宽度	取 0～10 之间的数值，默认为 1.5
lines.linestyle	线条样式	可取“-”“--”“-.”“：”四种，默认为“-”
lines.marker	线条上点的形状	可取“o”“D”“h”“.”“,”“S”等 20 种，默认为 None
lines.markersize	点的大小	取 0～10 之间的数值，默认为 1

线条上点的形状取值 (marker 取值) 如表 5-16 所示。

表 5-16 线条上点的形状取值 (marker 取值)

marker 取值	意　义	marker 取值	意　义
'o'	圆圈	'.'	点
'D'	菱形	's'	正方形
'h'	六边形 1	'*'	星号
'H'	六边形 2	'd'	小菱形
'-'	水平线	'v'	一角朝下的三角形
'8'	八边形	'<'	一角朝左的三角形
'p'	五边形	'>'	一角朝右的三角形
','	像素	'^'	一角朝上的三角形
'+'	加号	'|'	竖线
'None'	无	'x'	X

5.2.5 rc 参数设置示例

可以使用 rc 参数设置折线图的默认属性，包括线条样式、线条粗细、线条上点的形状、线条上点的大小等。

【例 5-13】 rc 参数设置。

代码如下：

```
import matplotlib.pyplot as plt
import numpy as np

plt.rcParams['font.family'] = 'SimHei'
plt.rcParams['axes.unicode_minus'] = False
fig = plt.figure(num='01', figsize=(10, 6),
          facecolor='grey', frameon=True)
ax1 = fig.add_subplot(1, 1, 1)
x = np.linspace(0, 2*np.pi, 100)
y = np.sin(x)
plt.title(label='rc 参数设置 ')
plt.rc('lines', ls='-', lw=3)
plt.rcParams['lines.marker'] = 'D'
plt.rcParams['lines.markersize'] = 10
plt.plot(x, y, label='sin(x)')
plt.legend(loc='best')
plt.show()
```

结果如图 5-12 所示。

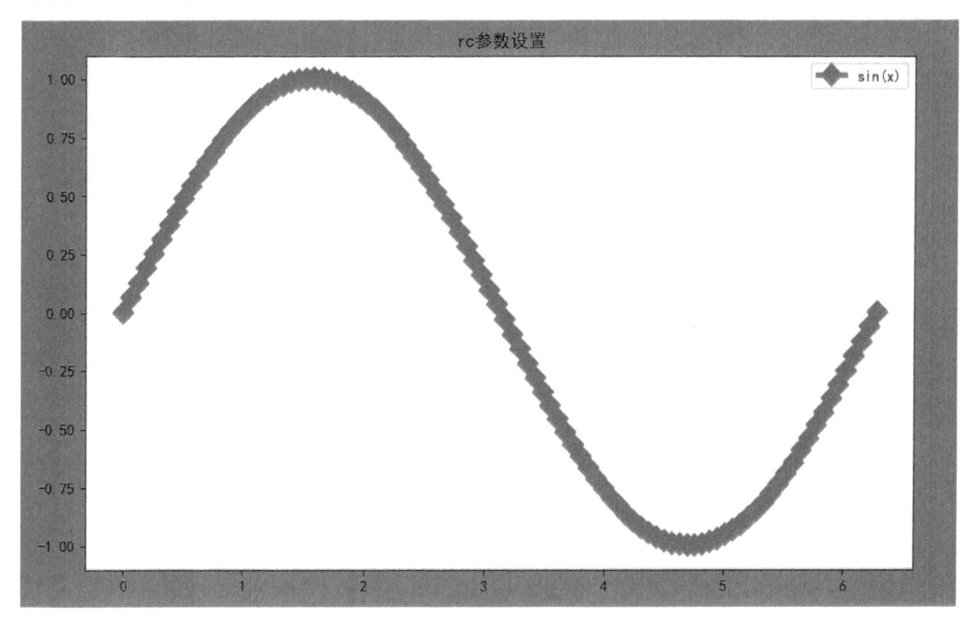

图 5-12　例 5-13 的运行结果

5.3 常用图形绘制

常用图形绘制

在数据分析领域，数据可视化扮演着至关重要的角色。Matplotlib

包含丰富的图表类型，能够满足数据分析及可视化的需要。

5.3.1 柱状图

柱状图又称为条形图，是由一系列高度不等的纵向条纹或线段表示数据分布的情况，一般用横轴表示数据所属类别，纵轴表示数量或者占比。

柱状图可以比较直观地看出产品质量特性的分布状态，便于判断其总体质量分布情况。柱状图可以发现分布表无法发现的数据模式、样本的频率分布和总体的分布。

Pyplot 模块提供了 bar 函数，可以进行柱状图的绘制。bar 函数基本语法格式如下：

```
pyplot.bar(x, height, width=0.8, bottom=None, *, align='center', color=None, **kwargs)
```

bar 函数常用参数及其说明如表 5-17 所示。

表 5-17 bar 函数常用参数及其说明

参数名称	说　明
x	接收 array，表示 x 轴数据，无默认
height	接收 array，表示 y 轴所代表数据的数量，无默认
width	接收 0～1 之间的 float，用于指定柱条宽度，默认为 0.8
color	接收特定 str 或者包含颜色字符串的 array，表示柱条颜色，默认为 None

【例 5-14】 使用 bar 函数绘制柱状图。

代码如下：

```
import matplotlib.pyplot as plt
movies = {
    " 流浪地球 ":40.78,
    " 飞驰人生 ":15.77,
    " 疯狂的外星人 ":20.83,
    " 新喜剧之王 ":6.10,
    " 廉政风云 ":1.10,
}
plt.rcParams['font.sans-serif'] = ['SimHei']
plt.rcParams['axes.unicode_minus'] = False
plt.rcParams['font.size'] = 12
plt.figure(figsize=(10,6))
x = list(movies.keys())
y = list(movies.values())
plt.bar(x,y,width=0.35,bottom=0,align='center',color='g')
plt.title(" 电影票房数据 ",size=16)
plt.show()
```

结果如图 5-13 所示。

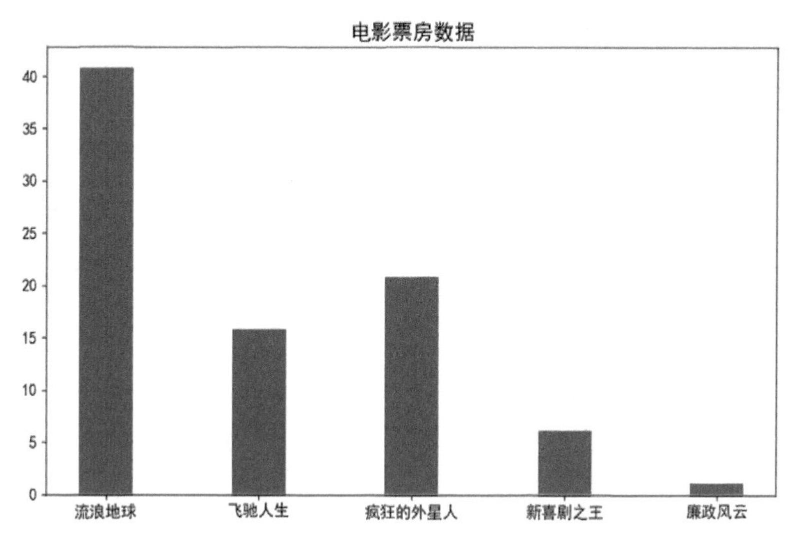

图 5-13　例 5-14 的运行结果

5.3.2　折线图

折线图是一种将数据点按照顺序连接起来的图形，可以看作是将散点图按照 *x* 轴坐标顺序连接起来的图形。

折线图的主要功能是查看因变量 *y* 随着自变量 *x* 改变的趋势，最适合用于显示随时间（根据常用比例设置）而变化的连续数据，同时还可以看出数量的差异，增长趋势的变化。

Pyplot 模块提供了 plot 函数，可以进行折线图的绘制。plot 函数基本语法格式如下：

```
pyplot.plot(*args: float | ArrayLike | str, scalex: bool = True, scaley: bool = True, data=None, **kwargs,) -> list[Line2D]
```

plot 函数常用参数及其说明如表 5-18 所示。

表 5-18　plot 函数常用参数及其说明

参数名称	说　明
data	接收 array，表示 *x* 轴和 *y* 轴对应的数据，无默认
scalex、scaley	接收 bul，表示视图限制是否适应数据限制
kwargs	接收待定 Line 2D，用于指定图的基本属性，包括颜色 (color)、点型 (masker)、线型 (line style) 等

color 参数的颜色缩写如表 5-19 所示。

表 5-19　color 参数的颜色缩写

颜色缩写	代表的颜色	颜色缩写	代表的颜色
b	蓝色	m	品红
g	绿色	y	黄色
r	红色	k	黑色
c	青色	w	白色

【例 5-15】 使用 plot 函数绘制折线图。

代码如下：

```
import matplotlib.pyplot as plt

x = ['1A 景区 ','2A 景区 ','3A 景区 ', '4A 景区 ', '5A 景区 ', ' 其它景区 ']
y = [118, 207, 539, 427, 383, 416]
plt.rcParams['font.sans-serif'] = ['SimHei']
plt.rcParams['axes.unicode_minus'] = False
plt.title(' 旅游数据 ', fontdict={'size': 12, 'color': 'red'}, loc='center')
plt.xlabel(' 景区类别 ', fontdict={'size': 14, 'color': 'blue'}, loc='right', labelpad=6)
plt.ylabel(' 旅游人次 ', fontdict={'size': 14, 'color': 'blue'}, loc='top', labelpad=6)
plt.plot(x, y, color='red', alpha=0.5, linewidth=1, marker='o', markersize=10, label=' 旅游 ')
plt.legend(loc='best')
plt.show()
```

结果如图 5-14 所示。

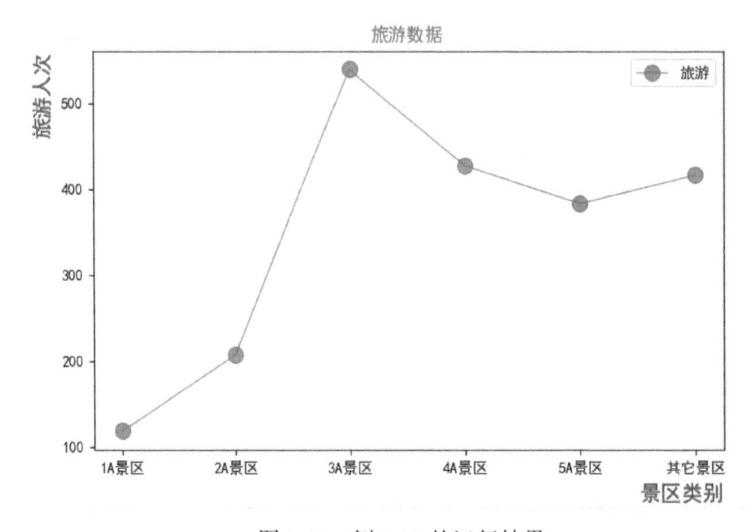

图 5-14　例 5-15 的运行结果

5.3.3　饼图

饼图是将各项的大小与各项总和的比例显示在一张“饼”中，以“饼”的大小来确定每一项的占比。

饼图可以比较清楚地反映出部分与部分、部分与整体之间的比例关系，易于显示每组数据相对于总数的大小，而且显现方式直观。

Pyplot 模块提供了 pie 函数，可以进行饼图的绘制。pie 函数基本语法格式如下：

```
pyplot.pie(x,explode=None, labels=None, colors=None, autopct=None, pctdistance=0.6, shadow=False, labeldistance=1.1, startangle=None, radius=None, … )-> tuple[list[Wedge], list[Text]] | tuple[list[Wedge], list[Text], list[Text]]
```

pie 函数常用参数及其说明如表 5-20 所示。

表 5-20 pie 函数常用参数及其说明

参数名称	说　明
x	接收 array，表示用于绘制饼图的数据，无默认
explode	接收 array，表示指定项离饼图圆心为 n 个半径，默认为 None。n 为 float
labels	接收 array，用于指定每一项的名称，默认为 None
colors	接收特定 string 或者包含颜色字符串的 array，表示饼图颜色，默认为 None
autopct	接收特定 string，用于指定数值的显示方式，默认为 None
pctdistance	接收 float，用于指定每一项的比例和距离饼图圆心 n 个半径，默认为 0.6
labeldistance	接收 float，用于指定每一项的名称和距离饼图圆心多少个半径，默认为 1.1
radius	接收 float，表示饼图的半径，默认为 1

【例 5-16】 使用 pie 函数绘制饼图。

代码如下：

```
import matplotlib.pyplot as plt
plt.figure(figsize=(8,6))
plt.rcParams['font.family'] = 'SimHei'
plt.rcParams['axes.unicode_minus'] = False
labels=[' 英语 ',' 语文 ',' 数学 ',' 物理 ',' 其它 ']
x=[15,30,45,10,20]
explode=(0.05,0,0,0,0)
plt.pie(x,labels=labels,explode=explode,startangle=60,autopct='%1.1f%%')
plt.title(' 各科时间占比 ')
plt.show()
```

结果如图 5-15 所示。

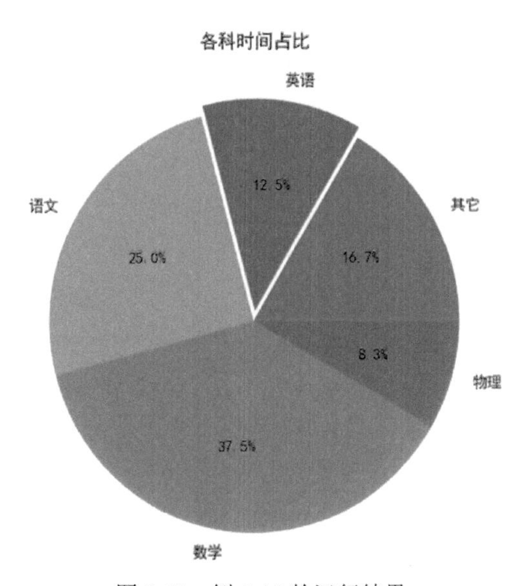

图 5-15 例 5-16 的运行结果

5.3.4 直方图

直方图又称为质量分布图，是一种统计报告图。它由一系列高度不等的纵向条纹或线段表示数据分布情况，用横轴表示数据类型，用纵轴表示分布情况。

直方图描述的是一组数据的频次分布，是以矩形的长度表示每一组的频数或数量，宽度则表示各组的组距，因此其高度和宽度均有意义，利于展示大量数据集的统计结果。直方图有助于了解数据的分布情况，比如众数、中位数的大致位置、数据是否存在缺口或者异常值等。

Pyplot 模块提供了 hist 函数，可以进行直方图的绘制。hist 函数基本语法格式如下：

```
pyplot.hist(x,bins=None,density=None,**kwargs )-> tuple[np.ndarray | list[np.ndarray],np.ndarray,
BarContainer | Polygon | list[BarContainer | Polygon],]
```

hist 函数常用参数及其说明如表 5-21 所示。

表 5-21 hist 函数常用参数及其说明

参数名称	说　明
x	需要传递的数据
bins	组数。极差 / 组距 = (max−min)/class interval
density	将 y 轴从频数变为频率
**kwargs	其他参数。例如：颜色、线形等

【例 5-17】 使用 hist 函数绘制直方图。

代码如下：

```
from matplotlib import pyplot as plt
plt.figure(figsize=(20,8),dpi=100)
time = [
131,  98, 125, 131, 124, 139, 131, 117, 128, 108,
135, 138, 131, 102, 107, 114, 119, 128, 121, 142,
127, 130, 124, 101, 110, 116, 117, 110, 128, 128,
115,  99, 136, 126, 134,  95, 138, 117, 111,78,
132, 124, 113, 150, 110, 117,  86,  95, 144,
105, 126, 130,126, 130, 126, 116, 123, 106,
112, 138, 123,  86, 101,  99, 136,123, 117,
119, 105, 137, 123, 128, 125, 104, 109, 134,
125, 127,105, 120, 107, 129, 116, 108, 132, 103,
136, 118, 102, 120, 114,105, 115, 132, 145, 119,
]
plt.rcParams['font.family'] = 'SimHei'
plt.rcParams['axes.unicode_minus'] = False
plt.grid(linestyle="--",alpha=0.7)
```

```
plt.xlabel(" 电影时长 ",fontsize=15)
plt.ylabel(" 频数 ",fontsize=15)
plt.title(" 电影时长频数分布直方图 ",fontsize=20)
group_num = (max(time) - min(time)) // 2
plt.hist(time,bins=group_num)
plt.xticks(range(min(time),max(time)+2,2))
plt.savefig("./ 电影时长频数分布直方图 .png")
plt.show()
```

结果如图 5-16 所示。

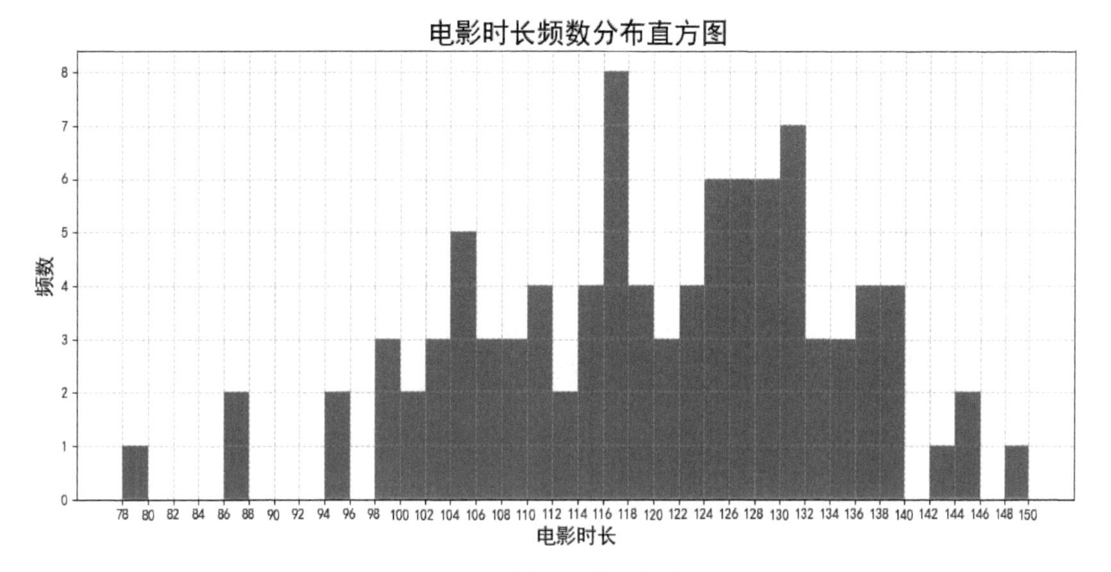

图 5-16 例 5-17 的运行结果

5.4 文本与颜色设置

文本与颜色设置以及词云图

图表不仅是数据的呈现，更是故事的讲述者。一个精心设计的图表，能够通过恰当的文本标注和色彩搭配，传达出数据背后的深层含义。Matplotlib 提供了强大的文本和颜色设置功能，让图表变得更加生动、富有表现力。

5.4.1 文本设置

Pyplot 模块提供了 text 函数，可以在图形的指定位置添加文字。text 函数基本语法格式如下：

```
pyplot.text(self, x: float, y: float, s: str, fontdict: dict[str, Any] | None = ..., **kwargs) -> Text
```

text 函数常用参数及其说明如表 5-22 所示。

表 5-22　text 函数常用参数及其说明

参数名称	说　明
x，y	接收 float，表示放置文本的位置。默认情况下，文本的位置在数据坐标中。可以使用变换参数更改坐标系
s	接收 str，表示文本的具体内容
fontdict	接收 dict，默认值为 None，表示文本字体样式
**kwargs	接收 dict，表示文本其他样式

【例 5-18】 文本设置。

代码如下：

```
import matplotlib.pyplot as plt
import numpy as np
fig = plt.figure()
ax = fig.add_subplot(111)
x = np.arange(0, 9)
y = 2 * x
fig.subplots_adjust(top=0.85)
ax.set_title('text', loc='center', fontdict={'fontsize': 15, 'fontweight': 'bold', 'color':'red'})
ax.set_xlabel('X', fontsize=15, fontdict={'fontweight': 900, 'color': 'blue'})
ax.set_ylabel('Y', fontsize=15, verticalalignment='top', horizontalalignment='left',
rotation='vertical')
ax.axis([0, 10, 0, 20])
ax.text(3, 8, 'this is text',verticalalignment='bottom', horizontalalignment='right',
color='green', fontsize=15, alpha=0.5)
ax.plot(x, y)
plt.show()
```

结果如图 5-17 所示。

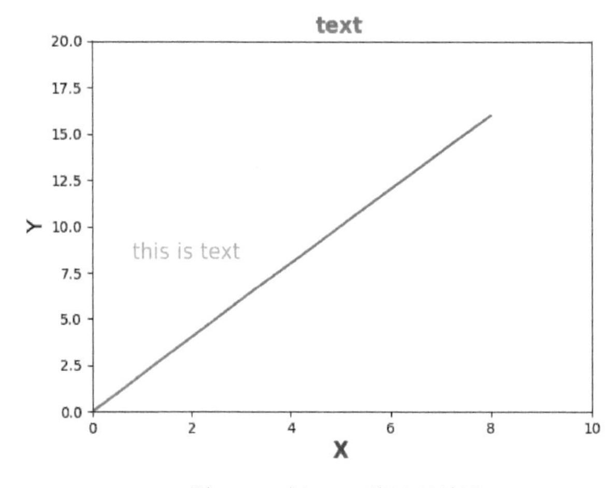

图 5-17　例 5-18 的运行结果

5.4.2 颜色设置

各种基础数据图中，颜色的设置方式几乎都使用的是 color 参数。

1. 使用颜色名称设置颜色

在 Matplotlib 中，可使用的全部颜色名称及其对应的颜色如图 5-18 所示。

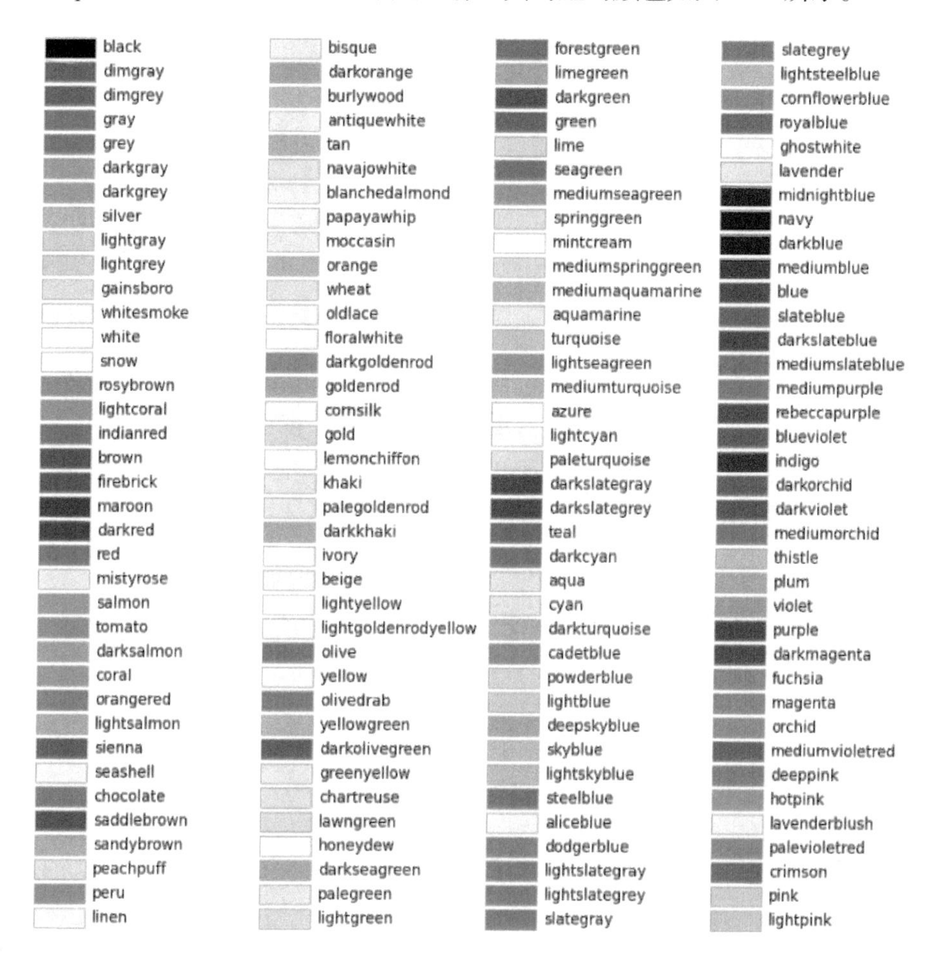

图 5-18　Matplotlib 颜色名称及颜色对照表

【例 5-19】 使用颜色名称设置颜色。

代码如下：

```
import matplotlib.pyplot as plt
import numpy as np
x = np.array([0, 1, 2, 3, 4])
y = np.array([5, 4, 3, 2, 1])
plt.bar(x, y, color='red')
plt.show()
```

结果如图 5-19 所示。

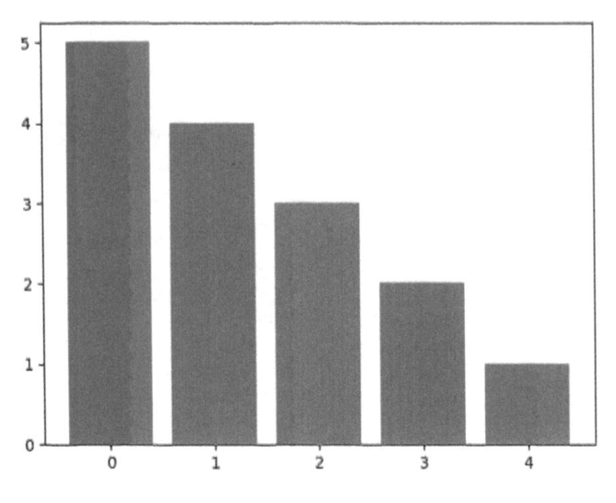

图 5-19　例 5-19 的运行结果

2. 使用 RGB 或 RGBA 设置颜色

有一些场景对颜色有着严格的要求，可能需要精确地用 RGB 值来表示。常用图形绘制函数中的 color 参数可以直接输入十六进制的 RGB 值，前两个数表示 Red 分量，中间两个数表示 Green 分量，最后两个数表示 Blue 分量。

【例 5-20】 使用 RGB 设置颜色。

代码如下：

```
import matplotlib.pyplot as plt
import numpy as np
x = np.array([0, 1, 2, 3, 4])
y = np.array([5, 4, 3, 2, 1])
plt.bar(x, y, color=['#808080', '#00008B', '#B22222', '#90EE90', '#FF69B4'])
plt.show()
```

结果如图 5-20 所示。

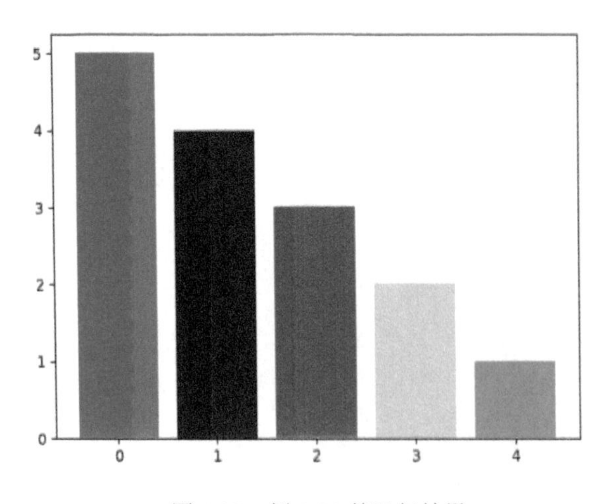

图 5-20　例 5-20 的运行结果

5.5　词云图的生成

词云图，也称为文字云或标签云 (Tag Cloud)、关键词云 (Keyword Cloud)，是一种利用文本数据中出现频率较高的词汇来实现视觉化展示的工具。词云图将文本数据中的词汇映射到二维空间中的点，并以字体大小、颜色或其他特征来区分词汇的重要性和出现频率。这样，用户只需快速扫描词云图即可获取文本的大致主旨。词云图也有其局限性，比如当数据的区分度不大时，词云图可能无法有效突出重要的信息。

WordCloud 是一款 Python 环境下的词云图工具包，同时支持 Python2 和 Python3，能通过代码的形式把关键词数据转换成直观的图文模式。本书使用的 WordCloud 版本为 1.9.3。

在线安装命令为 pip install wordcloud==1.9.3。

需要注意的是，中文使用词云图，需要用 jieba 分词模块进行分词。本书使用的 jieba 版本为 0.42.1。

【例 5-21】 绘制词云图。

代码如下：

```
from wordcloud import WordCloud
import matplotlib.pyplot as plt
import jieba

# 分词并生成词频统计
text = (" 红楼梦中国古代章回体长篇小说，中国古典四大名著之一。"
        " 红楼梦小说以贾、史、王、薛四大家族的兴衰为背景，以富贵公子贾宝玉为视角，"
        " 以贾宝玉与林黛玉、薛宝钗的爱情婚姻悲剧为主线，描绘了一些闺阁佳人的人生，"
        " 展现了真正的人性美和悲剧美。"
        " 红楼梦是一部从各个角度展现女性美以及中国古代社会百态的史诗性著作。")
cut_text = "".join(jieba.cut(text))
# 生成词云
wc = WordCloud(
    background_color="white",
    font_path='simhei.ttf'
)
wordcloud = wc.generate(cut_text)
plt.imshow(wordcloud, interpolation='bilinear')
plt.axis("off")
plt.show()
wordcloud.to_file("output.png")
```

结果如图 5-21 所示。

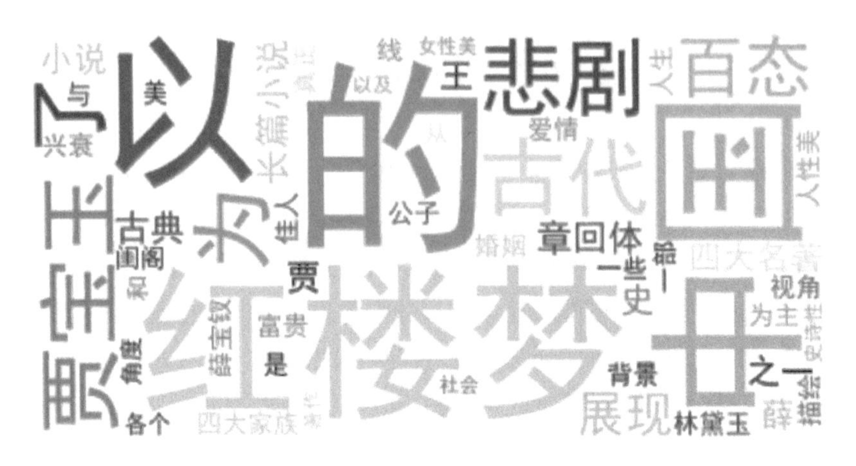

图 5-21　例 5-21 的运行结果

5.6　Matplotlib 在 Django 项目中的应用

数据分析与可视化项目可以采用 Matplotlib 和 Django 框架相结合的方式实现。下面使用 Django 搭建 Web 项目，并在页面中展示 Matplotlib 绘制的数据可视化图形，实现数据分析结果的可视化展示。

1. Django 项目搭建

Django 项目搭建的步骤如下：

(1) 安装 Django 框架。

在 CMD 命令行窗口中输入“pip install django==4.2”。

(2) 创建 Django 项目。

在 CMD 命令行窗口中，使用 cd 命令进入需要创建项目的目录中，再输入“django-admin startproject DataVisual”，可以创建一个名为“DataVisual”的 Django 项目，语法如下：

```
django-admin startproject DataVisual
```

(3) 创建应用。

创建完一个项目之后，相当于拥有一个框架，但是还需要创建一个或者多个应用，每一个应用对应一个功能模块。使用 cd 命令进入到项目文件夹，然后输入“python manage.py startapp visualization”，即可在项目文件夹中创建一个名为“visualization”的应用，语法如下：

```
python manage.py startapp visualization
```

至此项目创建成功，导入 PyCharm 编辑器中可以进行项目开发。项目完整结构如图 5-22 所示。

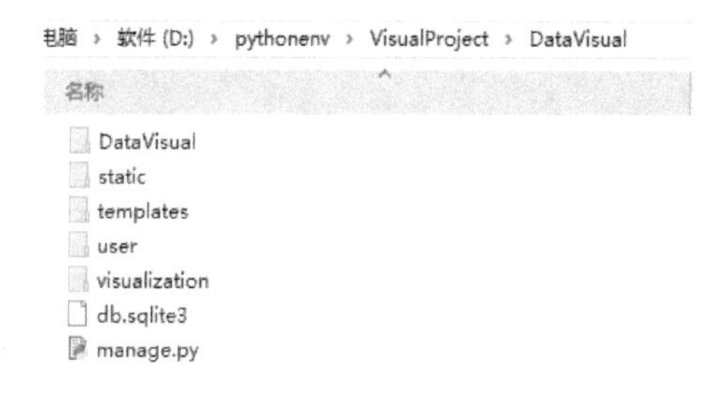

图 5-22 项目完整结构

2. 视图开发

views.py 代码如下：

```
from django.shortcuts import render

# Create your views here.
def index(request):
    return render(request, 'mat.html')
```

3. 模板开发

mat.html 代码如下：

```
<!DOCTYPE html>
<html lang="en">
<head>
    {% load static %}
    <meta charset="UTF-8">
    <title> 数据可视化 </title>
</head>
<body>
<img src="{% static 'sin.png'%}" width="850px" height="550px">
</body>
</html>
```

4. 路由开发

本项目采用主路由和子路由相结合的设置方式。主路由是 DataVisual 文件夹内的 urls.py 文件，具体代码如下：

```
from django.contrib import admin
from django.urls import path, include

urlpatterns = [
path('admin/', admin.site.urls),
path('', include('visualization.urls')),
]
```

子路由是 visualization 文件夹内的 urls.py 文件，具体代码如下：

```
from django.urls import path
```

```
from . import views

urlpatterns = [
path('', views.visual_matplotlib),
]
```

5. 静态文件

本项目涉及的静态文件存储在 static 文件夹内，sin.png 为使用 Matplotlib 绘制的图像。static 文件存储位置示意图如图 5-23 所示。

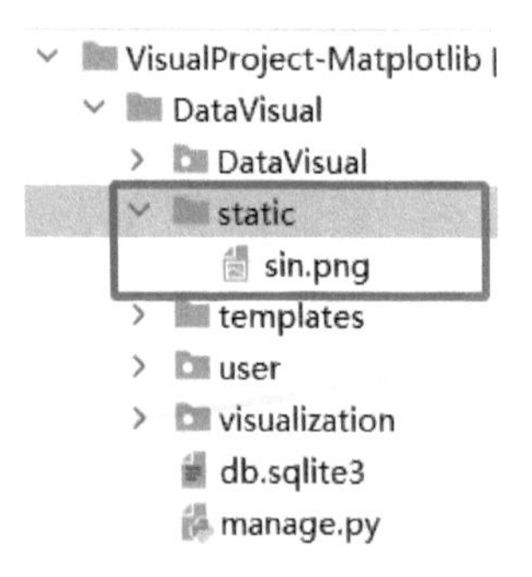

图 5-23　static 文件存储位置示意图

6. 项目运行

在 manage.py 文件的目录中，执行如下命令启动项目：

```
python manage.py runserver 127.0.0.1:8000
```

项目启动成功后，在浏览器中访问链接 http://127.0.0.1:8000/，项目显示效果如图 5-24 所示。

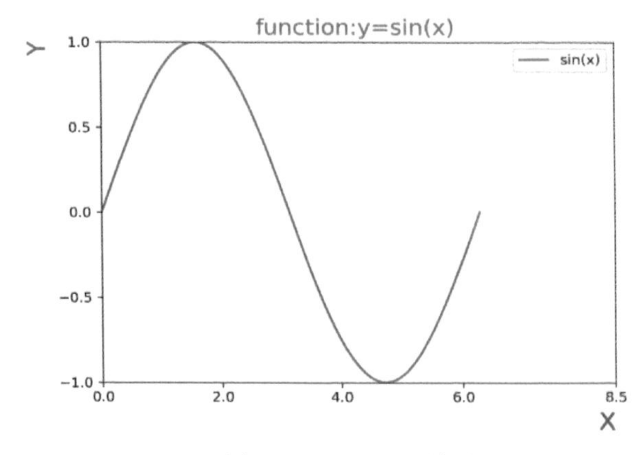

图 5-24　项目显示效果

第6章 ECharts 数据可视化

要牵住数字关键核心技术自主创新这个"牛鼻子"，发挥我国社会主义制度优势、新型举国体制优势、超大规模市场优势，提高数字技术基础研发能力，打好关键核心技术攻坚战，尽快实现高水平自立自强，把发展数字经济自主权牢牢掌握在自己手中。

——2021 年 10 月 18 日，习近平在十九届中央政治局第三十四次集体学习时的讲话

ECharts 最初由百度团队开源，是一个中国企业拥有独立知识产权的可视化图表库，并于 2018 年初捐赠给 Apache 基金会，成为 ASF 孵化级项目。在 2021 年 1 月 26 日晚，Apache 基金会官方宣布 ECharts 项目正式毕业，成为 Apache 顶级项目，面向全世界免费开放使用。2021 年 1 月 28 日，ECharts5 线上发布会举行。

ECharts 是一个使用 JavaScript 实现的开源可视化库，可以流畅地运行在 PC 和移动设备上，并能够兼容当前绝大部分浏览器。

ECharts 除了提供常规的基础图形以外，还提供直观、交互丰富、可高度个性化定制的数据可视化图表。

本章任务目标包括：

(1) 应用 ECharts 绘制流程进行图像绘制。

(2) 应用 ECharts 配置项进行图像设置。

(3) 分析业务需求，应用柱状图、折线图、饼图、散点图绘制可视化图像，评价不同图像的展示效果。

(4) 应用 Django 平台展示 ECharts 图像。

6.1 ECharts 基础

ECharts 基础

6.1.1 ECharts 的安装

ECharts 的安装方法包括独立安装、CDN 方法和 NPM 方法。

1. 独立安装

独立安装即从官网直接下载 JavaScript 文件至本地开发环境，并使用 <script></script> 标签引入。ECharts 有以下几个版本：

完全版：echarts/dist/echarts.js。其体积最大，包含所有的图表和组件，包含内容参见

echarts/echarts.all.js。

常用版：echarts/dist/echarts.common.js。其体积适中，包含常见的图表和组件，包含内容参见 echarts/echarts.common.js。

精简版：echarts/dist/echarts.simple.js。其体积较小，仅包含最常用的图表和组件，包含内容参见 echarts/echarts.simple.js。

2. 使用 CDN 方法

使用 CDN 方法直接在镜像服务器上调用 JavaScript 文件，无须将 JavaScript 文件下载到本地。这种方法需要联网。

3. 使用 NPM 方法

使用 NPM 方法直接在镜像服务器上下载 JavaScript 文件，以第三方库的形式引入。

6.1.2 ECharts 绘图流程

ECharts 的绘图流程如下：

(1) 创建 HTML 页面，引入 echarts.js 文件：

```
<html>
<head>
    <meta charset="utf-8">
    <script src="echarts.js"></script>
</head>
<body>
</body>
</html>
```

(2) 为 ECharts 准备一个具备宽和高的 DOM 容器：

```
<body>
    <div id="main" style="width:600px;height:400px;"></div>
</body>
```

(3) 初始化 ECharts 实例：

```
var myChart = echarts.init(document.getElementById('main'));
```

(4) 设置图表的配置项和数据：

```
var option = { }
```

(5) 显示图表：

```
myChart.setOption(option);
```

6.1.3 ECharts 常见图表类型

ECharts 绘图常见图表类型及其说明如表 6-1 所示。

表 6-1　ECharts 绘图常见图表类型及其说明

类　型	说　明	类　型	说　明	类　型	说　明
bar	柱状图	graph	关系图	scatter3D	3D 散点图
scatter	散点图	gauge	仪表盘	radar	雷达图
line	折线图	funnel	漏斗图	heatmap	热力图
pie	饼图	line3D	3D 折线图	wordcloud	词云图
map	地图	bar3D	3D 柱状图		

6.1.4　ECharts 配置项

ECharts 配置项

ECharts 绘图实际上是通过配置项的设置来实现对图形样式的设置的。

1. 坐标轴配置项 (xAxis, yAxis)

坐标轴配置项常用属性及其说明如表 6-2 所示。

表 6-2　坐标轴配置项常用属性及其说明

属 性	说　明
id	接收 string，表示组件 ID，默认为不指定，如果指定则可在 option 或者 API 中引用组件 ID
show	接收 boolean，表示是否显示坐标轴 (注：本书中的 boolean 为 JavaScript 中的布尔值，包括 true(真) 和 false(假) 两个值)
gridIndex	接收 number，表示坐标轴所在的 grid 的索引，默认位于第一个 grid
position	接收 string，表示坐标轴的位置
type	接收 string，表示坐标轴的类型。type 的值包括： 'value'：数值轴，适用于连续数据。 'category'：类目轴，适用于离散的类目数据。为该类型时类目数据可自动从 series.data 或 dataset.source 中获取，或者可通过 xAxis.data 设置类目数据。 'time'：时间轴，适用于连续的时序数据。与数值轴相比，时间轴带有时间的格式化，在刻度计算上也有所不同，例如会根据跨度的范围来决定使用月、星期、日还是小时范围的刻度。 'log'：对数轴，适用于对数数据。对数轴下的堆积柱状图或堆积折线图可能带来很大的视觉误差，并且在一些情况下可能存在非预期效果，应避免使用
offset	接收 number，表示坐标轴相对于默认位置的偏移，在相同的位置上有多个 x 轴的时候有用。若未将 xAxis.axisLine.onZero 设为 false, 则该项无法生效
name	接收 string，表示坐标轴名称
nameLocation	接收 string，表示坐标轴名称显示位置
min	接收 number、string 或 function，表示坐标轴刻度最小值。可以将坐标轴刻度设置为特殊值 'dataMin'，此时选取数据在该轴上的最小值作为最小刻度
max	接收 number、string 或 function，表示坐标轴刻度最大值。可以将坐标轴刻度设置为特殊值 'dataMax'，此时选取数据在该轴上的最大值作为最大刻度

【例 6-1】 添加坐标轴配置项。

代码如下：

```
<!DOCTYPE html>
<html lang="en">
<head>
    <meta charset="UTF-8">
    <title>ECharts 配置项 </title>
    <!-- 引入 echarts.js -->
    <script src="echarts.js"></script>
</head>
<body>
<!-- 为 ECharts 准备一个具备大小 ( 宽高 ) 的 DOM -->
<div id="main" style="width: 800px;height:600px;"></div>
<script type="text/javascript">
    // 基于准备好的 DOM，初始化 echarts 实例
    var myChart = echarts.init(document.getElementById('main'));
    // 指定图表的配置项和数据
    var option = {
        xAxis:{
            show:true,
            name:' 日期 ',
            data:["10 月 1 日 ","10 月 2 日 ","10 月 3 日 ","10 月 4 日 ","10 月 5 日 ","10 月 6 日 ",
"10 月 7 日 "],
            type:'category',
            axisLabel:{
                fontSize:18,
            },
        },
        yAxis: {
            show: true,
            name:' 人次 ',
            nameLocation:'end',
            min:0,
            max:600,
            nameTextStyle:{
                fontSize:18,
            },
        },
    }
```

```
        // 使用刚指定的配置项和数据显示图表
        myChart.setOption(option);
    </script>
    </body>
    </html>
```

结果如图 6-1 所示。

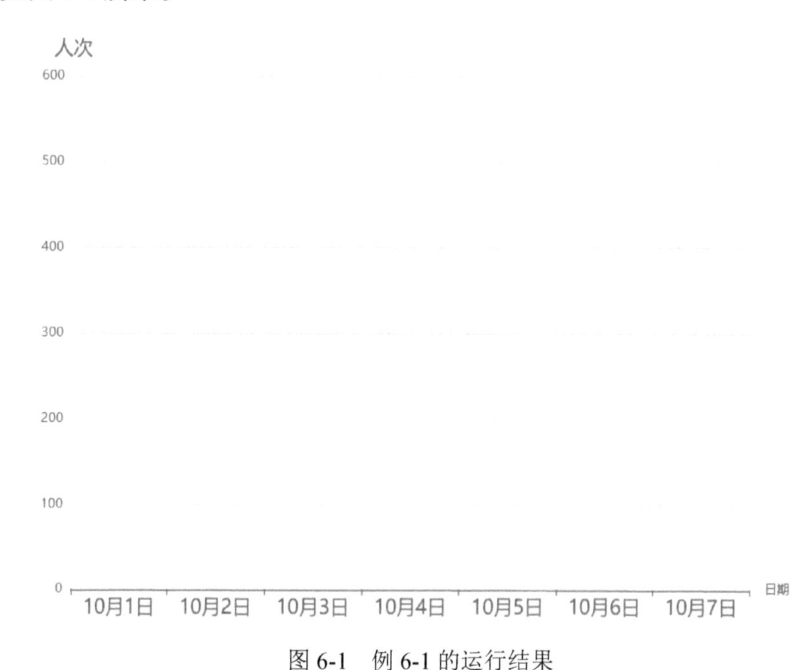

图 6-1　例 6-1 的运行结果

2. 标题配置项 (title)

标题配置项常用属性及其说明如表 6-3 所示。

表 6-3　标题配置项常用属性及其说明

属　性	说　　明
id	接收 string，表示组件 ID，默认为不指定，如果指定则可在 option 或者 API 中引用组件 ID
show	接收 boolean，表示是否显示标题组件
text	接收 string，表示主标题文本，支持使用 \n 换行
link	接收 string，表示主标题文本超链接
target	接收 string，指定窗口打开主标题超链接。若为 'self' 则当前窗口打开，若为 'blank' 则新窗口打开
textStyle	接收 object，表示主标题文字样式
subtext	接收 string，表示副标题文本，支持使用 \n 换行
left/top/right/bottom	接收 string 或 number，表示标题组件离容器左侧 / 上侧 / 右侧 / 下侧的距离
backgroundColor	接收 color，表示标题背景色，默认为透明

【例 6-2】 添加标题配置项。

代码如下：

```
<!DOCTYPE html>
<html lang="en">
<head>
    <meta charset="UTF-8">
    <title>ECharts 配置项 </title>
    <!-- 引入 echarts.js -->
    <script src="echarts.js"></script>
</head>
<body>
<!-- 为 ECharts 准备一个具备大小 ( 宽高 ) 的 DOM -->
<div id="main" style="width: 800px;height:600px;"></div>
<script type="text/javascript">
    // 基于准备好的 DOM，初始化 echarts 实例
    var myChart = echarts.init(document.getElementById('main'));
    // 指定图表的配置项和数据
    var option = {
        title:{
            text:' 旅游数据 ',
            show : true,
            link :'https://www.baidu.com',
            textStyle:{color:'#333',},
            subtext:' 单位：万 ',
            sublink:'https://echarts.apache.org/zh/index.html',
        },
        // 设置背景颜色
        backgroundColor:'#EFEFEF',
    }
    // 使用刚指定的配置项和数据显示图表
    myChart.setOption(option);
</script>
</body>
</html>
```

结果如图 6-2 所示。

图 6-2　例 6-2 的运行结果

3. 图例配置项 (legend)

图例配置项常用属性及其说明如表 6-4 所示。

表 6-4　图例配置项常用属性及其说明

属性	说　明
id	接收 string，表示组件 ID，默认为不指定，如果指定则可在 option 或者 API 中引用组件 ID
show	接收 boolean，表示是否显示图例组件
type	接收 string，表示图例的类型。为 'plain' 时表示普通图例 (缺省就是普通图例)，为 'scroll' 时表示可滚动翻页的图例 (当图例数量较多时可以使用)
width/height	接收 string 或 number，表示图例组件的宽度 / 高度，默认为自适应
orient	接收 string，表示图例列表的布局朝向。为 'horizontal' 时表示水平，为 'vertical' 时表示垂直
textStyle	接收 object，表示图例的公用文本样式
align	接收 string，表示图例标记和文本的对齐，默认为自动，根据组件的位置和 orient 决定
left/top/right/bottom	接收 string 或 number，表示图例组件离容器左侧 / 上侧 / 右侧 / 下侧的距离
padding	接收 number 或 array，表示图例内边距，单位为 px，默认为各方向内边距为 5，接收数组分别设定上右下左边距

【例 6-3】 添加图例配置项。

代码如下：

```
<!DOCTYPE html>
<html lang="en">
<head>
    <meta charset="UTF-8">
    <title>ECharts 配置项 </title>
    <!-- 引入 echarts.js -->
    <script src="echarts.js"></script>
</head>
<body>
<!-- 为 ECharts 准备一个具备大小 ( 宽高 ) 的 DOM -->
<div id="main" style="width: 800px;height:600px;"></div>
<script type="text/javascript">
    // 基于准备好的 DOM，初始化 echarts 实例
    var myChart = echarts.init(document.getElementById('main'));
    // 指定图表的配置项和数据
    var option = {
        xAxis:{
            show:true,
            name:' 日期 ',
            data:["10 月 1 日 ","10 月 2 日 ","10 月 3 日 ","10 月 4 日 ","10 月 5 日 ","10 月 6 日 ",
"10 月 7 日 "],
            type:'category',
            axisLabel:{
                fontSize:18,
            },
        },
        yAxis: {
            show: true,
            name:' 人次 ',
            nameLocation:'end',
            min:0,
            max:600,
            nameTextStyle:{
                fontSize:18,
            },
        },
```

```
            legend: {
                show:true,
                type:'plain',
                orient:'horizontal',
                align:'auto',
                data:[' 旅游 '],
            },
          series:[{
                    type:'line',
                    name:" 旅游 ",
          }
        ],
      }
      // 使用刚指定的配置项和数据显示图表
      myChart.setOption(option);
</script>
</body>
</html>
```

结果如图 6-3 所示。

图 6-3　例 6-3 的运行结果

4. 区域缩放配置项 (dataZoom)

区域缩放配置项常用属性及其说明如表 6-5 所示。

表 6-5　区域缩放配置项常用属性及其说明

属 性	说　明
id	接收 string，表示组件 ID，默认为不指定，如果指定则可在 option 或者 API 中引用组件 ID
show	接收 boolean，表示是否显示组件。如果设置为 False，则不会显示，但是数据过滤的功能还存在。type 为 slider 时有效
disabled	接收 boolean，表示是否停止组件功能。type 为 inside 时有效
type	接收 string，表示 dataZoom 组件的类型。type 的值包括： 'inside'：内置型，内置于坐标系中，使用户可以在坐标系上通过鼠标拖曳、鼠标滚轮、手指滑动 (触屏上) 来缩放或漫游坐标系。 'slider'：滑动条型，有单独的滑动条，用户可以在滑动条上进行缩放或漫游
start	接收 number，表示数据窗口范围的起始百分比，范围为 0～100(表示 0%～100%)
end	接收 number，表示数据窗口范围的结束百分比，范围为 0～100
startValue	接收 number、string 或 Date，表示数据窗口范围的起始数值。如果设置了 dataZoom-inside.start，则 startValue 失效
endValue	接收 number、string 或 Date，表示数据窗口范围的结束数值。如果设置了 dataZoom-inside.end，则 endValue 失效
maxSpan	接收 number，用于限制窗口大小的最大值 (百分比值)，取值范围为 0～100
minSpan	接收 number，用于限制窗口大小的最小值 (百分比值)，取值范围为 0～100
Orient	接收 string，表示布局方式是横还是竖。不仅是布局方式，对于直角坐标系而言，也决定了缺省情况时是控制横向数轴 (值为 'horizontal' 时) 还是纵向数轴 (值为 'vertical' 时)

【例 6-4】 添加区域缩放配置项。

代码如下：

```
<!DOCTYPE html>
<html lang="en">
<head>
    <meta charset="UTF-8">
    <title>ECharts 配置项 </title>
    <!-- 引入 echarts.js -->
    <script src="echarts.js"></script>
</head>
<body>
<!-- 为 ECharts 准备一个具备大小 ( 宽高 ) 的 DOM -->
<div id="main" style="width: 800px;height:600px;"></div>
<script type="text/javascript">
```

```
        // 基于准备好的 DOM，初始化 echarts 实例
        var myChart = echarts.init(document.getElementById('main'));
        // 指定图表的配置项和数据
        var option = {
            xAxis:{
                show:true,
                name:' 日期 ',
                data:["10 月 1 日 ","10 月 2 日 ","10 月 3 日 ","10 月 4 日 ","10 月 5 日 ","10 月 6 日 ",
"10 月 7 日 "],
                type:'category',
                axisLabel:{
                    fontSize:18,
                },
            },
            yAxis: {
                show: true,
                name:' 人次 ',
                nameLocation:'end',
                min:0,
                max:600,
                nameTextStyle:{
                    fontSize:18,
                },
            },
            dataZoom:{
                show:true,
                type:'slider',
                start:'40%',
                end:'80%',
                orient:'horizontal'
            },
        }
        // 使用刚指定的配置项和数据显示图表
        myChart.setOption(option);
    </script>
    </body>
    </html>
```

结果如图 6-4 所示。

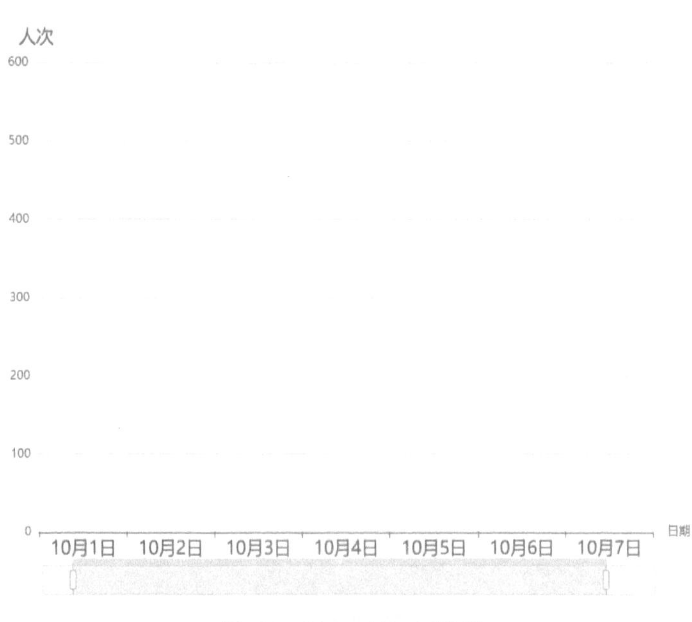

图 6-4　例 6-4 的运行结果

5. 视觉映射配置项 (visualMap)

视觉映射配置项常用属性及其说明如表 6-6 所示。

表 6-6　视觉映射配置项常用属性及其说明

属 性	说　明
id	接收 string，表示组件 ID，默认为不指定，如果指定则可在 option 或者 API 中引用组件 ID
show	接收 boolean，表示是否显示 visualMap 组件。如果设置为 False，则不会显示，但是数据映射的功能还存在
type	接收 string，表示 visualMap 组件的类型。type 的值为 'continuous' 时表示连续型，为 'piecewise' 时表示分段型
range	接收 array，指定手柄对应数值的位置。range 应在 min～max 范围内
inverse	接收 boolean，表示是否反转 visualMap 组件
align	接收 string，指定组件中手柄和文字的摆放位置
text	接收 array，表示两端的文本
max	接收 number，指定 visualMapContinuous 组件允许的最大值。'max' 必须由用户指定
min	接收 number，指定 visualMapContinuous 组件允许的最小值。'min' 必须由用户指定
orient	接收 string，表示如何放置 visualMap 组件，包括水平 (值为 'horizontal' 时) 或者竖直 (值为 'vertical' 时)
left/top/right/bottom	接收 string 或 number，表示 visualMap 组件离容器左侧 / 上侧 / 右侧 / 下侧的距离

【例 6-5】 添加视觉映射配置项。

代码如下：

```
<!DOCTYPE html>
<html lang="en">
<head>
    <meta charset="UTF-8">
    <title>ECharts 配置项 </title>
    <!-- 引入 echarts.js -->
    <script src="echarts.js"></script>
</head>
<body>+
<!-- 为 ECharts 准备一个具备大小 ( 宽高 ) 的 DOM -->
<div id="main" style="width: 800px;height:600px;"></div>
<script type="text/javascript">
    // 基于准备好的 DOM，初始化 echarts 实例
    var myChart = echarts.init(document.getElementById('main'));
    // 指定图表的配置项和数据
    var option = {
        xAxis:{
            show:true,
            name:' 日期 ',
            data:["10 月 1 日 ","10 月 2 日 ","10 月 3 日 ","10 月 4 日 ","10 月 5 日 ","10 月 6 日 ",
"10 月 7 日 "],
            type:'category',
            axisLabel:{
                fontSize:18,
            },
        },
        yAxis: {
            show: true,
            name:' 人次 ',
            nameLocation:'end',
            min:0,
            max:600,
            nameTextStyle:{
                fontSize:18,
            },
        },
        visualMap:{
            type:'continuous',
```

```
                orient:'vertical',
                right:'3%',
                top:60,
                max:600,
                min:0,
            },
        }
        // 使用刚指定的配置项和数据显示图表
        myChart.setOption(option);
    </script>
    </body>
    </html>
```

结果如图 6-5 所示。

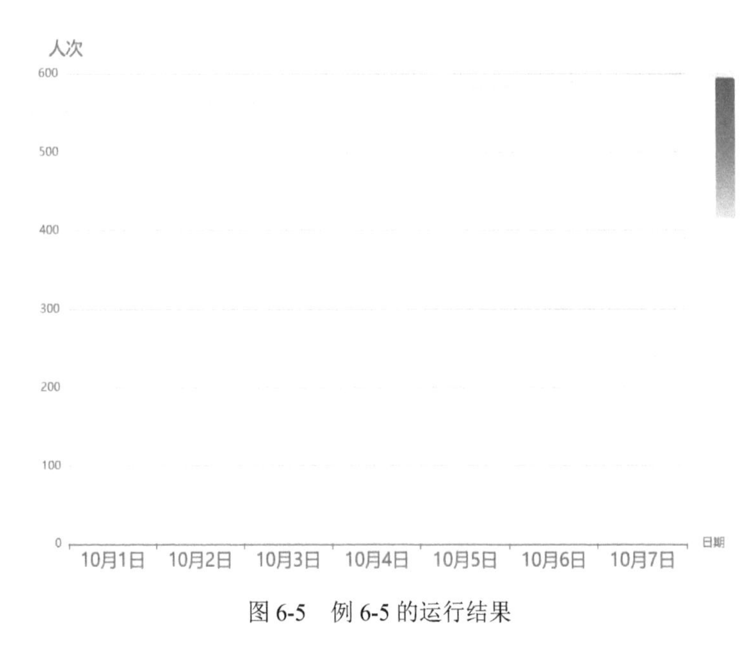

图 6-5　例 6-5 的运行结果

6.2　常用图形绘制

常用图形绘制

ECharts 是一个功能强大的数据可视化库，它包含了极为丰富的图表类型，这些图表类型涵盖了数据分析与展示所需的各个方面。

6.2.1　柱状图

柱状图 (或称条形图) 是一种通过柱形的长度来表现数据大小的一种常用图表类型。ECharts 绘制柱状图 Series 配置项的常用属性及其说明如表 6-7 所示。

表 6-7 ECharts 绘制柱状图 Series 配置项常用属性及其说明

配置内容	说 明
type	取值为 bar，表示图表的类型为柱状图
name	系列名称，用于 tooltip 的显示及 legend 的图例筛选
itemStyle	柱条样式，包括颜色 (color)、描边颜色 (borderColor)、宽度 (borderWidth)、样式 (borderType)、圆角的半径 (barBorderRadius)、透明度 (opacity)、阴影 (shadowBlur、shadowColor、shadowOffsetX、shadowOffsetY)
barwidth/barheight	柱条的宽度和高度
data	接收的数据通常为一个数组，数组中的每个元素代表了一个数据点，数据点通常是一个数值，表示该柱子的高度
markPoint	图表标注

【例 6-6】 ECharts 绘制柱状图。

代码如下：

```
<!DOCTYPE html>
<html lang="en">
<head>
    <meta charset="UTF-8">
    <title> 柱状图绘制 </title>
    <!-- 引入 echarts.js -->
    <script src="echarts.js"></script>
</head>
<body>
<!-- 为 ECharts 准备一个具备大小 ( 宽高 ) 的 DOM -->
<div id="main" style="width: 800px;height:600px;"></div>
<script type="text/javascript">
    // 基于准备好的 DOM，初始化 echarts 实例
    var myChart = echarts.init(document.getElementById('main'));
    // 指定图表的配置项和数据
    var option = {
        title:{
            text:' 柱状图 ',
            show : true,
            textStyle:{color:'#333',},
            subtext:' 单位：万 ',
        },
         legend: {
            data:[' 旅游 '],
```

```
            },
            xAxis:{
                show:true,
                name:' 日期 ',
                data:["10 月 1 日 ","10 月 2 日 ","10 月 3 日 ","10 月 4 日 ","10 月 5 日 ","10 月 6 日 ",
"10 月 7 日 "],
                type:'category',
                axisLabel:{
                    fontSize:18,
                },
            },
            yAxis: {
                show: true,
                name:' 人次 ',
                nameLocation:'end',
                min:0,
                max:600,
                nameTextStyle:{
                    fontSize:18,
                },
            },
            textStyle:{
                color:'black',
                fontSize:18,
                fontFamily:'Microsoft YaHei',
            },
            series:[{
                type:'bar',
                name:" 旅游 ",
                data:[325,437,512,213,317,128,106],
                barWidth: '60%',
                itemStyle:{color:'blue'},
            }],
        }
        // 使用刚指定的配置项和数据显示图表
        myChart.setOption(option);
    </script>
    </body>
    </html>
```

结果如图 6-6 所示。

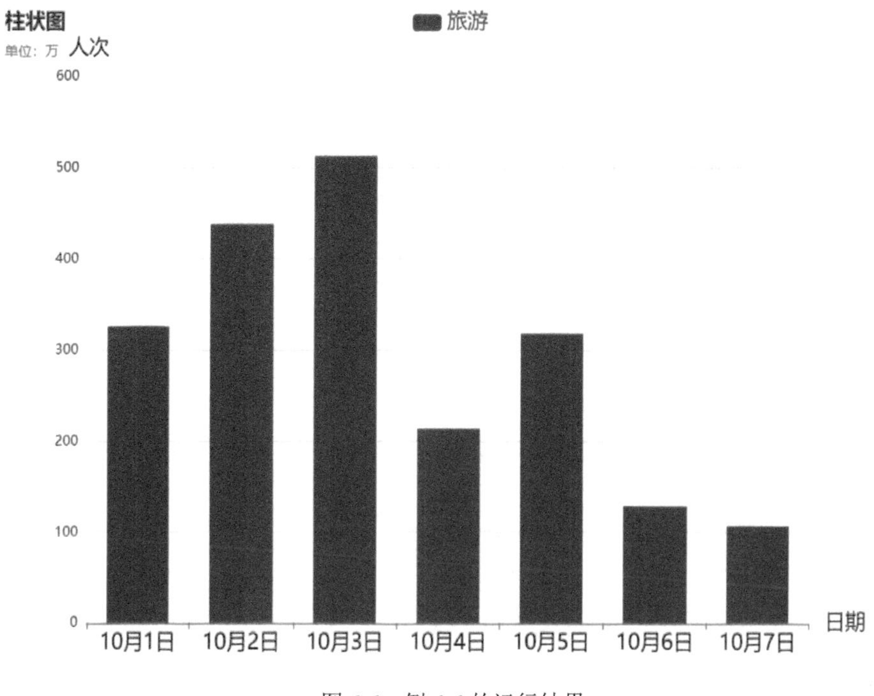

图 6-6 例 6-6 的运行结果

例 6-6 绘制的是国庆节期间黑龙江省接待的旅游人数。从图 6-6 中可以看出，国庆节期间来黑龙江省旅游的人数达到 2000 多万人次，反映出该省旅游业的发展情况。

6.2.2 折线图

折线图主要用来展示数据项随着时间推移的趋势或变化。ECharts 绘制折线图 Series 配置项的常用属性及其说明如表 6-8 所示。

表 6-8 ECharts 绘制折线图 Series 配置项常用属性及其说明

配置内容	说 明
type	type 取值为 line，表示图的类型为折线图
name	系列名称，用于 tooltip 的显示及 legend 的图例筛选
label	图形上的文本标签，包括 show、position、rotate、formatter、color、font- 系列
markPoint	图表标注，包括 symbol、symbolSize、symbolRotate、data
lineStyle	线条样式，包括 color、width、type、cap、opacity
emphasis	折线图的高亮状态，包括 disabled、scale、focus
data	系列中的数据内容数组。数组项通常为具体的数据项
markLine	图表标线，包括 symbol、label、lineStyle、data、label、emphasis

【例 6-7】 ECharts 绘制折线图。

代码如下：

```
<!DOCTYPE html>
<html lang="en">
<head>
    <meta charset="UTF-8">
    <title> 折线图绘制 </title>
    <!-- 引入 echarts.js -->
    <script src="echarts.js"></script>
</head>
<body>
<!-- 为 ECharts 准备一个具备大小 ( 宽高 ) 的 DOM -->
<div id="main" style="width: 800px;height:600px;"></div>
<script type="text/javascript">
    // 基于准备好的 DOM，初始化 echarts 实例
    var myChart = echarts.init(document.getElementById('main'));
    // 指定图表的配置项和数据
    var option = {
        title:{
            text:' 折线图 ',
            show : true,
            textStyle:{color:'#333',},
            subtext:' 单位：万 ',
        },
        legend: {
            data:[' 旅游 '],
        },
        xAxis:{
            show:true,
            name:' 日期 ',
            data:["10 月 1 日 ","10 月 2 日 ","10 月 3 日 ","10 月 4 日 ","10 月 5 日 ","10 月 6 日 ",
"10 月 7 日 "],
            type:'category',
            axisLabel:{
                fontSize:18,
            },
        },
        yAxis: {
            show: true,
            name:' 人次 ',
```

```
        nameLocation:'end',
        min:0,
        max:600,
        nameTextStyle:{
            fontSize:18,
        },
    },
    textStyle:{
        color:'black',
        fontSize:18,
        fontFamily:'Microsoft YaHei',
    },
    series:[{
        type:'line',
        name:" 旅游 ",
        data:[325,437,512,213,317,128,106],
        label: {
            show: true,
            position: 'bottom',
            color: 'red',
            formatter: '{c}',
        },
        lineStyle: {
            width: 2,
            color: 'green',
            type: 'dotted',
        },
        emphasis: {
            disabled: true,
            scale: true,
        },
        markPoint: {
            symbol: 'pin',
            label: {show: true,},
            data:[
                {
                    name: ' 最大值 ',
                    type: 'max'
                }
```

```
                    ],
                },
                markLine: {
                    symbol:['circle','arrow'],
                    label: {show: true,},
                    lineStyle:{
                        color: 'grey',
                        width: 0.8,
                        type: 'dotted',
                    },
                    data: [{
                        name: ' 平均线 ',
                        type: 'average',
                    }],
                },
            }],
        }
        // 使用刚指定的配置项和数据显示图表
        myChart.setOption(option);
    </script>
    </body>
    </html>
```

结果如图 6-7 所示。

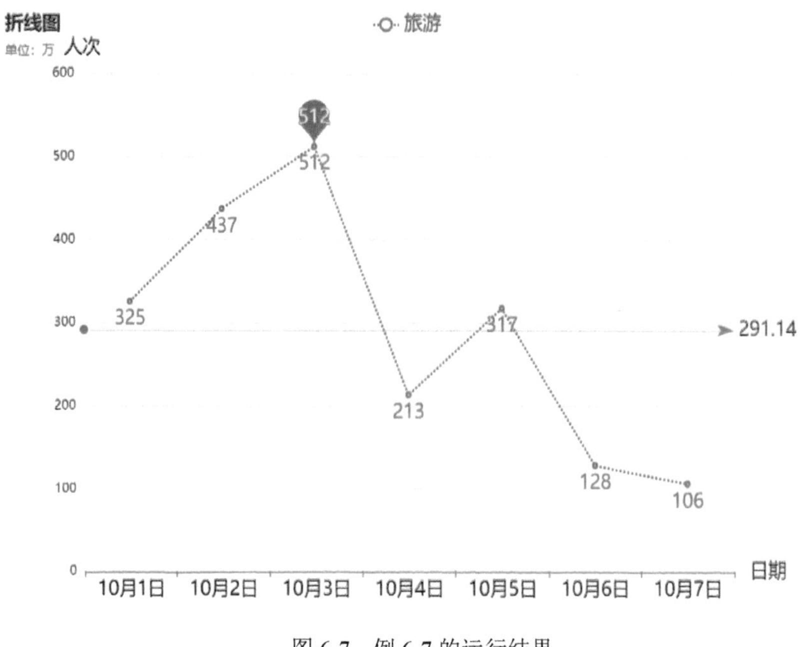

图 6-7　例 6-7 的运行结果

6.2.3 饼图

饼图主要用于表现不同类目的数据在总和中的占比，每个弧度都表示数据数量的比例。ECharts 绘制饼图 Series 配置项的常用属性及其说明如表 6-9 所示。

表 6-9 ECharts 绘制饼图 Series 配置项常用属性及其说明

配置内容	说 明
type	type 取值为 pie，表示图的类型为饼图
name	系列名称，用于 tooltip 的显示及 legend 的图例筛选
label	图形上的文本标签，包括 show、position、rotate、formatter、color、font-系列
markPoint	图表标注，包括 symbol、symbolSize、symbolRotate、data
center	饼图的中心（圆心）坐标，数组的第一项是横坐标，第二项是纵坐标
radius	饼图的半径
emphasis	饼图的高亮状态，包括 disabled、scale、focus
data	系列中的数据内容数组。数组项可以为单个数值
markLine	图表标线，包括 symbol、label、lineStyle、data、label、emphasis

【例 6-8】 ECharts 绘制饼图。

代码如下：

```
<!DOCTYPE html>
<html lang="en">
<head>
    <meta charset="UTF-8">
    <title> 饼图绘制 </title>
    <!-- 引入 echarts.js -->
    <script src="echarts.js"></script>
</head>
<body>
<!-- 为 ECharts 准备一个具备大小（宽高）的 DOM -->
<div id="main" style="width: 800px;height:600px;"></div>
<script type="text/javascript">
    // 基于准备好的 DOM，初始化 echarts 实例
    var myChart = echarts.init(document.getElementById('main'));
    // 指定图表的配置项和数据
```

```
        option = {
            title:{
              text:' 饼图 ',
              show : true,
              textStyle:{color:'#333'},
              subtext:' 单位：万 ',
            },
            legend: {
                data:[' 旅游 '],
             },
           series: [
              {
                type: 'pie',
                name: ' 旅游 ',
                radius: '50%',
                center: ['50%', '50%'],
                label:{
                  show:true,
                },
                data: [
                  { value: 325, name: '10 月 1 日 ' },
                  { value: 437, name: '10 月 2 日 ' },
                  { value: 512, name: '10 月 3 日 ' },
                  { value: 213, name: '10 月 4 日 ' },
                  { value: 317, name: '10 月 5 日 ' },
                  { value: 128, name: '10 月 6 日 ' },
                  { value: 106, name: '10 月 7 日 ' }
                ]
              }
            ]
        };
        // 使用刚指定的配置项和数据显示图表
        myChart.setOption(option);
    </script>
    </body>
    </html>
```

结果如图 6-8 所示。

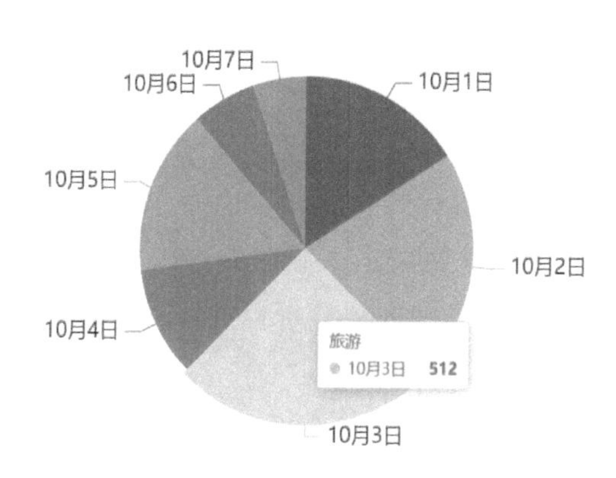

图 6-8　例 6-8 的运行结果

6.2.4　散点图

散点图由许多“点”组成，有时这些点用来表示数据在坐标系中的位置(比如在笛卡尔坐标系下，表示数据在 x 轴和 y 轴上的坐标；在地图坐标系下，表示数据在地图上的某个位置等)；有时这些点的大小、颜色等属性也可以映射到数据值，用以表现高维数据。ECharts 绘制散点图 Series 配置项的常用属性及其说明如表 6-10 所示。

表 6-10　ECharts 绘制散点图 Series 配置项常用属性及其说明

配置内容	说　明
type	type 取值为 scatter，表示图的类型为散点图
name	系列名称，用于 tooltip 的显示及 legend 的图例筛选
label	图形上的文本标签，包括 show、position、rotate、formatter、color、font- 系列
markPoint	图表标注，包括 symbol、symbolSize、symbolRotate、data
symbol	标记的图形
emphasis	高亮的图形和标签样式，包括 disabled、scale、focus
data	系列中的数据内容数组。数组项可以为单个数值
markLine	图表标线，包括 symbol、label、lineStyle、data、label、emphasis

【例 6-9】 ECharts 绘制散点图。

代码如下：

```
<!DOCTYPE html>
<html lang="en">
<head>
    <meta charset="UTF-8">
    <title> 散点图绘制 </title>
```

```
        <!-- 引入 echarts.js -->
        <script src="echarts.js"></script>
    </head>
    <body>
    <!-- 为 ECharts 准备一个具备大小 ( 宽高 ) 的 DOM -->
    <div id="main" style="width: 800px;height:600px;"></div>
    <script type="text/javascript">
        // 基于准备好的 DOM，初始化 echarts 实例
        var myChart = echarts.init(document.getElementById('main'));
        // 指定图表的配置项和数据
        option = {
          title:{
            text:' 散点图 ',
            show : true,
            textStyle:{color:'#333',},
          },
          legend: {
            data: ['scatter'],
          },
          xAxis: {},
          yAxis: {},
          series: [
              {
                name: 'scatter',
                type: 'scatter',
                symbol: 'pin',
                symbolSize: 45,
                label: {show:true},
                data: [[2.00, 8.04],[3.07, 3.95],[8.00, 5.58],[9.05, 8.81],
                [5.20, 2.33],[1.58, 8.66],[4.56, 6.81],[7.08, 4.33],[8.02, 7.96],
                ]
              }
          ]
        };
        // 使用刚指定的配置项和数据显示图表
        myChart.setOption(option);
    </script>
    </body>
    </html>
```

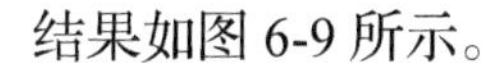

结果如图 6-9 所示。

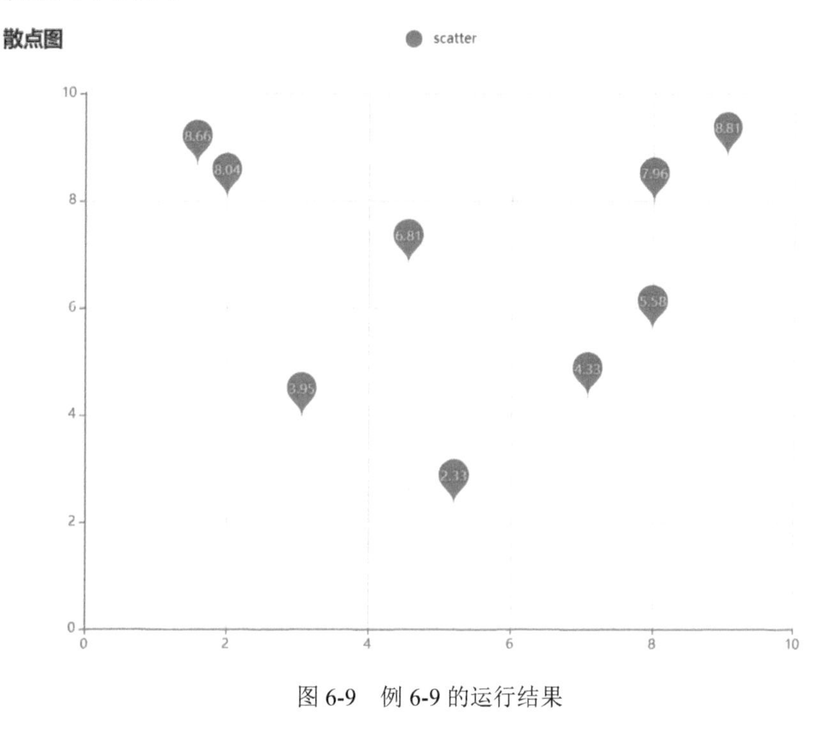

图 6-9　例 6-9 的运行结果

6.3　ECharts 在 Django 项目中的应用

数据分析与可视化项目可以采用 ECharts 与 Django 相结合的方式实现。下面使用 Django 搭建 Web 项目，并在页面中展示 ECharts 绘制的数据可视化图形，实现数据分析结果的可视化展示。

1. Django 项目搭建

Django 项目搭建过程可参见 5.6 节。

2. 视图开发

views.py 代码如下：

```
from django.shortcuts import render
from .models import Sales


def sale_data(request):
    sales = Sales.objects.all()
    return render(request, 'ECharts.html', locals())
```

3. 模板开发

ECharts.html 代码如下：

```
<!DOCTYPE html>
```

```
<html lang="en">
<head>
    <meta charset="UTF-8">
    <title> 折线图绘制 </title>
    <!-- 引入 echarts.js -->
    <script src="echarts.js"></script>
</head>
<body>
<!-- 为 ECharts 准备一个具备大小 ( 宽高 ) 的 DOM -->
<div id="main" style="width: 800px;height:600px;"></div>
<script type="text/javascript">
    // 基于准备好的 DOM，初始化 echarts 实例
    var myChart = echarts.init(document.getElementById('main'));
    // 指定图表的配置项和数据
    var option = {
        title:{
            text:' 旅游数据 ',
            show : true,
            link :'https://www.baidu.com',
            textStyle:{color:'#333',},
            subtext:' 单位：万 ',
            sublink:'https://echarts.apache.org/zh/index.html',
        },
         legend: {
            show:true,
            type:'plain',
            orient:'horizontal',
            align:'auto',
            data:[' 旅游 '],
         },
        xAxis:{
            show:true,
            name:' 日期 ',
            data:["10 月 1 日 ","10 月 2 日 ","10 月 3 日 ","10 月 4 日 ","10 月 5 日 ","10 月 6 日 ",
"10 月 7 日 "],
            type:'category',
            axisLabel:{
                fontSize:18,
            },
        },
```

```
yAxis: {
    show: true,
    name:' 人次 ',
    nameLocation:'end',
    min:0,
    max:600,
    nameTextStyle:{
        fontSize:18,
    },
},
dataZoom:{
    show:true,
    type:'slider',
    start:'40%',
    end:'80%',
    orient:'horizontal'
},
visualMap:{
    type:'continuous',
    orient:'vertical',
    right:'3%',
    top:60,
    max:600,
    min:0,
},
textStyle:{
    color:'black',
    fontSize:18,
    fontFamily:'Microsoft YaHei',
},
series:[{
    type:'line',
    name:" 旅游 ",
    label: {
        show: true,
        position: 'top',
        color: 'blue',
        formatter: '{c}',
    },
    data:[325,437,512,213,317,128,106],
```

```
            }
        ],
        }
        // 使用刚指定的配置项和数据显示图表
        myChart.setOption(option);
    </script>
    </body>
    </html>
```

路由开发、项目运行过程可参见 5.6 节。项目显示效果如图 6-10 所示。

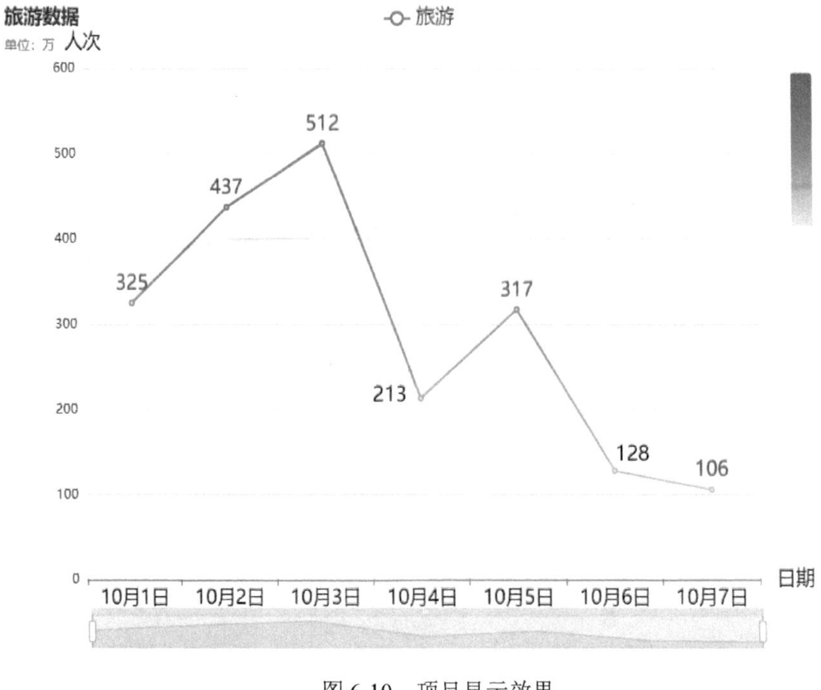

图 6-10　项目显示效果

第7章 Pyecharts 数据可视化

要增强“四个自信”，以关键共性技术、前沿引领技术、现代工程技术、颠覆性技术创新为突破口，敢于走前人没走过的路，努力实现关键核心技术自主可控，把创新主动权、发展主动权牢牢掌握在自己手中。

——2018 年 5 月 28 日，习近平总书记在中国科学院第十九次院士大会、中国工程院第十四次院士大会开幕会上发表的讲话

Pyecharts 是一个用于生成 ECharts 图表的类库，是一款将 Python 与 ECharts 相结合的强大的数据可视化工具。使用 Pyecharts 可以让开发者轻松地实现数据的可视化。

Pyecharts 作为一款纯国产的可视化库，既具备了强大的功能，又考虑到了中国市场的特殊需求。通过 Pyecharts，可以看到中国在数据可视化技术方面的实力与潜力。期待 Pyecharts 在未来能够继续发挥其优势，推动中国数据可视化技术的发展。

本章任务目标包括：

(1) 应用 Pyecharts 绘制流程进行图像绘制。

(2) 应用 Pyecharts 配置项进行图像设置。

(3) 分析业务需求，应用柱状图、折线图、饼图绘制可视化图像，评价不同图像的展示效果。

(4) 应用 Django 平台展示 Pyecharts 图像。

7.1 Pyecharts 基础

Pyecharts 基础

7.1.1 Pyecharts 的特性及安装

Pyecharts 的特性及安装介绍如下。

1. 特性

Pyecharts 的特性主要包括：

(1) 简洁的 API 设计，支持链式调用。

(2) 涵盖了 30 多种常见图表。

(3) 可轻松集成至 Flask、Django 等主流 Web 框架。

(4) 高度灵活的配置项可轻松搭配出精美的图表。

(5) 400 多个地图文件以及原生的百度地图，为地理数据可视化提供了强有力的支持。

Pyecharts 分为 v0.5.X 和 v1 两个大版本，v0.5.X 和 v1 不兼容，v1 是一个全新的版本。

v0.5.X 版本已经不再进行维护，现阶段 v1 系列的版本使用最多。

2. 安装

Pyecharts 属于 Python 的第三方库，可以使用 pip 命令进行下载。pip 命令语法格式如下：

```
pip install pyecharts
```

7.1.2 Pyecharts 绘图流程

(1) 导入库并定义图表类型，语法如下：

```
from pyecharts.charts import Chart_name
```

(2) 创建实例对象，语法如下：

```
chart_name = Chart_name()
```

(3) 添加图表的各项数据，语法如下：

```
chart_name.add_xaxis()
chart_name.add_yaxis()
```

(4) 添加其他配置，语法如下：

```
chart_name.set_global_opts()
chart_name.set_series_opts()
```

(5) 生成 HTML 网页，语法如下：

```
chart_name.render()
```

7.1.3 Pyecharts 常见图表类型

Pyecharts 常见图表类型及其说明如表 7-1 所示。

表 7-1 Pyecharts 常见图表类型及其说明

类型名称	说 明	类型名称	说 明
Bar	柱状图	Overlap	组合图
Scatter	散点图	Line3D	3D 折线图
Line	折线图	Bar3D	3D 柱状图
Pie	饼图	Scatter3D	3D 散点图
Map	地图	Radar	雷达图
Funnel	漏斗图	Heatmap	热力图
Gauge	仪表盘	WordCloud	词云图

7.1.4 Pyecharts 配置项

Pyecharts 配置项

Pyecharts 绘图实际上是通过配置项来实现的，Pyecharts 模块中有很多配置选项，常用的是全局配置项和系列配置项。

全局配置项可以通过 set_global_opts 方法来进行配置，通常对图表的一些通用的基础元素进行配置，例如：标题、图例、工具箱、鼠标移动效果等，它们与图表的类型无关。

1. 初始化配置项 (InitOpts)

初始化配置项常用属性及其说明如表 7-2 所示。

表 7-2 初始化配置项常用属性及其说明

属 性	说 明
width	接收 str，表示图表画布宽度，接收一个有效 CSS 长度形式的字符串
height	接收 str，表示图表画布高度，接收一个有效 CSS 长度形式的字符串
chart_id	接收 str，可选，图表 ID，图表唯一标识，用于在多图表时区分
renderer	接收 str，表示渲染风格
page_title	接收 str，表示网页标题
theme	接收 str，表示图表主题
bg_color	接收 str，可选，表示图表背景颜色
animation_opts	接收 AnimationOpts 或 dict，表示图画动画初始化配置

【例 7-1】 添加初始化配置。

代码如下：

```
from pyecharts.charts import Bar
import pyecharts.options as opts
from pyecharts.globals import ThemeType
bar = Bar(
    init_opts=opts.InitOpts(width="900px", height="500px",
    page_title="pyecharts", theme=ThemeType.LIGHT)
)
data_x = ['1A 景区 ','2A 景区 ','3A 景区 ', '4A 景区 ', '5A 景区 ', ' 其它景区 ']
data_y = [118, 207, 539, 427, 383, 416]
bar.add_xaxis(data_x)
bar.add_yaxis(series_name=' 旅游 ', y_axis=data_y, gap='0%', color='grey', bar_width=45)
bar.set_global_opts(
    xaxis_opts=opts.AxisOpts(
        axislabel_opts=opts.LabelOpts(font_size=20)
    ),
    yaxis_opts=opts.AxisOpts(
        axislabel_opts=opts.LabelOpts(font_size=20)
    ),
)
bar.set_series_opts()
bar.render()
```

结果如图 7-1 所示。

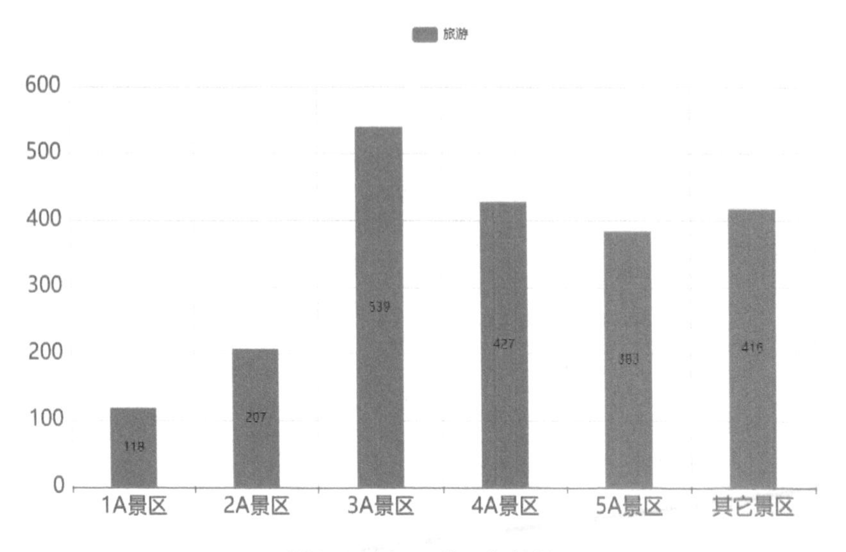

图 7-1　例 7-1 的运行结果

2. 坐标轴配置项 (AxisOpts)

xaxis_opts 表示 x 轴，yaxis_opts 表示 y 轴。坐标轴配置项常用属性及其说明如表 7-3 所示。

表 7-3　坐标轴配置项常用属性及其说明

属　性	说　　明
type_	接收 str，表示坐标轴类型，可选的值包括 'value'、'category'、'time'、'log'
is_show	接收 bool，表示是否显示 x 轴
name	接收 str，表示坐标轴名称
name_location	接收 str，表示坐标轴名称显示位置
position	接收 str，表示 x 轴的位置
max_	接收 Numeric、str 或 None，表示坐标轴刻度最大值
min_	接收 Numeric、str 或 None，表示坐标轴刻度最小值
axisline_opts	接收 AxisLineOpts，表示坐标轴刻度线配置项
axistick_opts	接收 AxisTickOpts，表示坐标轴刻度配置项
axislabel_opts	接收 LabelOpts，表示坐标轴标签配置项

【例 7-2】 添加坐标轴配置项。

代码如下：

```
from pyecharts.charts import Bar
import pyecharts.options as opts
from pyecharts.globals import ThemeType
bar = Bar(
```

```
    init_opts=opts.InitOpts(width="900px", height="500px",
    page_title="pyecharts", theme=ThemeType.LIGHT)
)
data_x = ['1A 景区 ','2A 景区 ','3A 景区 ', '4A 景区 ', '5A 景区 ', ' 其它景区 ']
data_y = [118, 207, 539, 427, 383, 416]
bar.add_xaxis(data_x)
bar.add_yaxis(series_name=' 旅游 ', y_axis=data_y, gap='0%', color='grey', bar_width=45)
bar.set_global_opts(
    xaxis_opts=opts.AxisOpts(
        is_show=True,
        type_='category',
        name=' 景区级别 ',
        name_location='end',
        axislabel_opts=opts.LabelOpts(font_size=20)
    ),
    yaxis_opts=opts.AxisOpts(
        is_show=True,
        name=' 游览人次 ',
        axisline_opts=opts.AxisLineOpts(is_show=True),
        axistick_opts=opts.AxisTickOpts(is_show=True),
        axislabel_opts=opts.LabelOpts(font_size=20),
    ),
)
bar.set_series_opts()
bar.render()
```

结果如图 7-2 所示。

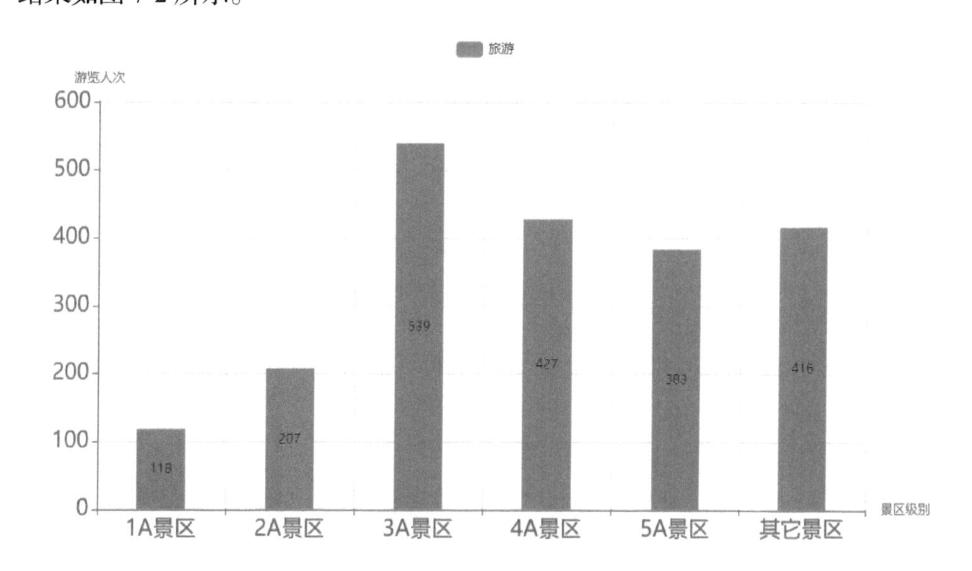

图 7-2　例 7-2 的运行结果

3. 标题配置项 (TitleOpts)

标题配置项常用属性及其说明如表 7-4 所示。

表 7-4 标题配置项常用属性及其说明

属 性	说 明
is_show	接收 bool，表示是否显示标题组件
title	接收 str，可选，表示主标题文本，支持使用 \n 换行
title_link	接收 str，可选，表示主标题跳转 URL 链接
title_target	接收 str，可选，表示主标题跳转链接方式
subtitle	接收 str，可选，表示副标题文本，支持使用 \n 换行
subtitle_link	接收 str，可选，表示副标题跳转 URL 链接
subtitle_target	接收 str，可选，表示副标题跳转链接方式
pos_left/pos_right/ pos_top/pos_bottom	接收 str，可选，表示 title 组件离容器左侧 / 右侧 / 上侧 / 下侧的距离
item_gap	接收 Numeric，表示主副标题之间的间距
text_align	接收 str，表示整体 (包括 text 和 subtext) 的水平对齐
text_vertical_align	接收 str，表示整体 (包括 text 和 subtext) 的垂直对齐
is_trigger_event	接收 bool，表示是否触发事件
title_textstyle_opts	接收 TextStyleOpts、dict 或 None，表示主标题字体样式配置项
subtitle_textstyle_opts	接收 TextStyleOpts、dict 或 None，表示副标题字体样式配置项

【例 7-3】 添加标题配置。

代码如下：

```
from pyecharts.charts import Bar
import pyecharts.options as opts
from pyecharts.globals import ThemeType
bar = Bar(
    init_opts=opts.InitOpts(width="900px", height="500px",
    page_title="pyecharts", theme=ThemeType.LIGHT)
)
data_x = ['1A 景区 ','2A 景区 ','3A 景区 ', '4A 景区 ', '5A 景区 ', ' 其它景区 ']
data_y = [118, 207, 539, 427, 383, 416]
bar.add_xaxis(data_x)
bar.add_yaxis(series_name=' 旅游 ', y_axis=data_y, gap='0%', color='grey', bar_width=45)
bar.set_global_opts(
    title_opts=opts.TitleOpts(
```

```
            title=' 旅游数据 ',
            subtitle=' 单位：万 ',
            pos_left='8px',
            item_gap=5,
            title_textstyle_opts=opts.TextStyleOpts(
                color='blue',
                font_size=20,
                font_style='italic',
                font_family='serif'
            )
        ),
        xaxis_opts=opts.AxisOpts(
            axislabel_opts=opts.LabelOpts(font_size=20)
        ),
        yaxis_opts=opts.AxisOpts(
            axislabel_opts=opts.LabelOpts(font_size=20),
        ),
    )
    bar.set_series_opts()
    bar.render()
```

结果如图 7-3 所示。

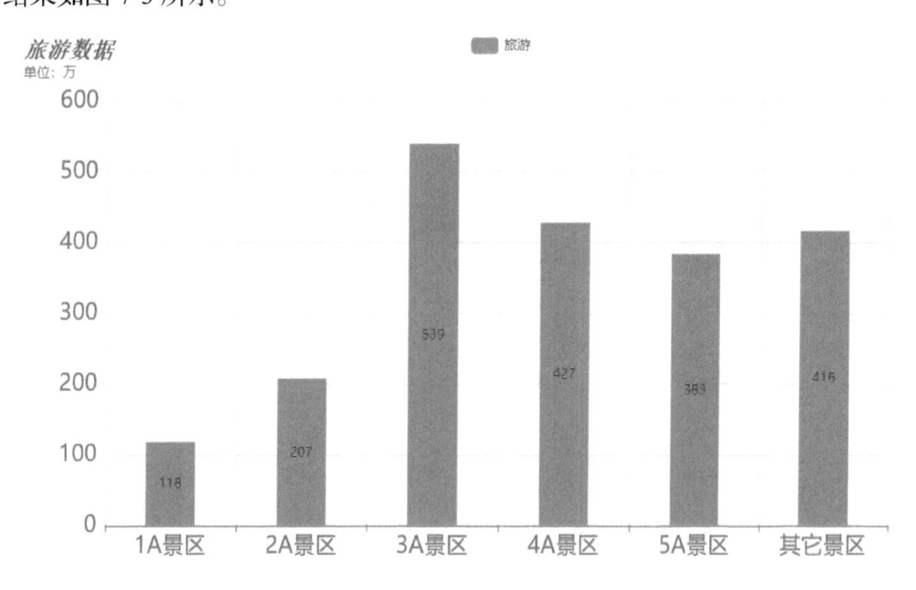

图 7-3　例 7-3 的运行结果

4. 图例配置项 (LegendOpts)

图例配置项常用属性及其说明如表 7-5 所示。

表 7-5　图例配置项常用属性及其说明

属　性	说　　明
type_	接收 str，可选，表示图例的类型
selected_mode	接收 str、bool、None，表示图例选择的模式，控制是否可以通过点击图例改变系列的显示状态
is_show	接收 bool，表示是否显示图例组件
orient	接收 str，可选，表示图例列表的布局朝向
align	接收 str，可选，表示图例标记和文本的对齐
padding	接收 int，表示图例内边距，单位为 px，默认各方向内边距为 5
item_gap	接收 int，表示图例每项之间的间隔
pos_left/pos_right/ pos_top/pos_bottom	接收 str、Numeric 或 None，表示图例组件离容器左侧 / 右侧 / 上侧 / 下侧的距离
inactive_color	接收 str，可选，表示图例关闭时的颜色
legend_icon	接收 str，可选，表示图例项的 icon
background_color	接收 str，可选，表示图例的背景色
textstyle_opts	接收 TextStyleOpts、dict 或 None，表示图例组件字体样式

【例 7-4】 添加图例配置项。

代码如下：

```
from pyecharts.charts import Bar
import pyecharts.options as opts
from pyecharts.globals import ThemeType
bar = Bar(
    init_opts=opts.InitOpts(width="900px", height="500px",
    page_title="pyecharts", theme=ThemeType.LIGHT)
)
data_x = ['1A 景区 ','2A 景区 ','3A 景区 ', '4A 景区 ', '5A 景区 ', ' 其它景区 ']
data_y = [118, 207, 539, 427, 383, 416]
bar.add_xaxis(data_x)
bar.add_yaxis(series_name=' 旅游 ', y_axis=data_y, gap='0%', color='grey', bar_width=45)
bar.set_global_opts(
    legend_opts=opts.LegendOpts(
        type_='plain',
        is_show=True,
        pos_left='50%',
        orient='vertical',
```

```
            selected_mode='multiple',
            align='left',
            padding=10,
            item_gap=5,
            inactive_color='#ccc',
            legend_icon='circle',
            textstyle_opts=opts.TextStyleOpts(
                color='red',
                font_style='italic',
                font_size=20,
            ),
        ),
        xaxis_opts=opts.AxisOpts(
            axislabel_opts=opts.LabelOpts(font_size=20)
        ),
        yaxis_opts=opts.AxisOpts(
            axislabel_opts=opts.LabelOpts(font_size=20),
        ),
    )
    bar.set_series_opts()
    bar.render()
```

结果如图 7-4 所示。

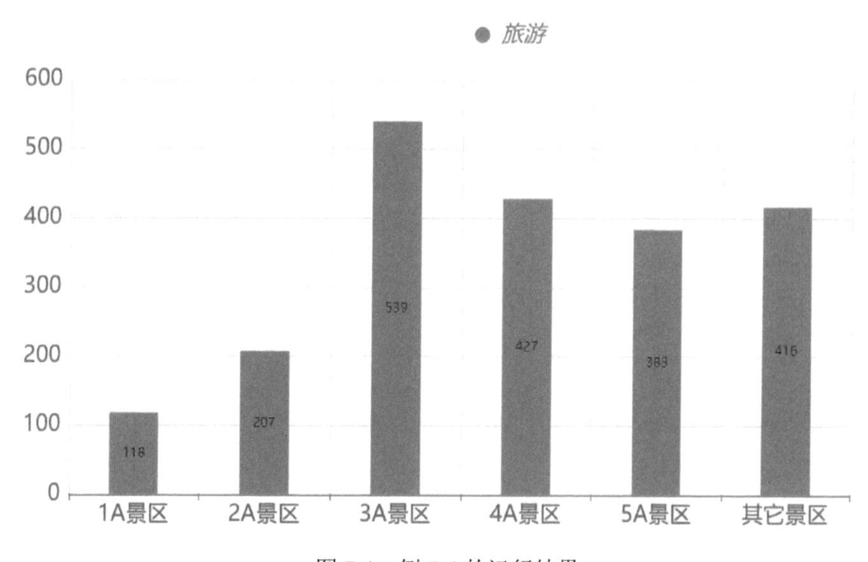

图 7-4　例 7-4 的运行结果

5. 视觉映射配置项 (VisualMapOpts)

视觉映射配置项常用属性及其说明如表 7-6 所示。

表 7-6 视觉映射配置项常用属性及其说明

属性	说明
type_	接收 str，表示映射过渡类型
is_show	接收 bool，表示是否显示视觉映射组件
orient	接收 str，可选，表示如何放置 visualMap 组件
max_	接收 int 或 float，指定 visualMap 组件的最大值
min_	接收 int 或 float，指定 visualMap 组件的最小值
pos_left/pos_right/ pos_top/pos_bottom	接收 str，可选，表示 visualMap 组件离容器左侧 / 右侧 / 上侧 / 下侧的距离
range_opacity	接收 Numeric，可选，表示 visualMap 图元以及其附属物的透明度
range_text	接收 list 或 tuple，表示 visualMap 组件两端的文本
range_color	接收 str，可选，表示 visualMap 组件过渡颜色
is_piecewise	接收 bool，表示 visualMap 组件是否为分段型

【例 7-5】 添加视觉映射配置项。

代码如下：

```
from pyecharts.charts import Bar
import pyecharts.options as opts
from pyecharts.globals import ThemeType
bar = Bar(
    init_opts=opts.InitOpts(width="900px", height="500px",
    page_title="pyecharts", theme=ThemeType.LIGHT)
)
data_x = ['1A 景区 ','2A 景区 ','3A 景区 ', '4A 景区 ', '5A 景区 ', ' 其它景区 ']
data_y = [118, 207, 539, 427, 383, 416]
bar.add_xaxis(data_x)
bar.add_yaxis(series_name=' 旅游 ', y_axis=data_y, gap='0%', color='grey', bar_width=45)
bar.set_global_opts(
    visualmap_opts=opts.VisualMapOpts(
        is_show=True,
        type_='color',
        min_=0,
        max_=600,
        range_opacity=0.7,
        range_text=['max', 'min'],
        range_color=['grey', 'green', 'yellow', 'blue', 'red'],
        orient='vertical',
        pos_right='5%',
```

```
            pos_top='2%',
            is_piecewise=False,
        ),
        xaxis_opts=opts.AxisOpts(
            axislabel_opts=opts.LabelOpts(font_size=20)
        ),
        yaxis_opts=opts.AxisOpts(
            axislabel_opts=opts.LabelOpts(font_size=20),
        ),
    )
    bar.set_series_opts()
    bar.render()
```

结果如图 7-5 所示。

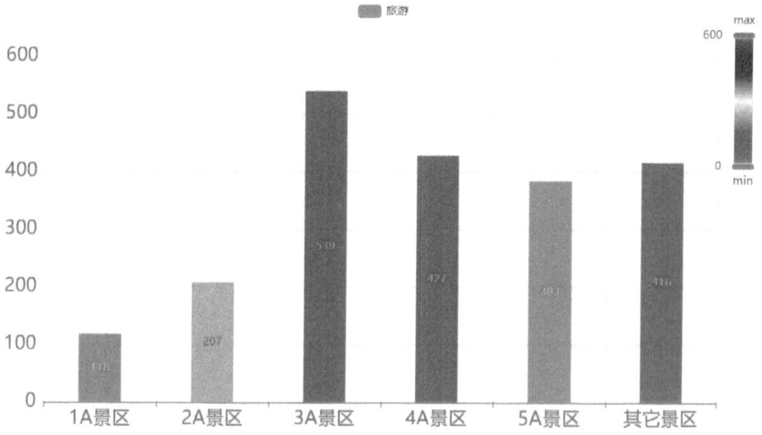

图 7-5 例 7-5 的运行结果

6. 区域缩放配置项 (DataZoomOpts)

区域缩放配置项常用属性及其说明如表 7-7 所示。

表 7-7 区域缩放配置项常用属性及其说明

属 性	说 明
type_	接收 str，可选，表示组件类型
is_show	接收 bool，表示是否显示组件
orient	接收 str，表示组件的布局方式
is_realtime	接收 bool，拖动时表示是否实时更新系列的视图
start_value	接收 int、str 或 None，表示数据窗口范围的起始数值
end_value	接收 int、str 或 None，表示数据窗口范围的结束数值
pos_left/pos_right/pos_top/pos_bottom	接收 str，可选，表示 dataZoom-slider 组件离容器左侧 / 右侧 / 上侧 / 下侧的距离

续表

属　性	说　　明
range_start	接收 Numeric 或 None，可选，表示数据窗口范围的起始百分比
range_end	接收 Numeric 或 None，可选，表示数据窗口范围的结束百分比
is_zoom_lock	接收 bool，可选，表示是否锁定选择区域的大小

【例 7-6】 添加区域缩放配置项。

代码如下：

```
from pyecharts.charts import Bar
import pyecharts.options as opts
from pyecharts.globals import ThemeType
bar = Bar(
    init_opts=opts.InitOpts(width="900px", height="500px",
    page_title="pyecharts", theme=ThemeType.LIGHT)
)
data_x = ['1A 景区 ','2A 景区 ','3A 景区 ', '4A 景区 ', '5A 景区 ', ' 其它景区 ']
data_y = [118, 207, 539, 427, 383, 416]
bar.add_xaxis(data_x)
bar.add_yaxis(series_name=' 旅游 ', y_axis=data_y, gap='0%', color='grey', bar_width=45)
bar.set_global_opts(
    datazoom_opts=opts.DataZoomOpts(
        is_show=True,
        type_='slider',
        is_realtime=True,
        range_start=20,
        range_end=80,
        orient='horizontal',
        is_zoom_lock=False,
        pos_bottom='2px'
    ),
    xaxis_opts=opts.AxisOpts(
        axislabel_opts=opts.LabelOpts(font_size=20)
    ),
    yaxis_opts=opts.AxisOpts(
        axislabel_opts=opts.LabelOpts(font_size=20),
    ),
)
bar.set_series_opts()
bar.render()
```

结果如图 7-6 所示。

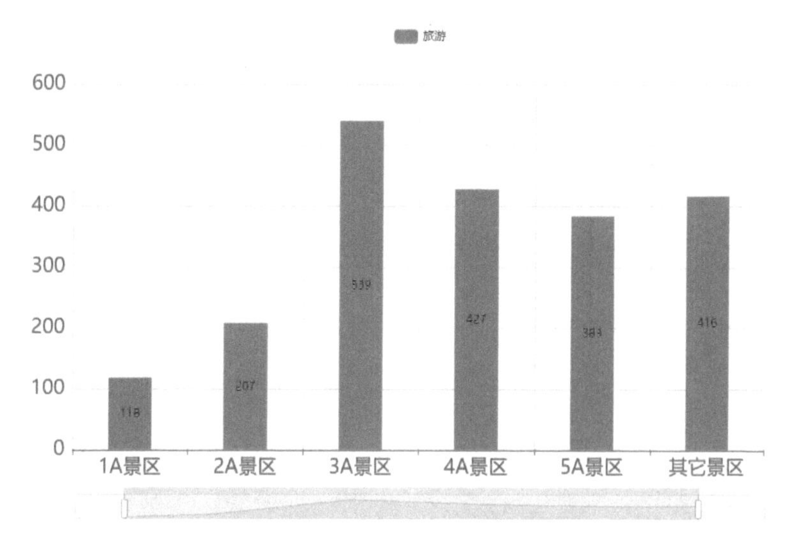

图 7-6 例 7-6 的运行结果

系列配置项可以通过 set_series_opts 方法来进行配置，用于针对某个具体的参数进行配置，例如：图元、文字、线条、3D 线条等。

7. 图元样式配置项 (ItemStyleOpts)

图元样式配置项常用属性及其说明如表 7-8 所示。

表 7-8 图元样式配置项常用属性及其说明

属 性	说 明
color	接收 str，可选，表示图形的颜色
border_color	接收 str，可选，表示图形的描边颜色
border_width	接收 Numeric，可选，表示描边宽度，默认为不描边
border_type	接收 str，可选，表示描边的类型
opacity	接收 Numeric，可选，表示图形的透明度
area_color	接收 str，可选，表示区域的颜色

【例 7-7】 添加图元样式配置项。

代码如下：

```
from pyecharts.charts import Bar
import pyecharts.options as opts
from pyecharts.globals import ThemeType
bar = Bar(
    init_opts=opts.InitOpts(width="900px", height="500px",
    page_title="pyecharts", theme=ThemeType.LIGHT)
)
data_x = ['1A 景区 ','2A 景区 ','3A 景区 ', '4A 景区 ', '5A 景区 ', ' 其它景区 ']
```

```
data_y = [118, 207, 539, 427, 383, 416]
bar.add_xaxis(data_x)
bar.add_yaxis(series_name=' 旅游 ', y_axis=data_y, gap='0%', color='grey', bar_width=45)
bar.set_global_opts(
    xaxis_opts=opts.AxisOpts(
        axislabel_opts=opts.LabelOpts(font_size=20)
    ),
    yaxis_opts=opts.AxisOpts(
        axislabel_opts=opts.LabelOpts(font_size=20)
    ),
)
bar.set_series_opts(
    itemstyle_opts=opts.ItemStyleOpts(
        opacity=0.6,
        border_type='dashed',
        border_width=2,
        border_color='green',
    ),
)
bar.render()
```

结果如图 7-7 所示。

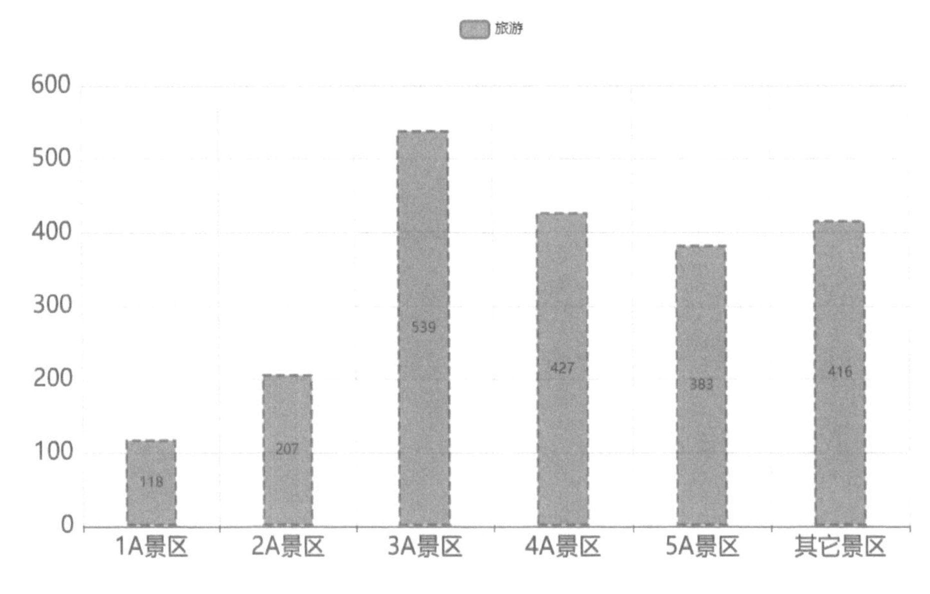

图 7-7　例 7-7 的运行结果

8. 标签配置项 (LabelOpts)

标签配置项常用属性及其说明如表 7-9 所示。

表 7-9 标签配置项常用属性及其说明

属 性	说 明
is_show	接收 bool，表示是否显示标签
position	接收 str 或 Sequence，表示标签的位置
color	接收 str，表示文字的颜色
font_size	接收 Numeric，表示文字的字体大小
font_style	接收 str，可选，表示文字字体的风格
font_weight	接收 str，可选，表示文字字体的粗细
font_family	接收 str，可选，表示文字的字体系列
rotate	接收 str，可选，表示标签旋转
backgound_color	接收 str，可选，表示文字块的背景色

【例 7-8】 添加标签配置项。

代码如下：

```
from pyecharts.charts import Bar
import pyecharts.options as opts
from pyecharts.globals import ThemeType
bar = Bar(
    init_opts=opts.InitOpts(width="900px", height="500px",
    page_title="pyecharts", theme=ThemeType.LIGHT)
)
data_x = ['1A 景区 ','2A 景区 ','3A 景区 ', '4A 景区 ', '5A 景区 ', ' 其它景区 ']
data_y = [118, 207, 539, 427, 383, 416]
bar.add_xaxis(data_x)
bar.add_yaxis(series_name=' 旅游 ', y_axis=data_y, gap='0%', color='grey', bar_width=45)
bar.set_global_opts(
    xaxis_opts=opts.AxisOpts(
        axislabel_opts=opts.LabelOpts(font_size=20)
    ),
    yaxis_opts=opts.AxisOpts(
        axislabel_opts=opts.LabelOpts(font_size=20)
    ),
)
bar.set_series_opts(
    label_opts=opts.LabelOpts(
        is_show=True,
        position='top',
        font_size=16,
    )
```

```
)
bar.render()
```

结果如图 7-8 所示。

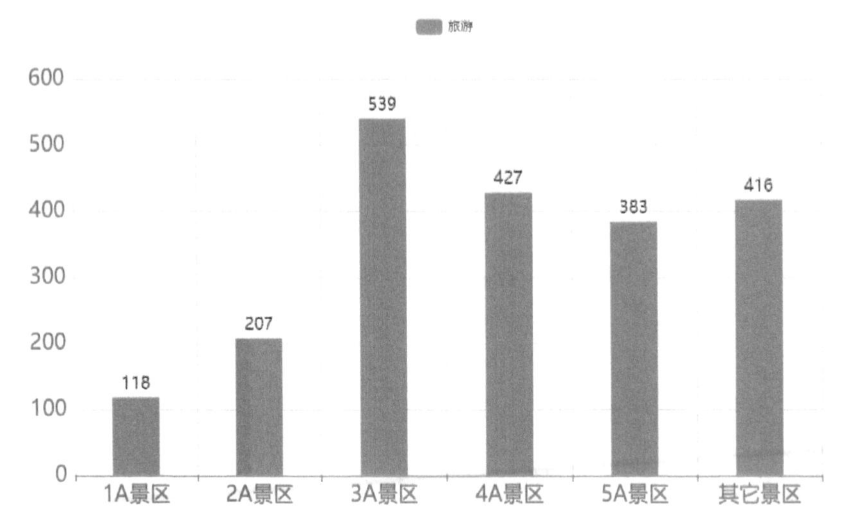

图 7-8　例 7-8 的运行结果

常用图形绘制

 7.2　常用图形绘制

在数据分析与可视化中，柱状图、折线图、饼图等基本图形的绘制是不可或缺的。它们以直观、简洁的方式展现数据的趋势、对比和分布，帮助洞察数据背后的故事。而 Pyecharts 作为 Python 中一款功能强大的数据可视化库，能够满足数据分析及可视化的需求。

7.2.1　柱状图

Pyecharts 模块中 Bar 类提供了 add_yaxis 函数，可以进行柱状图的绘制。add_yaxis 函数基本语法格式如下：

```
Bar.add_yaxis(self, series_name: str, y_axis: types.Sequence[types.Union[types.Numeric, opts.BarItem, dict]],*, xaxis_index: types.Optional[types.Numeric] = None, yaxis_index: types.Optional[types.Numeric] = None, is_legend_hover_link: bool = True, color: types.Optional[str] = None, is_realtime_sort: bool = False, is_show_background: bool = False, background_style: types.Union[types.BarBackground, dict, None] = None, stack: types.Optional[str] = None, stack_strategy: types.Optional[str] = "samesign", sampling: types.Optional[str] = None, cursor: types.Optional[str] = "pointer", bar_width: types.Union[types.Numeric, str] = None, bar_max_width: types.Union[types.Numeric, str] = None, bar_min_width: types.Union[types.Numeric, str] = None, bar_min_height: types.Numeric = 0, category_gap: types.Union[types.Numeric, str] = "20%", gap: types.Optional[str] = "30%", is_large: bool = False, large_threshold: types.Numeric = 400, dimensions: types.Union[types.Sequence, None] = None, series_layout_by: str = "column", dataset_index: types.Numeric = 0, is_clip: bool = True, z_level: types.Numeric = 0, z: types.Numeric = 2, label_opts: types.Label = opts.LabelOpts(),
```

markpoint_opts: types.MarkPoint = None, markline_opts: types.MarkLine = None, tooltip_opts: types.Tooltip = None, itemstyle_opts: types.ItemStyle = None, encode: types.Union[types.JSFunc, dict, None] = None,)

Bar.add_yaxis 函数常用参数及其说明如表 7-10 所示。

表 7-10 Bar.add_yaxis 函数常用参数及其说明

函数名称	说 明
series_name	接收 str，表示系列名称，用于 tooltip 的显示及 legend 的图例筛选
y_axis	接收 Sequence[Numeric, opts.BarItem, dict]，表示系列数据
is_selected	接收 bool，表示是否选中图例
color	接收 str，可选，表示系列 label 颜色
background_style	接收 dict，表示每一个柱条的背景色
is_show_background	接收 bool，表示是否显示柱条的背景色
stack	接收 str，可选，表示数据堆叠
gap	接收 str，可选，表示不同系列的柱间距离

【例 7-9】 Pyecharts 绘制柱状图。

代码如下：

```
from pyecharts.charts import Bar
import pyecharts.options as opts

data_x = ['1A 景区 ','2A 景区 ','3A 景区 ', '4A 景区 ', '5A 景区 ', ' 其它景区 ']
data_y = [118, 207, 539, 427, 383, 416]
bar = (
    Bar()
    .add_xaxis(data_x)
    .add_yaxis(series_name=' 旅游 ', y_axis=data_y, color='blue', bar_width=45)
    .set_global_opts(
        title_opts=opts.TitleOpts(
                title=' 柱状图 ',
                subtitle=' 单位：万 ',
                pos_left='8px',
                item_gap=5,
                title_textstyle_opts=opts.TextStyleOpts(
                    color='blue',
                    font_size=20,
                    font_style='italic',
                    font_family='serif'
                )
```

```
            ),
            legend_opts=opts.LegendOpts(
                type_='plain',
                is_show=True,
                pos_left='50%',
                orient='vertical',
                legend_icon='circle',
                textstyle_opts=opts.TextStyleOpts(
                    color='red',
                    font_style='italic',
                    font_size=20,
                ),
            ),
            xaxis_opts=opts.AxisOpts(
                is_show=True,
                type_='category',
                name='景区级别',
                name_location='end',
                axislabel_opts=opts.LabelOpts(font_size=20)
            ),
            yaxis_opts=opts.AxisOpts(
                is_show=True,
                name='游览人次',
                axisline_opts=opts.AxisLineOpts(is_show=True),
                axistick_opts=opts.AxisTickOpts(is_show=True),
                axislabel_opts=opts.LabelOpts(font_size=20),
            ),
        )
        .set_series_opts(
            label_opts=opts.LabelOpts(
                    is_show=True,
                    position='top',
                    font_size=16,
            )
        )
    )
    bar.render()
```

结果如图 7-9 所示。

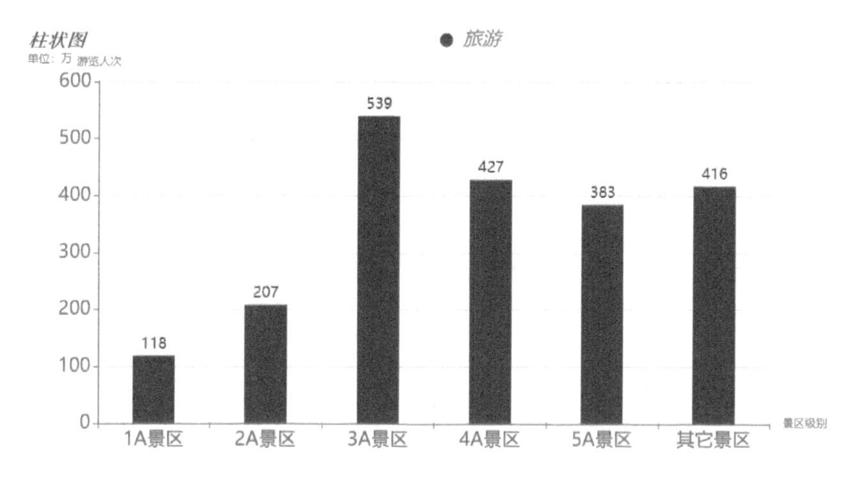

图 7-9　例 7-9 的运行结果

7.2.2　折线图

Pyecharts 模块中 Line 类提供了 add_yaxis 函数，可以进行折线图的绘制。add_yaxis 函数基本语法格式如下：

Line.add_yaxis(self, series_name: str, y_axis: types.Sequence[types.Union[opts.LineItem, dict]], *, is_connect_nones: bool = False, xaxis_index: types.Optional[types.Numeric] = None, yaxis_index: types.Optional[types.Numeric] = None, color: types.Optional[str] = None, is_symbol_show: bool = True, symbol: types.Optional[str] = None, symbol_size: types.Union[types.Numeric, types.Sequence] = 4, stack: types.Optional[str] = None, is_smooth: bool = False, is_clip: bool = True, is_step: bool = False, is_hover_animation: bool = True, z_level: types.Numeric = 0, z: types.Numeric = 0, log_base: types.Numeric = 10, sampling: types.Optional[str] = None, dimensions: types.Union[types.Sequence, None] = None, series_layout_by: str = "column", markpoint_opts: types.MarkPoint = None, markline_opts: types.MarkLine = None, tooltip_opts: types.Tooltip = None, itemstyle_opts: types.ItemStyle = None, label_opts: types.Label = opts.LabelOpts(), linestyle_opts: types.LineStyle = opts.LineStyleOpts(), areastyle_opts: types.AreaStyle = opts.AreaStyleOpts(), encode: types.Union[types.JSFunc, dict, None] = None,)

Line.add_yaxis 函数常用参数及其说明如表 7-11 所示。

表 7-11　Line.add_yaxis 函数常用参数及其说明

函数名称	说　明
series_name	接收 str，表示系列名称，用于 tooltip 的显示及 legend 的图例筛选
y_axis	接收 Sequence[opts.LineItem, dict]，表示系列数据
color	接收 str，可选，表示系列 label 颜色
symbol	接收 str，可选，表示标记的图形
is_symbol_show	接收 bool，可选，表示是否显示 symbol
symbol_size	接收 Numeric 或 Sequence，表示标记的大小
stack	接收 str，可选，表示数据堆叠
is_smooth	接收 bool，表示是否平滑曲线

【例 7-10】 Pyecharts 绘制折线图。

代码如下：

```
from pyecharts.charts import Line
import pyecharts.options as opts

data_x = ['1A 景区 ','2A 景区 ','3A 景区 ', '4A 景区 ', '5A 景区 ', ' 其它景区 ']
data_y = [118, 207, 539, 427, 383, 416]
line = (
    Line()
    .add_xaxis(data_x)
    .add_yaxis(series_name=' 旅游 ', y_axis=data_y, color='green', symbol='circle',
               symbol_size=20, is_symbol_show=True, is_smooth=True)
    .set_global_opts(
        title_opts=opts.TitleOpts(
                title=' 折线图 ',
                subtitle=' 单位：万 ',
                pos_left='8px',
                item_gap=5,
                title_textstyle_opts=opts.TextStyleOpts(
                    color='blue',
                    font_size=20,
                    font_style='italic',
                    font_family='serif'
                )
        ),
        legend_opts=opts.LegendOpts(
            type_='plain',
            is_show=True,
            pos_left='50%',
            orient='vertical',
            legend_icon='circle',
            textstyle_opts=opts.TextStyleOpts(
                color='red',
                font_style='italic',
                font_size=20,
            ),
        ),
        xaxis_opts=opts.AxisOpts(
            is_show=True,
            type_='category',
            name=' 景区级别 ',
            name_location='end',
```

```
            axislabel_opts=opts.LabelOpts(font_size=20)
        ),
        yaxis_opts=opts.AxisOpts(
            is_show=True,
            name=' 游览人次 ',
            axisline_opts=opts.AxisLineOpts(is_show=True),
            axistick_opts=opts.AxisTickOpts(is_show=True),
            axislabel_opts=opts.LabelOpts(font_size=20),
        ),
    )
    .set_series_opts(
        label_opts=opts.LabelOpts(
                is_show=True,
                position='top',
                font_size=16,
        )
    )
)
line.render()
```

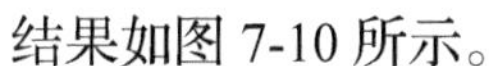
结果如图 7-10 所示。

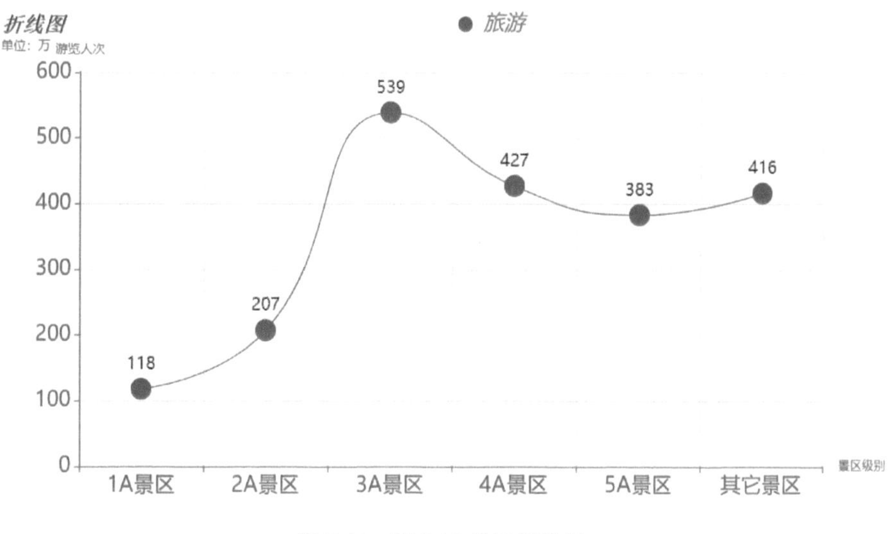

图 7-10　例 7-10 的运行结果

7.2.3　饼图

Pyecharts 模块中 Pie 类提供了 add 函数，可以进行饼图的绘制。add 函数基本语法格式如下：

```
Pie.add(self, series_name: str, data_pair: types.Sequence[types.Union[types.Sequence, opts.PieItem, dict]],
```

*, color: types.Optional[str] = None, color_by: types.Optional[str] = "data", is_legend_hover_link: bool = True, selected_mode: types.Union[str, bool] = False, selected_offset: types.Numeric = 10, radius: types.Optional [types.Sequence] = None, center: types.Optional[types.Sequence] = None, rosetype: types.Optional[str] = None, is_clockwise: bool = True, start_angle: types.Numeric = 90, min_angle: types.Numeric = 0, min_show_label_angle: types.Numeric = 0, is_avoid_label_overlap: bool = True, is_still_show_zero_sum: bool = True, percent_precision: types.Numeric = 2, is_show_empty_circle: bool = True, empty_circle_style_opts: types.PieEmptyCircle = opts.PieEmptyCircleStyle(), label_opts: types.Label = opts.LabelOpts(), label_line_opts: types.PieLabelLine = opts.PieLabelLineOpts(), tooltip_opts: types.Tooltip = None, itemstyle_opts: types.ItemStyle = None, encode: types.Union[types.JSFunc, dict, None] = None,) -> self

Pie.add 函数常用参数及其说明如表 7-12 所示。

表 7-12 Pie.add 函数常用参数及其说明

参数名称	说　明
series_name	接收 str，表示系列名称，用于 tooltip 的显示及 legend 的图例筛选
data_pair	接收 types.Sequence，表示系列数据项
color	接收 str，可选，表示系列 label 颜色
radius	接收 Sequence，可选，表示饼图的半径。数组的第一项是内半径，第二项是外半径
center	接收 Sequence，可选，表示饼图中心坐标
rosetype	接收 str，可选，表示是否展示成南丁格尔图，通过半径区分数据大小
percent_precision	接收 Numeric，表示饼图百分比数值的精度

【例 7-11】 Pyecharts 绘制饼图。

代码如下：

```
from pyecharts.charts import Pie
import pyecharts.options as opts

pie = Pie()
pie.add(
    series_name=' 黑龙江省 ',
    data_pair=[('1A 景区 ', 118), ('2A 景区 ', 207), ('3A 景区 ', 539),
               ('4A 景区 ', 427), ('5A 景区 ', 383), (' 其它景区 ', 416)],
    radius=['30%', '75%'],
    center=['35%', '65%'],
    rosetype='area',
)
pie.set_colors(['red', 'blue', 'green', 'yellow', 'grey', 'pink'])
pie.set_global_opts(
    title_opts=opts.TitleOpts(
        title=' 饼图 ',
```

```
            subtitle=' 单位：万 ',
            pos_left='8px',
            item_gap=5,
            title_textstyle_opts=opts.TextStyleOpts(
                color='blue',
                font_size=20,
                font_style='italic',
                font_family='serif'
            )
        ),
        legend_opts=opts.LegendOpts(
            is_show=True
        )
    )
    pie.set_series_opts(
        label_opts=opts.LabelOpts(
            is_show=True,
            font_size=16,
            formatter='{b}:{c}'
        )
    )
    pie.render()
```

结果如图 7-11 所示。

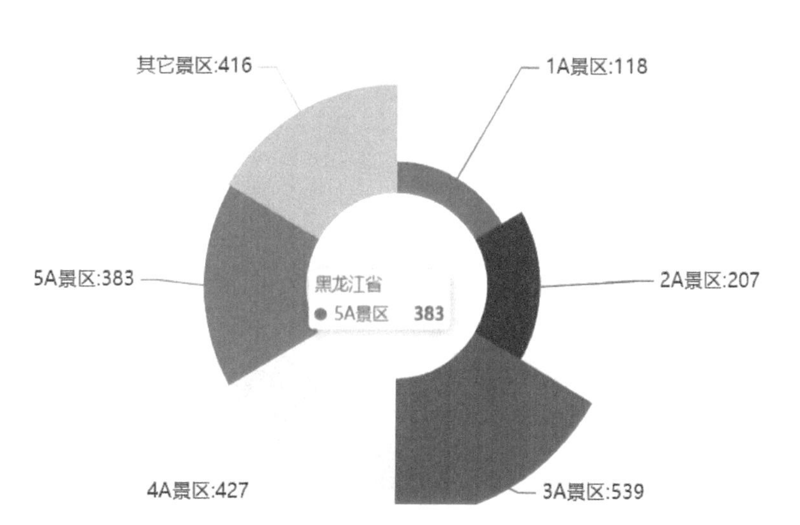

图 7-11 例 7-11 的运行结果

7.3 Pyecharts 在 Django 项目中的应用

数据分析与可视化项目可以采用 Pyecharts 和 Django 框架相结合的方式实现。下面使用 Django 搭建 Web 项目，并在页面中展示 Pyecharts 绘制的数据可视化图形，实现数据分析结果的可视化展示。

1. Django 项目搭建

Django 项目搭建过程，参见 5.6 节。

2. 视图开发

views.py 代码如下：

```
from django.shortcuts import render
from pyecharts.charts import Line
import pyecharts.options as opts
from django.conf import settings

data_x = ['1A 景区 ','2A 景区 ','3A 景区 ', '4A 景区 ', '5A 景区 ', ' 其它景区 ']
data_y = [118, 207, 539, 427, 383, 416]

def visual_pyecharts(request):
    line = (
        Line()
        .add_xaxis(['1A 景区 ','2A 景区 ','3A 景区 ', '4A 景区 ', '5A 景区 ', ' 其它景区 '])
        .add_yaxis(series_name=' 旅游 ', y_axis=[118, 207, 539, 427, 383, 416], color='green',
                   symbol='circle', symbol_size=20, is_symbol_show=True, is_smooth=True)
        .set_global_opts(
            title_opts=opts.TitleOpts(
                title=' 折线图 ',
                subtitle=' 单位：万 ',
                pos_left='8px',
                item_gap=5,
                title_textstyle_opts=opts.TextStyleOpts(
                    color='blue',
                    font_size=20,
                    font_style='italic',
                    font_family='serif'
                )
            ),
            legend_opts=opts.LegendOpts(
```

```
                    type_='plain',
                    is_show=True,
                    pos_left='50%',
                    orient='vertical',
                    legend_icon='circle',
                    textstyle_opts=opts.TextStyleOpts(
                        color='red',
                        font_style='italic',
                        font_size=20,
                    ),
                ),
                xaxis_opts=opts.AxisOpts(
                    is_show=True,
                    type_='category',
                    name=' 景区级别 ',
                    name_location='end',
                    axislabel_opts=opts.LabelOpts(font_size=20)
                ),
                yaxis_opts=opts.AxisOpts(
                    is_show=True,
                    name=' 游览人次 ',
                    axisline_opts=opts.AxisLineOpts(is_show=True),
                    axistick_opts=opts.AxisTickOpts(is_show=True),
                    axislabel_opts=opts.LabelOpts(font_size=20),
                ),
            )
            .set_series_opts(
                label_opts=opts.LabelOpts(
                    is_show=True,
                    position='top',
                    font_size=16,
                )
            )
        )
        line.render("%s/templates/py.html" % settings.BASE_DIR)
        return render(request, "py.html")
```

3. 模板开发

本项目直接返回页面，无须进行模板开发。

路由开发、项目运行过程可参见 5.6 节。项目显示效果如图 7-12 所示。

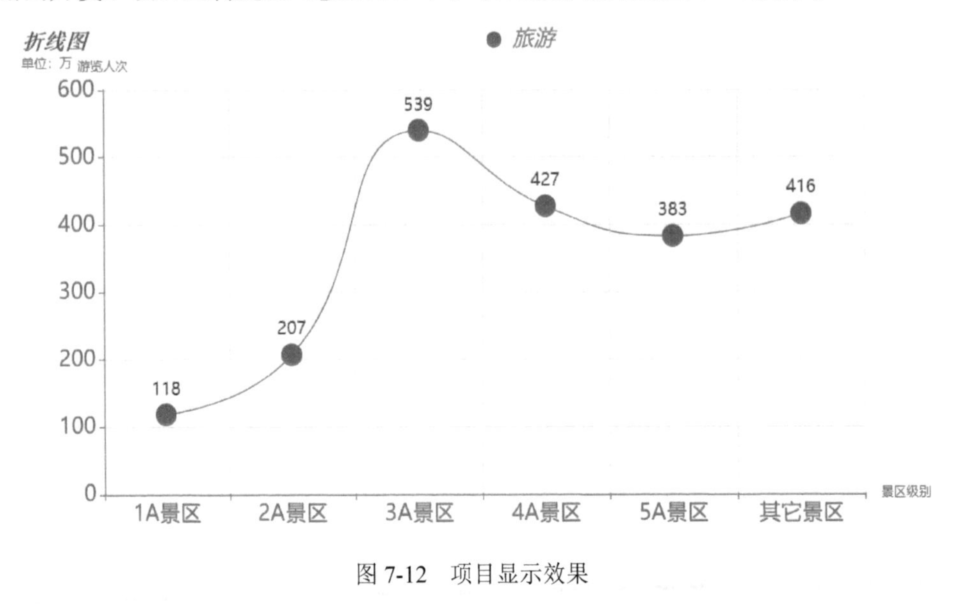

图 7-12 项目显示效果

参 考 文 献

[1] 黄红梅，张良均．Python 数据分析与应用 [M]．北京：人民邮电出版社，2018.

[2] 何晓群．多元统计分析 [M]．5版．北京：中国人民大学出版社，2019.

[3] 姜启源，谢金星，叶俊．数学模型 [M]．5 版．北京：高等教育出版社，2018.

[4] TAN P N, STEINBACH M, KUMAR V. 数据挖掘导论 [M]．范明，范宏建，译．北京：人民邮电出版社，2006.

[5] ZOU H. The Adaptive Lasso and Its Oracle Properties[J]. Journal of the American Statistical Association, 2006, 101(476):1418-1429.